中國軍艦圖誌 1912-1949

陳悅 著

商務印書館

中國軍艦圖誌 (1912-1949)

作　　者：	陳　悅
責 任 編 輯：	徐昕宇
軍艦線圖繪製：	顧偉欣
封 面 設 計：	張　毅
出　　版：	商務印書館 (香港) 有限公司
	香港筲箕灣耀興道 3 號東滙廣場 8 樓
	http://www.commercialpress.com.hk
發　　行：	香港聯合書刊物流有限公司
	香港新界大埔汀麗路 36 號中華商務印刷大廈 3 字樓
印　　刷：	中華商務彩色印刷有限公司
	香港新界大埔汀麗路 36 號中華商務印刷大廈 14 字樓
版　　次：	2017 年 4 月第 1 版第 1 次印刷

目 錄

凡 例

一、 由於民國時期軍艦來源的特殊性，為便於讀者查閱，民國北京政府時期和南京政府前期的軍艦按照艦種分類開列，日偽政權時期的軍艦按照所屬偽政權部隊序列分列，南京政府後期的軍艦按照軍艦的來源不同分列。

二、 對於經歷多個歷史時期的軍艦，一般只將其列在新造的時期內，但如果在不同時期艦體外觀、武器配置發生過重大變化的，則在相應時期會以變化後的狀態再次列出。

三、 本書所載軍艦主尺度和排水量等數據，凡確知數據的計算標準的，如水線長、垂直線間長、滿載排水量等，均在正文中予以特別說明。未作說明的部分，艦寬一般指最大寬度，吃水為平均吃水。

四、 本書所載軍艦的主機功率、航速等數據，除特別註明的外，均指初造成時的新艦參數。

五、 本書所列的軍艦武備狀況，主要為在中國海軍成軍時的情況。

六、 凡艦名後註有（一代）、（二代）字樣的軍艦，指在歷史上有重名艦，根據其下水時間先後來區分代別次序。凡艦名後註有（解放軍）字樣的軍艦，是指在國民政府海軍中有重名艦，以此作為區分。

七、 軍艦主尺度數據均以公制單位記載，武備口徑按照生產國不同分別以公制、英制等單位記載。為了向讀者呈現原始數據，本書並未統一英制和公制單位。

　　1 英寸（in）=25.4 毫米（mm）、1 英尺（ft）=0.3048 米（m）

八、 本書所載軍艦主機功率均為實馬力。

九、 本書中常見的炮械型號採用簡稱，對應如下：

　　1、阿炮＝阿姆斯特朗式

　　2、克炮＝克虜伯式

　　3、哈炮＝哈乞開斯式

　　4、諾炮＝諾典菲爾德式

　　5、維炮＝維克斯式

　　6、斯炮＝斯耐德式

前 言

1912 年，中國的歷史進入了中華民國時期，此後至 1949 年的數十年間，中國海軍的命運恰如整個國家的命運一般，不但經歷了種種的紛擾和波折，而且遭遇強寇入侵的摧殘，其多舛程度絲毫不亞於此前的清末海軍，軍艦裝備的發展歷程較之清末海軍則更為繁複。

進入民國後的中國海軍，受建設資金不足以及國力貧弱的束縛，實力、規模始終弱小，在新軍艦的購置方面體現出 "散、亂、小、舊" 等特點，再加上這短短幾十年時間裏，中國海軍相繼經歷了軍閥混戰、南北對抗、抗日戰爭、國共內戰等戰事，往往一艘小艦身上都要牽連到諸多史事，使得考訂這一時期中國軍艦的歷史成為十分耗費精力的工作。

中國海軍史學者馬幼垣先生曾說過，軍艦技術史是海軍史的基礎，如果無法釐清、掌握軍艦的技術狀況及其歷史，那麼相應時期的海軍史就很難談起。基於相同的認識，我對中國海軍史的研究也是首先從軍艦史着手，在軍艦史中又按照時間順序，以清代的軍艦作為最先的研究對象，此後隨着研究的不斷推進，開始涉足民國時期軍艦的研究，也日益感到這一時期中國軍艦考證的難度。有關這一時期中國軍艦的檔案材料不僅極為分散和不系統，而且 1940 年代以後中國軍艦的原始檔案很多至今仍屬於軍事秘密，這就使得學術研究的難度較清末軍艦大了許多。也因此，迄今中文出版物裏尚沒有關於這一時期中國軍艦的手冊、圖鑑式專著，即便是在西方聲名赫赫的《簡氏年鑑》、《康威年鑑》等軍艦年鑑，對這一時期的中國軍艦也顯現出力不從心之感，以至於這一時期中國軍艦的面目始終處於朦朧模糊的狀態。

2013 年，我在香港商務印書館出版《中國軍艦圖誌 1855-1911》之後，開始對民國以至抗日戰爭前後的中國軍艦史進行研究寫作，嘗試為每一型軍艦撰寫專史文章，至 2016 年初，終於初步將這一時期中國軍艦歷史大致釐清。也恰在這時，香港商務印書館熱情相邀，建議我來完成《中國軍艦圖誌 1855-1911》的續篇《中國軍艦圖誌 1912-1949》。對此命題，我深知其中的難度，但也深知這樣的手冊類書籍對中國軍艦史、海軍史研究和普及的意義，最終貿然應命，以半年多的時間整理、完成了本書，算是為中國海軍的歷史傳承貢獻一點微薄之力。

本書在體例方面，基本延續了《中國軍艦圖誌 1855-1911》的模式，以求格式上的統一。書中的正文部分是軍艦的主要參數、簡史、歷史照片和外觀線圖，附錄部分則是對該時期中國軍艦的武備、外觀裝飾等相關知識進行說明介紹。有所不同的是，因為本書所涉及的海軍歷史背景情況較清末時期特殊，因而在軍艦的歸類上沒有完全按照巡洋艦、炮艦等艦種分類進行介紹，除了北京政府時期的軍艦外，此後各時期的軍艦大都是按照軍艦所屬的艦隊系統或軍艦所屬的歷史背景進行分類。如抗戰時期的偽政權軍艦，抗戰後的日本賠償艦、美國援助艦等。另外，部分曾經在《圖誌 1855-1911》中收錄介紹過的艦艇，因為其在民國時期發生了重要的改造或武備變化，本書中也再次加以收錄。

　　本書中所涉及的軍艦參數、歷史資料，廣泛參考了大量的檔案文獻以及當事人的回憶、著述。其中民國北京政府時期的軍艦主要參考了國家圖書館藏 "海軍門" 檔案，南京政府時期的軍艦情況主要參考了《海軍大事記》、《海軍公報》、《海軍期刊》、《海軍統計》、《革命的海軍》、《桅燈》、《海事》等書刊。偽滿洲國的軍艦情況主要參考了《江上軍報告書》、《滿洲國警察史》等資料。有關抗戰之後國民黨海軍軍艦的的情況，則主要參考了台灣地區海軍組織編纂出版的《中國海軍》雜誌、《海軍艦隊發展史》、《老軍艦的故事》等艦史和軍史書籍，以及日本海軍史學者田村俊夫等人的相關著述。涉及人民解放軍海軍的內容主要參考了《中國人民解放軍歷史資料叢書》、《中國艦艇工業歷史資料叢書》等材料。

　　此外，本書還借鑑參考了馬幼垣、張力、蘇小東等先生的研究成果，書中關於台灣地區海軍軍艦的艦史情況，則借鑑參考了應紹舜、鍾堅先生的艦誌類著作。為使讀者對各型軍艦的外觀形象有直接認識，中國海軍史研究會顧偉欣先生幫助繪製了全書所用的軍艦線圖和軍旗圖式，朱飛虎先生幫助繪製了書中的武備、主機立體線圖。在本書的創作過程中，人民解放軍華東軍區海軍首任攝影隊長薛伯青先生的後裔劉茜女士提供了家藏的華東海軍時期的珍貴艦艇照片，使本書得以增色，特此一併致謝！

在中國走向海洋的時代，希望有更多人來關心中國海軍的歷史和未來。

陳悦

2016 年 9 月 8 日

於山東威海

1912 年，民國北京政府海軍部首任總長劉冠雄（前排左起第十人）與部員合影。

第一章

中華民國北京政府時期 （1912—1928）

1912 年中華民國成立，經短暫於南京設臨時政府後，中央政府很快遷至北京，此後至 1928 年間的民國中央政權也俗稱北京政府或北洋政府。這一時期，中國國內政局紛亂，先是廣東護法軍政府和北京政府分庭抗禮，繼而直系、奉系等地方軍閥圍繞北京政府的控制權進行了內戰，乃至招來列強對中國的武器禁運。受此影響，北京政府時期中國中央海軍的建設成就不著，其艦艇主力多為原清末海軍艦艇，新添置的軍艦數量有限，且來源複雜，有專門新造的炮艇、測量艇，還有第一次世界大戰中繳獲沒收的德國、奧匈帝國艦船，更有奉系東北海軍利用商船改造的軍艦，整體上呈現出形式雜亂、戰力弱小等特點，恰如當時的中國國情。

炮 炮
艦 艇

炮艦、炮艇是北京政府時期中國海軍新增艦艇中的主要種類，其中炮艦多為奉系東北海軍利用商船改裝而成，兼具運輸能力，排水量和體量雖然較大，實際戰鬥力十分有限。炮艇則多屬於專門設計建造的淺吃水的內河軍艦，適宜在近海以及內河中航行。民國成立初期，江海匪患嚴重，同時還面臨着日本漁船侵入中國漁場捕魚的壓力，北京政府海軍的炮艇主要是為了解決這些問題而添置，負責綏靖江海以及保境護漁，事實上類似於水警船、漁政船。

外形秀麗的北京政府海軍炮艇 "海鷗" 號（一代）

海鳧　海鷗（一代）
Hai Fu　　　Hai Ou I

艦　　　種：炮艇

建造時間：1916 年開工，1917 年下水

製 造 廠：海軍江南造船所

排 水 量：150 噸

主 尺 度：32 米 ×30.48 米 ×5.18 米 ×2.13 米 ×2.43 米（全長、柱間長、寬、首吃水、尾吃水）

動　　　力：1 座雙汽缸蒸汽機，1 座火管燃煤鍋爐，單軸，250 馬力

航　　　速："海鳧"10.05 節，"海鷗"10.729 節（航試航速）

煤艙容量：33 噸

武　　　備：37mm 哈炮 ×2，7.92mm 馬克沁機槍 ×2

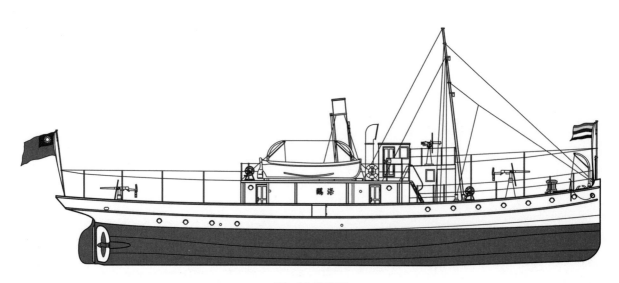

"海鷗"號線圖

艦　史

　　中華民國北京政府成立後，設立海軍部總管全國海軍建設。為了解決當時日益嚴重的江海盜匪患害，綏靖海疆，海軍部從 1916 年開始陸續向所轄的江南造船所、大沽造船所、福州船政局等 3 處造船機構各訂造了 2 艘炮艇，旨在擴充江海巡防艦艇的數量。其中由江南造船所承造的 2 艘炮艇即本級，為同型艇，單艘造價 37600 兩白銀，"海梟"的建造編號為 263 號，"海鷗"為 264 號。本級艇建成後，一度沒有編入海軍艦隊名下，而是派撥在江蘇、浙江等南方沿海省份從事近海剿匪、護漁等地方水巡工作。

　　1927 年南京國民政府成立後，對所轄海軍進行整編，"海梟"、"海鷗"被納入海軍第一艦隊編制，仍繼續在江浙地區承擔近海巡防的任務。1933 年 5 月，海軍部因新艦艇日多，而本級艇武裝薄弱，體量微小，一度下令停用，並有意移交給長江水警局作為水警艇使用。然而長江水警局以無從籌措人員薪餉為由，拒絕接收。1934 年 5 月 8 日，海軍部命令將 2 艇拆卸武備後封存在福建馬尾，正好遇到福建省政府向海軍申請調撥軍艦充作水警船，2 艇旋又啟封，重新武裝後交付福建省水警部門。此後，2 艇隸屬關係幾經變遷，至 1937 年全面抗戰前夕，其編制列在浙江省外海水警隊名下。以此推測，2 艇或在抗日戰爭的鎮海保衛戰時損失。

在內河拍攝到的"海鷗"號（一代）炮艇，裝飾在甲板室側壁上的"海鷗"艦名依稀可辨。

海燕
Hai Yan

艦　　種：炮艇

建造時間：1916 年開工，1917 年下水

製 造 廠：海軍大沽造船所

排 水 量：56 噸

主 尺 度：23.74 米 ×3.96 米 ×0.91 米 ×1.21 米（全長、寬、首吃水、尾吃水）

動　　力：1 座雙汽缸蒸汽機，1 座火管燃煤鍋爐，單軸，150 馬力

航　　速：7 節（常行航速）

武　　備：37mm 哈炮 ×1，7.92mm 馬克沁機槍 ×2

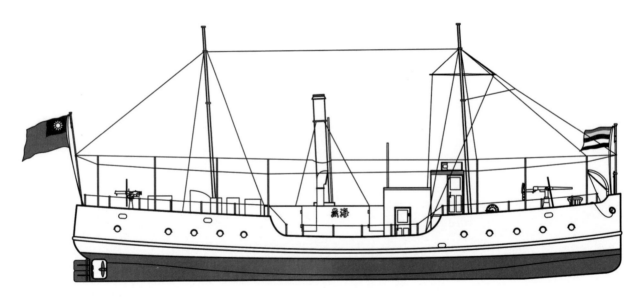

"海燕"號線圖

艦　史

　　本艇是 1916 年海軍部向大沽造船所訂造的 2 艘巡防炮艇之一，建成後主要用於大沽口外沿海巡緝捕盜。1924 年，奉系軍閥奪取北京政府權柄後，本艇被編入奉系的東北海防艦隊，仍然部署在天津大沽一帶。1927 年，東北海防艦隊吞併渤海艦隊後調整編制，本艇改列到東北海防第二艦隊名下。1928 年，為了保護中國北方的漁業經濟，防範海盜以及日本等國的漁船侵犯中國漁場，東北海軍對黃海、渤海海域實施劃區設防，本艇被配置在第一防區，以山東半島沿海的石臼所、奶奶山兩地為主要的駐泊點，負責對江蘇海州以北至滄州島的大片海域巡邏警備。

　　1937 年"七·七"盧溝橋事變爆發後，本艇於 7 月 30 日上午 9 時在天津大沽被日軍淵田部隊俘虜，之後推測被編入了侵華日軍組建的"北支那特別炮艇隊"，後隨着日軍將該炮艇隊移交給汪精衛偽政權，本艇被歸入汪偽海軍威海衛要港，其後的情況不詳。

　　抗戰勝利後，位於威海的八路軍膠東軍區海軍教導大隊曾擁有一艘名為"海燕"的起義炮艇，是否為本艇尚需考證。

1

2

1. "海燕"號炮艇，艇型與海軍江南造船所承造的"海鷗"艇有明顯的區別。

2. 1937 年 7 月 30 日被侵華日軍俘虜後的"海燕"炮艇。從照片上可以看到，該艇在煙囱下方的甲板室側壁上也裝飾有艇名。

海鶴
Hai Hoo

艦　　種：炮艇

建造時間：1916 年開工，1917 年下水

製 造 廠：海軍大沽造船所

排 水 量：221 噸

主 尺 度：33.52 米 ×5.18 米 ×2.13 米 ×2.43 米（全長、寬、首吃水、尾吃水）

動　　力：1 座雙汽缸蒸汽機，1 座火管燃煤鍋爐，單軸，250 馬力

航　　速：7 節（常行航速）

武　　備：37mm 哈炮 ×2，7.92mm 馬克沁機槍 ×2

艦　史

　　本艇是 1916 年大沽造船所為海軍部承造的另一艘炮艇，建成後和"海燕"號都被佈署在天津的大沽口一帶執行近海巡防任務，1924 年和"海燕"號一起被編入奉系軍閥的東北海防艦隊，1927 年改編入東北海防第二艦隊。1928 年奉系軍閥對黃、渤海海域實施劃區巡防時，本艇被安排在第二防區，以山東沿海的石島、俚島、乳山口等處作為駐泊地，負責成山頭以南至滄州島之間的海域巡防。

　　1931 年"九·一八"事變爆發後，東北海軍大部艦艇和人員撤至威海、青島兩地，本艇被派至威海灣駐防。據此推測，或是 1938 年威海失守時被日軍繳獲，後被編入"北支那特別炮艇隊"，1940 年移交給汪偽海軍威海衛基地部，當時仍然沿用着"海鶴"的原艇名，其後的歷史情況不詳。

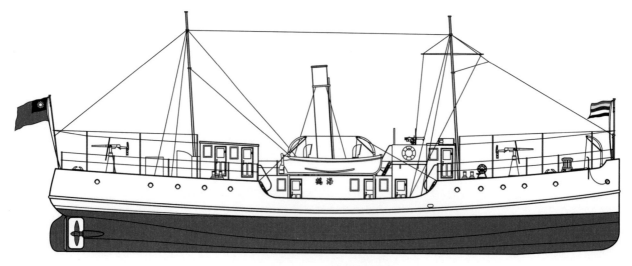

"海鶴"號線圖

海鴻　海鵠
Hai Hung　Hai Hu

艦　　　種：炮艇

建造時間："海鴻"，1916 年開工，1917 年下水，同年竣工

　　　　　"海鵠"，1917 年開工，1918 年下水，1918 年 11 月竣工

製　造　廠：海軍福州船政局

排　水　量：190 噸

主　尺　度："海鴻"31.39 米 ×5.48 米 ×1.82 米 ×2.59 米（全長、寬、首吃水、尾吃水），"海鵠"34.13 米
　　　　　×5.48 米 ×1.82 米 ×2.59 米

動　　　力：1 座雙汽缸立式蒸汽機，1 座火管燃煤鍋爐，單軸，300 馬力

航　　　速：7/9 節（常行 / 最大）

煤艙容量："海鴻"35 噸，"海鵠"30 噸

武　　　備：37mm 哈炮 ×2，7.92mm 馬克沁機槍 ×2

艦　史

　　馬尾船政是清代重要的造艦機構，進入民國後更名為福州船政局，並在 1913 年被海軍部收管直轄，本級艇是福州船政局在民國時期承造的第一宗中國海軍訂單，也是最後的一宗。"海鴻"、"海鵠"為同型，長度及外觀略有區別，其設計可能參考了清末馬尾船政建造過的"吉雲"號輪船，與當時江南造船所、大沽造船所建造的炮艇有較大區別。相較而言，本級炮艇的抗浪性能相對更好。由於馬尾船政早在 1907 年後就長期為經費不足所困，生產規模大幅萎縮，每況愈下，故而承造本級 2 艘小炮艇時竟然耗費了很長時間，使得海軍部對其造船能力漸失信心。

　　本級 2 艇單價國幣 85500 元，建成以後就近佈署在福建沿海地區，負責執行福建、浙江近海的巡緝任務，編制則長期隸屬於海軍第一艦隊。南京國民政府成立後，2 艇先是在 1929 年編入海軍新成立的海岸巡防隊，後於 1933 年 5 月從海軍除籍，轉交給實業部，隸屬於實業部浙江漁業管理局所轄的海洋護漁隊，主要在浙江的鎮海、舟山一帶海域保護漁民作業，驅逐、捕捉侵犯漁場的日本等國漁船。此後，其編制還曾一度出現在浙江省外海水警隊的名下，並很可能損毀於抗日戰爭中的鎮海保衛戰。

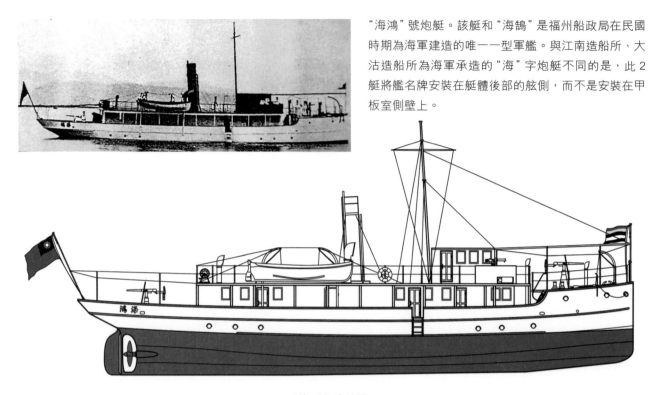

"海鴻"號炮艇。該艇和"海鵠"是福州船政局在民國時期為海軍建造的唯一一型軍艦。與江南造船所、大沽造船所為海軍承造的"海"字炮艇不同的是,此2艇將艦名牌安裝在艇體後部的舷側,而不是安裝在甲板室側壁上。

"海鴻"號線圖

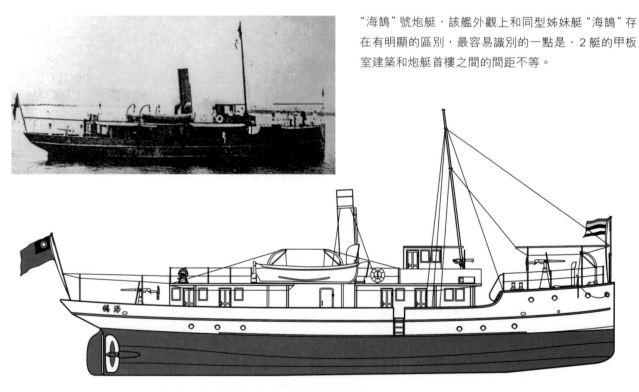

"海鵠"號炮艇,該艦外觀上和同型姊妹艇"海鴻"存在有明顯的區別,最容易識別的一點是,2艇的甲板室建築和炮艇首樓之間的間距不等。

"海鵠"號線圖

海清　海鷗(二代)
Hai Ching　　　　Hai Ou II

艦　　種：炮艇

建造時間："海清"推測於 1921 年建成

　　　　　"海鷗"推測於 1925 年建成

製 造 廠：海軍大沽造船所

排 水 量：170 噸

主 尺 度：不詳

動　　力：型號配置不詳，300 馬力

航　　速：9 節

武　　備："海清"37mm 哈炮 ×2，機槍 ×4

　　　　　"海鷗"37mm 哈炮 ×4，機槍 ×4

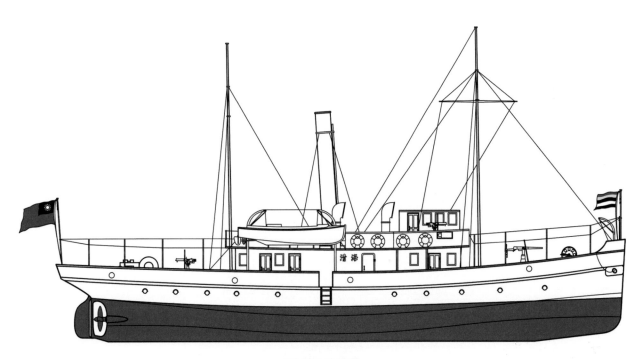

"海清"號線圖

艦　史

　　本級炮艇原本是民國時期直隸地方政府向大沽造船所訂造的交通艇。其中"海鷗"艇原是直隸督軍李景林的座船，且和江南造船所建造的"海鷗"號炮艇重名。1926年，2艇被併入奉系東北海軍，沿用原名，仍然主要作為交通船使用。在當時，"海鷗"艇因為建成未久，內部的裝潢、陳設較為新穎考究，多次被充作奉軍少帥張學良的座船。"九·一八"事變後，2艇撤至山東威海，1938年威海失守前被自沉於威海灣內，2艇的艇員則與駐威海的第三艦隊教導總隊補充中隊及第三艦隊司令部儀仗隊混編，在威海及膠東地區進行了抗日遊擊作戰。據推測，"海鷗"艇後被日軍修復，編入"北支那特別炮艇隊"，後移交汪偽海軍威海衛要港司令部。

　　抗戰勝利後，"海鷗"被中國海軍在青島接收，更名"海康"，1949年6月2日參加了國民黨軍隊從青島撤退的行動，後轉往舟山群島，1950年5月18日從舟山群島撤往台灣，並更名"江豐"號，1958年10月1日在台灣退役。

1930年代初停泊在威海灣中的1艘"海清"級炮艇

海駿
Hai Chun

艦　　種：炮艇
建造時間：不詳
製 造 廠：海軍大沽造船所
排 水 量：45 噸
主 尺 度：不詳
動　　力：型號配置不詳，187 馬力
航　　速：7 節
武　　備：機槍 ×2

艦　史

　　本艇訂造背景和建造時間不詳。奉系軍閥控制北京政府後，本艇被奉系東北海軍擄獲。1928 年奉軍對黃、渤海海域實施劃區巡防，本艇被編在第四防區，擔負山東黃縣至招遠間海域的巡邏任務。1931 年 "九·一八" 事變後，東北海軍艦艇、機構大量退至山東青島、威海等地，"海駿" 被配置在威海，充當威海與劉公島之間的交通艇使用。

　　1934 年 9 月 19 日，本艇運載參加 "九·一八" 三周年紀念活動的第三艦隊教導總隊官兵以及威海市民從劉公島返回威海，途遇迎親的婚船，艇上軍民擁擠到一側船舷邊爭看熱鬧，導致艇體失去平衡而沉沒。因艇上載人過多，沉沒時眾人難以分散游泳，釀成軍民 83 人罹難的慘劇，為威海歷史上最大的海難事故。事發後，東北海軍曾組織打撈罹難者遺體，並專門在威海萬家疃以南的山麓設立海軍公墓進行安葬，墓地至今尚存。

海蓬
Hai Peng

艦　　種：炮艇
建造時間：不詳
製 造 廠：海軍大沽造船所
排 水 量：35 噸
主 尺 度：不詳
動　　力：型號配置不詳，75 馬力
航　　速：6 節
武　　備：機槍 ×2

艦　史

　　本艇和 "海駿" 都是東北海軍從大沽造船所掠得的小艇，推測也是作為港口交通艇使用。1937 年日本挑起全面侵華戰爭後，該艇在山東威海失守前夕自沉，艇上官兵多編入在威海的海軍第三艦隊教導總隊補充大隊，在膠東地區堅持開展抗日遊擊戰。

在威海灣被打撈出水的海駿號炮艇

利濟
Li Chi

艦　　種： 淺水炮艦
建造時間： 1895 年竣工
製 造 廠： 俄羅斯遠東地區船廠，廠名不詳
排 水 量： 250 噸
主 尺 度： 46.32 米 ×7.92 米 ×0.9 米（全長、寬、吃水）
動　　力： 明輪推進，型號不詳
航　　速： 15 節
武　　備： 37mm5 管哈炮 ×1，機關炮 ×2

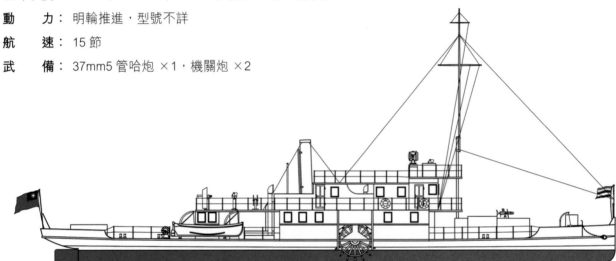

東北江防艦隊時期的 "利濟" 號線圖

艦　史

　　1919 年，北京政府藉俄羅斯發生布爾什維克革命，國內局勢混亂之機，派遣軍艦北上，通過俄羅斯境內的黑龍江江段後成功進入中國境內的松花江江域，實現了中國海軍在北方邊境河流佈署軍力、構建東北江防的計劃。民國海軍當時以哈爾濱為基地，設立吉黑江防籌備處，為增強江防實力，又設法購買民船改造為軍艦，本艦即是當時被購買改造的江防淺水炮艦。

　　本艦原是中東鐵路局所屬的 "第六號" 巡船，屬於淺吃水的蒸汽明輪拖船，適宜在黑龍江等東北邊境的河流、港汊中航行。1920 年 4 月，吉黑江防籌備處從中東鐵路局借撥到本船，添置武備後更名為 "利濟"，當作炮艦佈署在松花江上巡防。同年，吉黑江防籌備處改編為吉黑江防艦隊，本艦成為其主力軍艦之一。1922 年 4 月，吉黑江防艦隊轉隸屬於奉系軍閥，更名為東北江防艦隊，本艦亦在其編制之內。

　　1928 年張學良宣佈 "東北易幟"，隨後在 1929 年採取收回中東鐵路路權等維護中國主權的措施，引起對中東鐵路乃至中國東北地區抱有野心的蘇聯政府不滿，蘇軍阿穆爾河

利川
Li Chuan

艦　　種：炮艦
建造時間：1915 年建成
製　造　廠：海軍江南造船所
排　水　量：360 噸
主　尺　度：40.23 米 ×7.62 米 ×2.4 米（柱間長、寬、吃水）
動　　力：配置型號不詳，單軸，800 馬力
航　　速：12.75 節
武　　備：不詳

艦　史

本艦原是海軍在江南造船所訂造的武裝拖輪，建造編號 224 號。1919 年，北京政府海軍調派 "江亨"、"利捷"、"利綏" 以及本艦從上海前往東北邊境江流佈防，因考慮到 "利捷"、"利綏" 為淺水炮艦，不利於出海遠航，又加派 "靖安" 號運輸艦拖曳 "捷"、"綏" 二艦。抵達海參崴後，"靖安" 艦返航上海，改由本艦拖帶 "捷"、"綏" 隨同 "江亨" 繼續前往黑龍江出海口廟街。因為時值冬季，黑龍江冰封，艦隊抵達廟街後即滯留當地。當時正值蘇俄紅軍攻打白俄控制下的廟街，並對城中的日軍守備隊發起進攻。中國海軍同情蘇俄紅軍，將部分艦上火炮借給紅軍使用，本艦原裝在右舷的 1 門機關炮即拆卸上岸交由紅軍進攻日軍，造成日軍守備隊和僑民傷亡慘重，日本歷史稱為 "尼港事件"。事發後，日本成立調查小組，指責中方暗助紅軍，並查出 "江亨" 艦以及本艦缺少部分火炮的問題，但北京政府堅決否認，最終不了了之。

編入吉黑江防艦隊後，由於本艦吃水較深，遂與 "江亨" 艦被派駐同江，負責在中蘇邊境界河黑龍江巡邏，阻止蘇俄軍艦盤查江上通行的中國商船。終因吃水深，在江上航行不便，於 1925 年前後停用，繫泊於富錦縣江域充當水上宿舍，僅派軍士 1 名、士兵 2 名看管，其後歷史不詳。

（即黑龍江）區艦隊遂於 1929 年 10 月 12 日襲擊駐泊同江的東北江防艦隊，挑起中蘇同江之戰，本艦當時恰好不在戰區，僥倖逃過一劫。1931 年 "九・一八" 事變後，本艦和東北江防艦隊其他艦艇坐困松花江，日軍佔領哈爾濱後，代理江防艦隊司令尹祚乾率艦隊投敵，組成偽滿洲國江防艦隊，本艦遂變成偽滿軍艦。

江平
Chiang Pin

艦　　種：明輪炮艦
建造時間：1897 年竣工
製　造　廠：Leslie and Co
排　水　量：250 噸
主　尺　度：47.54 米 × 5.48 米 × 1.1 米（全長、寬、吃水）
動　　力：不詳
航　　速：14 節
武　　備：47mm 維炮 ×2，機槍 ×4

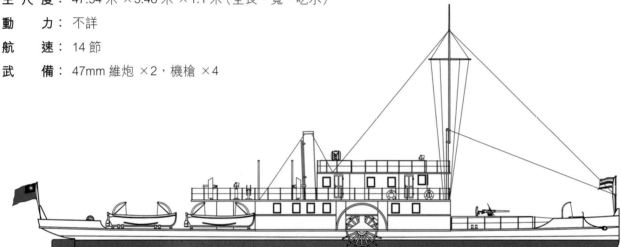

東北江防艦隊時期的 "江平" 號線圖

艦　史

　　1917 年 11 月俄國爆發 "十月革命"，原在黑龍江等中俄界河經營航運的俄商因擔心遭迫害，紛紛歇業避入中國，哈爾濱的中國紳商乘機籌資成立戊通航業公司，大量收購躲入中國江段的俄國商船，以圖發展壯大中國自己的東北邊境水上航運業。1919 年，中國海軍在哈爾濱設立吉黑江防籌備處，為了加強艦艇力量，籌備處與戊通公司協商，將 3 艘戊通公司商船購入武裝成軍，本艦即是其中之一。

　　本艦原為俄國商船 "特雷那得差其" 號，屬於淺吃水的明輪商船，戊通公司購入後將其改名為 "江寧"，被吉黑江防籌備處轉購後，更名為 "江平"，經過添加武器成為淺水炮艦，隸屬於吉黑江防艦隊以及後來的東北江防艦隊，長期被配置在松花江上巡防。

　　本艦參加了 1929 年 10 月 12 日爆發的中蘇同江之戰，當時蘇聯方面派出火力佔優勢的 "紅色東方"、"孫中山" 等艦艇進攻中國東北江防艦隊，本艦在激烈的戰鬥中遭受重創而沉沒。戰後，東北海軍設法將其打撈出水，但遲遲未能徹底修復。1931 年 "九·一八" 事變後，本艦隨江防艦隊投敵。

江通
Chiang Tung

艦　　種：淺水炮艦

建造時間：約 1903 年竣工

製 造 廠：俄羅斯遠東地區船廠，廠名不詳

排 水 量：250 噸

主 尺 度：45.72 米 ×5.56 米 ×1 米（全長、寬、吃水）

動　　力：明輪推進，型號不詳

航　　速：14 節

武　　備：47mm 維炮 ×2，機槍 ×4

東北江防艦隊時期的"江通"號線圖

艦　史

　　本艦是 1919 年吉黑江防籌備處向戊通公司購買的 3 艘商船之一，原為俄國明輪商船 "愛克斯普利斯"號，被戊通公司收購後一度更名"江津"號，吉黑江防籌備處將其購入後 改名"江通"，佈署在松花江，承擔巡邏和緝捕盜匪等工作。1929 年蘇軍挑起同江之戰時， 本艦恰好不在同江水域，沒有參加戰事。1931 年"九‧一八"事變後，本艦隨江防艦隊投 敵，成為偽滿洲國軍艦。

江安
Chiang An

艦　　種：淺水炮艦

建造時間：不詳

製 造 廠：俄羅斯遠東地區船廠，廠名不詳

排 水 量：250噸

主 尺 度：47.82米×5.76米×1米(全長、寬、吃水)

動　　力：明輪推進，型號不詳

航　　速：14節

武　　備：47mm維炮×2，機槍×4

艦　史

　　本艦是1919年吉黑江防籌備處從戊通公司購得的明輪商船，原為俄羅斯商船"米特里特達"，戊通公司購買後改名為"同昌"，旋即轉讓給吉黑江防籌備處，更名"江安"，經加裝武器作為炮艦，佈署於松花江執行巡邏任務。1929年10月12日蘇軍挑起同江之戰，本艦在戰鬥打響後駛往戰區支援，不幸被蘇聯軍艦擊中鍋爐艙，爆炸沉沒。戰後，東北海軍組織打撈起浮，終因損傷嚴重無法修理而作為廢鐵出售。

江泰　　江清
Chiang Tai　　Chiang Ching

艦　　種：淺水炮艦

建造時間：不詳

製 造 廠：不詳

排 水 量：255噸

主 尺 度：50米×9.5米×1米(長、寬、吃水)

動　　力：明輪推進，型號不詳

航　　速：14節

武　　備：47mm維炮×2，機槍×4("江清"艦機槍2門)

艦　史

　　本級炮艦原為中東鐵路公司的蒸汽拖輪，船型和"利濟"號相似，其中"江泰"號在1927年編入東北江防艦隊，經武裝後充當炮艦使用，1929年中蘇同江之戰中被蘇軍擊毀，戰後雖打撈起浮，但因損毀嚴重無法修理而廢棄變賣。

　　"江清"號在同江之戰後作為補充艦編入東北江防艦隊，也是作為炮艦使用，1931年"九·一八"事變後隨江防艦隊投敵，成為偽滿洲國的軍艦。

威海
Wei Hai

艦　　種：炮艦
建造時間：1882 年下水
製 造 廠：德國 Flensburgr Schiffsbges
排 水 量：2000 噸
主 尺 度：78.8 米 ×11.6 米（柱間長、寬）
動　　力：不詳
航　　速：11 節
武　　備：120mm 阿炮 ×2，75mm 炮 ×4

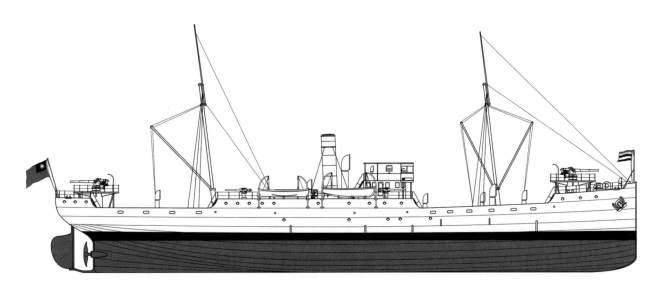

"威海" 艦線圖

艦　史

　　本艦原為德國商船 Tritos 號，1907 年被日本八馬汽船株式會社購入，更名為"第三多聞丸"。1911 年，山東航運商張本政的政記輪船公司以 52000 兩銀的低廉價格轉買到該船，更名為"廣利"號（一說"廣利"的前身是英國商船"蘇丹"），主要用於南北洋沿海航線的運營。1923 年，奉系軍閥為擴充艦艇實力，由負責東北海軍籌建的東北航警處處長沈鴻烈與政記輪船公司商議轉購該船，更名為"威海"號。東北航警處購入本艦時原計劃作為水上飛機母艦使用，因其艦況不佳，實際上是改作炮艦兼運輸艦，1925 年東北海防艦隊成立後，本艦即編列在其名下。

　　1924 年 9、10 月間的第二次直奉大戰後，直系軍閥孫傳芳組建五省聯軍，在江浙地區驅逐奉系勢力，本艦和"鎮海"號水上飛機母艦曾一起於 1925 年 11 月南下江浙，在沿海地區對孫傳芳武裝實施報復性攻擊。1927 年，東北海軍吞併直系渤海艦隊後，艦船實力猛增，本艦遂被淘汰。1930 年後，本艦歸還政記輪船公司，恢復"廣利"的舊船名，主要在安東、煙台、威海、青島、連雲港航線上作為商船運營。

　　1937 年，日本發動全面侵華戰爭，政記公司與侵華日軍合作，本船更名為"廣利丸"，與諸多商船一道參加了日本的軍運行動，最終於 1945 年 8 月 5 日在大連港外被盟軍潛艇發射的魚雷擊沉。

定海
Ting Hai

艦　　種：炮艦

建造時間：1896 年

製造廠：赫爾辛基（Helsingfors），廠名不詳

排水量：1100 噸

主尺度：60.96 米 ×2.43 米（長、吃水）

動　　力：不詳

航　　速：10 節

武　　備：77mm 炮 ×6，機槍 ×4

1930 年代初停泊在山東威海灣中的"定海"艦

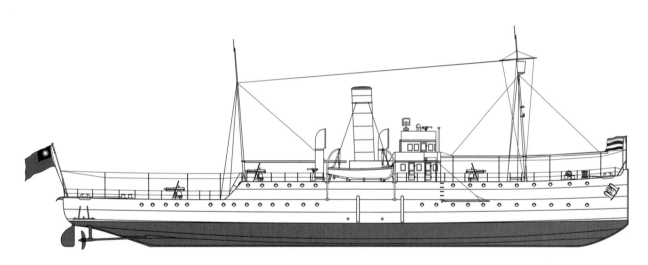

"定海"艦線圖

艦　史

　　本艦原是俄羅斯遠東地區的破冰船，1924 年第二次直奉大戰期間在渤海灣被奉系軍艦捕獲，隨即被扣押在秦皇島，成為奉軍的戰利品。正在籌建東北海軍的東北航警處挑中本船，武裝成軍，更名為"定海"號，成為 1925 年東北海防艦隊成立時的 4 艘主力艦之一（其餘 3 艘為"鎮海"、"威海"、"飛鵬"）。

　　"定海"號在東北海軍主要充當炮艦兼運輸艦，同時還可以執行佈設水雷的作業。東北海軍吞併渤海艦隊後，該艦的重要性下降，1932 年被東北海軍以每月 500 元的租金出租給航運商充當運輸船。1937 年"七·七事變"後，東北海軍退守青島，本艦改以青島為主要駐泊地。1937 年年底青島失守前夕，本艦和東北海軍的很多艦艇一起自沉於青島大港，以阻塞航道。

飛鵬
Fei Peng

艦　　　種：炮艦
建造時間：1897 年建成
製造廠：德國希肖船廠（Schichau）
排水量：127 噸
主尺度：46.5 米 × 5.1 米 × 1.44 米
　　　　（長、寬、吃水）
動　　　力：2 座 3 缸 3 脹蒸汽機，2
　　　　座水管鍋爐，雙軸，2600
　　　　馬力（新造時）
航　　　速：25.14 節（航試航速）
武　　　備：不詳

"飛鵬"的前身，日本海軍的"白鷹"號魚雷艇。

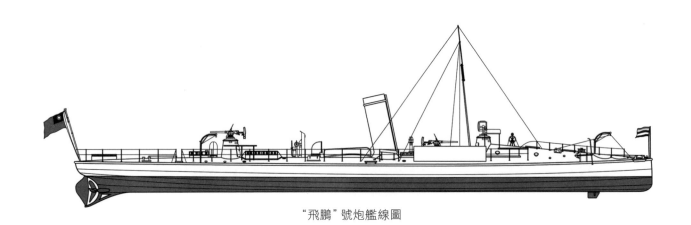

"飛鵬"號炮艦線圖

艦　史

　　本艦原是日本海軍在甲午戰爭後從德國訂造的魚雷艇"白鷹"號，服役至 1922 年退役，1925 年出售給中國奉系軍閥。因顧及當時列強對華實施的軍備禁運制裁，該艇出售時拆除了全部武器，處於無武裝狀態。

　　東北海軍購得後將其更名為"飛鵬"，原計劃要恢復魚雷發射管等魚雷兵器，當作魚雷艇使用，後因難以購得這類裝備，只得勉強添加火炮改成炮艦。1927 年東北海軍吞併渤海艦隊後，本艦遂被廢置。

決川　浚蜀
Chiu Chuan　Chun Shu

艦　　種： 炮艦

建造時間： 1922 年建成

製造廠： 海軍江南造船所

排水量： 932 噸

主尺度： 62.48 米 ×59.2 米 ×9.44 米 ×3.04 米（全長、柱間長、寬、吃水）

動　　力： 2 座 3 缸蒸汽機，2 座桑尼克羅夫特水管鍋爐，雙軸，3000 馬力

航　　速： 16 節（設計最大航速）、12 節（設計常行航速），15.54 節（"決川" 航試航速）、
15.22 節（"浚蜀" 航試航速）

武　　備： 俄製 75mm 炮 ×2

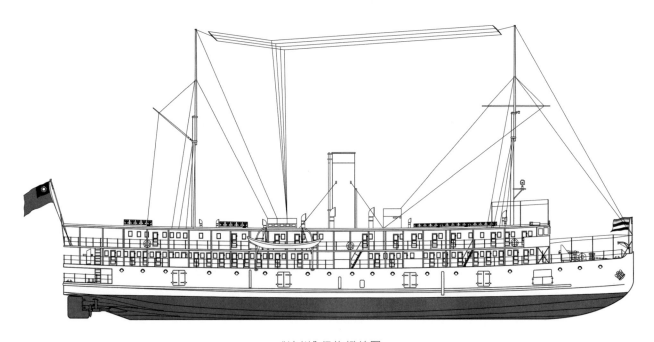

"決川" 級炮艦線圖

艦　史

　　本級 2 艦同型，原是日本日清汽船株式會社為了開拓中國長江中上游航運市場而訂造的川江客船，名為 "明德"、"宣仁"。1923 年直系軍閥吳佩孚試圖組建長江艦隊，由其日籍顧問岡野增次郎與日清汽船株式會社洽商，以 120 萬銀元的價格購得 2 船，更名 "決川"、"浚蜀"，艦名中透露着進取長江上游地區的志向。2 船經加裝火炮，改作長江炮艦使用，其主炮選用的是 1922 年白俄難民船隊抵達上海後出售的俄式 75 毫米口徑艦炮。1924 年直系軍閥成立長江上游保商艦隊，本級 2 艦是其主力，"決川" 號還被定為旗艦。

1924 年 10 月第二次直奉大戰期間，吳佩孚因部將馮玉祥等人倒戈而落敗，率殘部從天津大沽乘坐運輸艦"華甲"撤逃南下。在直系軍閥大勢已去的情況下，長江上游保商艦隊仍然遵從吳佩孚的軍令，派本級 2 艦前往吳淞口迎接、轉運吳佩孚及殘部至長江內地，謀求東山再起。1926 年，北伐戰爭打響，吳佩孚徹底失敗，本級 2 艦隨艦隊一起前往長江下游，投奔直系軍閥孫傳芳，被編入五省聯軍的第二艦隊，參與了阻擊北伐軍的系列作戰。

　　1927 年，隸屬北京政府的中央海軍加入國民革命軍陣營，國民革命軍瞬間擁有了在江海上的絕對優勢兵力，五省聯軍軍艦自覺無力抗衡，遂向國民革命軍海軍投降，本級 2 艦於當年的 4 月在吳淞口移交，後被改造成水上飛機母艦，更名"威勝"和"德勝"。

外觀酷似長江客船的"決川"級軍艦，在艦首可以看到外型特別的俄國造 75 毫米口徑艦炮。

雜項軍艦

民國北京政府時期，海軍中新出現的雜項軍艦主要包括測量艦艇和水上飛機母艦等類別。測量艦艇專為勘測中國江海水文和維護航路標誌而設，是中國海軍建造、購買專用測量軍艦的開始，為中國的航政事業立下汗馬功勞。水上飛機母艦是收放水上飛機的專用軍艦，於 20 世紀初在歐洲誕生，相當於現代航空母艦的雛形。東北海軍在內戰中將商船改造為水上飛機母艦，並進行過實戰，其誕生時間較歐、日列強僅僅晚了 10 餘年。在航空兵器快速崛起的 20 世紀，弱小的中國海軍居然能夠關注、發展用於航空作戰的軍艦，誠為中國軍艦史上的一抹亮色。

正在進行測量作業的 "甘露" 艦的艦載艇

海鷹／慶雲　海鵬／景星

Hai Ying　Qing Yun　Hai Peng　Ching Hsin

艦　　種： 測量艇

建造時間： "海鷹"1918 年 12 月建成；"海鵬"1920 年
　　　　　5 月建成

製 造 廠： "海鷹"由海軍江南造船所建造；"海鵬"
　　　　　由海軍大沽造船所建造

排 水 量： 120 噸

主 尺 度： 32.91 米 ×5.48 米 ×1.98 米 ×2.43 米（全
　　　　　長、寬、首吃水、尾吃水）

動　　力： 1 座雙汽缸立式蒸汽機，1 座圓形火管鍋
　　　　　爐，單軸，200 馬力（"海鵬"230 馬力）

航　　速： 7/8 節（常行／最大）

煤艙容量： "海鷹"35 噸，"海鵬"20 噸

武　　備： 37mm 哈炮 ×2，7.92mm 馬克沁機槍 ×2

"海鵬"號測量艇

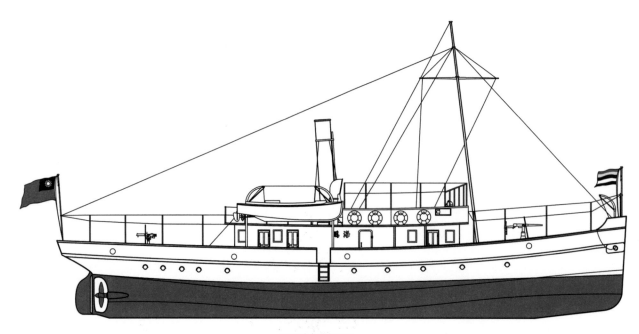

"海鵬"號線圖

艦　史

　　北京政府成立後，海軍部為了充實全國近海的巡防力量，曾向所轄的大沽造船所、江南造船所、福州船政局各訂造過 2 艘小型炮艇。在這批炮艇投入建造後，海軍部又向 3 家造艦機構各追加訂造 1 艘可以出海使用的小型測量艇，以解決當時中國缺乏專用水文測量船的問題。後因福州船政局製造能力有限，該計劃調整為只向江南造船所和大沽造船所訂造，即本級軍艦，其中"海鷹"號在江南造船所建造編號 296，造價國幣 80000 元，"慶雲"號造價國幣 50000 元。本級軍艦採用同一設計分頭建造，建成之後一併編入 1921 年成立的海軍部海道測量局，負責江海水域的測量工作。

　　南京政府成立後，為了從艦名上和執行作戰任務的"海"字炮艇相區分，本級 2 艇的艇名分別被改為"慶雲"、"景星"，仍然編列在海軍測量隊。隨着南京政府海軍建造的艦艇在 1930 年代陸續服役，本級艇的重要性降低，於 1933 年 5 月被海軍部調撥給長江水警局充當水警艇，未久又被長江水警局藉故退回海軍，仍然充當測量艇。1935 年 4 月 16 日，2 艇從海軍再度退役，被調撥給福建省政府充當水上警察艇，艇名恢復為"海鷹"、"海鵬"，最終可能在抗日戰爭時期損毀。

鎮海
Chen Hai

艦　　種：水上飛機母艦

建造時間：1904 年 3 月 23 日建成

製 造 廠：德國不萊梅瑞克莫斯船廠（Rickmers）

排 水 量：2708 噸

主 尺 度：81.25 米 ×77.17 米 ×11.39 米 ×5.98 米（全長、水線長、寬、最大吃水）

動　　力：1 座蒸汽機，單軸，900 馬力

航　　速：12 節（東北海軍編入時）

武　　備：120mm 阿炮 ×2，75mm 炮 ×4，史萊克 FBA-17/19 水上飛機 ×3

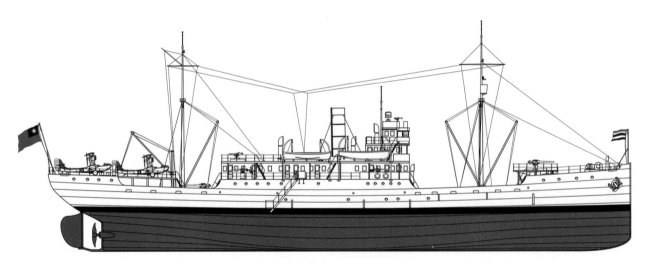

"鎮海"艦線圖（水上飛機母艦狀態）

艦　史

　　本艦原是德國北德意志—勞埃德公司的商船"馬尼拉"（Manila），1921 年被山東航運商政記輪船公司購入，更名為"祥利"號，原計劃在南北洋航線上運營。政記輪船公司總經理張本政與奉系軍閥交往密切，時值奉軍籌建海軍急需軍艦，鑒於"祥利"號船體結構堅固、主機狀況較佳，東北航警處處長沈鴻烈遂與"政記"協商，於 1923 年 6 月將該船轉購改為軍艦，更名"鎮海"。

　　本艦初期被作為炮艦使用，同時兼做奉系葫蘆島航警學校的練習艦。1925 年東北海防艦隊成立，本艦編列其中，身為主力艦，曾多次參加南北軍閥交爭，其中尤以 1925 年 11 月南下奔襲行動為著名。當時為報復直系軍閥孫傳芳，本艦和炮艦"威海"結伴南下，於 11 月 9 日凌晨潛入吳淞口內，炮轟獅子林炮台，又於 10 日襲擊浙江乍浦港，與孫傳芳麾下艦隊進行了激烈炮戰，一時引起江浙震動。

　　1926 年，東北海軍吞併了原屬直系的渤海艦隊，獲得了在當時中國海軍中戰力最強的"海圻"號巡洋艦，實力猛增。本艦在此前後被改為水上飛機母艦，以配合奉軍從法國購買的史萊克 FBA 式水上飛機的使用，是為中國海軍史上第一艘實用型水上飛機母艦。其改裝的要點是在軍艦後桅上安裝起吊飛機用的吊桿，並對軍艦的尾樓頂部甲板做延長改造，拓展為搭載飛機的平台。

　　1926 年北伐戰爭爆發，國民革命軍揮師北上，原北京政府中央海軍在總司令楊樹莊率領下投向北伐軍，東北海軍隨即採取報復行動。本艦受命偽裝成"大昌"號商船，與加裝假煙囪偽裝成意大利軍艦的"海圻"號一起秘密南下，於 3 月 27 日混入吳淞口偷襲了國民革命軍海軍，擊傷其旗艦"海籌"號。次日，本艦和"海圻"又在吳淞口外俘虜其炮艦"江利"，並擄回山東石島編入東北海軍。此後，本艦又連續參加南下偷襲作戰，1927 年 7 月 22 日與"威海"艦一起抵達連雲港外海，本艦施放艦載飛機對連雲港新浦等地實施轟炸，且截獲了北伐軍的運輸船"三江"號。9 月 3 日，本艦和"海圻"等艦秘密抵達長江口，由本艦施放飛機對上海江南造船所等處實施轟炸。這些作戰活動一度引起江浙一帶對東北海軍的恐慌情緒。

　　1928 年"東北易幟"後，本艦恢復為葫蘆島航警學校及此後青島海軍學校的練習艦，曾在 1932 年搭載航海實習學生到達過日本佔領下的台灣。日本全面侵華後，局勢緊張，東北海軍決定放棄青島，本艦於 1937 年 12 月 18 日和"定海"等艦艇一起自沉於青島大港港口，以阻塞航道。

瑞旭 / 甘露
Rui Xu　　Kan Lu

艦　　種： 測量艦

建造時間： 1903 年建成

製 造 廠： 英國 Ramage&Ferguson

排 水 量： 1398/2133 噸（正常 / 滿載）

主 尺 度： 91.44 米 ×10.18 米 ×5.15 米 ×5.48 米（全長、寬、首吃水、尾吃水）

動　　力： 3 座柴油機，3 軸，1200 馬力

航　　速： 10/12.5 節（常行 / 最大）

燃料載量： 300 噸燃油、30 噸煤

武　　備： 75mm 克炮 ×1，57mm 哈炮 ×2，37mm 哈炮 ×1

艦　史

　　本艦原為英國富商巴伯（A.L.Barber）訂製的私家遊艇"洛蕾娜"（Lorena），後於 1910 年前後被美國富商喬治・古爾德（George Gould）轉購，改名為"亞特蘭大"（Atalanta），註冊於紐約遊艇俱樂部。美國參加一戰後，該船被軍方徵用，後輾轉流落到英國。1924 年 7 月被中國海軍海道測量局以 22 萬銀元價格購入，更名為"瑞旭"，當年 10 月抵華後又更名為"甘露"，是中國海軍擁有的第一艘採用內燃機動力的軍艦。

　　本艦服役後，長期在近海實施測量作業，繪製海圖，以及維護航路標誌。1937 年"七・七事變"爆發後，本艦被調入長江，負責拆除長江下游的航道標誌，以防日本軍艦溯江而上。後隨海軍西撤，1940 年 9 月 3 日在四川巴東台子灣被日軍飛機炸沉，1943 年由大同銀行董事長、原天津市市長蕭振瀛出資將本艦打撈拆解。

編入中國海軍後的"甘露"測量艦

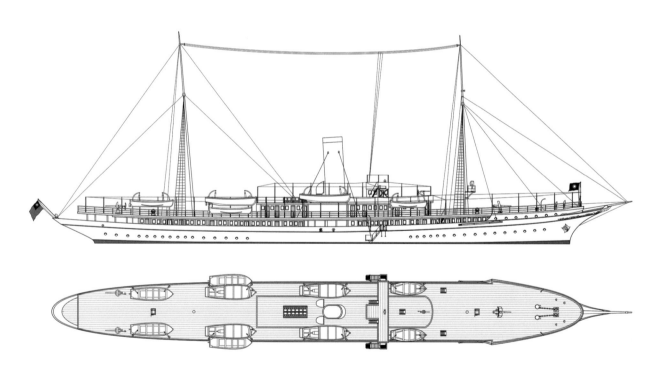

"甘露"艦線圖

戰利艦

1914 年第一次世界大戰爆發，1917 年 8 月 14 日，北京政府正式對德國和奧匈帝國

宣戰，這是中華民國成立後參加的第一場大規模對外戰爭。中國宣佈參戰後，海軍

立刻對滯留在中國水域的德國、奧匈帝國軍艦及商船實施抓捕，並按照國際法，頒

行《海軍戰時捕獲條例》，成立海軍戰時捕獲法庭，將被俘的德、奧匈艦船依照法律

程序判處沒收，這些艦船也就成了中國海軍歷史上首批戰利艦。

第一次世界大戰期間，中國政府在南京丁家橋設立的戰俘營，
被俘虜的德國、奧匈帝國海軍和商船船員大都被關押在此。

利捷
Li Chie

艦　　種：淺水炮艦

建造時間：1909 年建成

製　造　廠：德國特克倫博格船廠（Tecklenborg）

排　水　量：314 噸

主　尺　度：54.13 米 ×8.13 米 ×0.8 米（長、寬、吃水）

動　　力：2 座蒸汽機，4 座鍋爐，雙軸，1300 馬力

航　　速：14 節

煤艙容量：95 噸

武　　備：57mm 炮 ×2，機槍 ×3

裝　　甲：機艙外側水線帶裝甲 2 英寸

1929 年中蘇同江之戰後的 "利捷" 號殘艦，從受損傾斜的前桅桿、煙囱不難想見當時戰況之激烈。

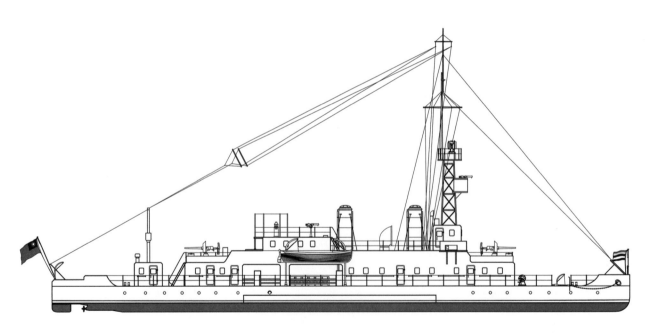

"利捷" 艦線圖（在中國海軍成軍後狀態）

艦　史

　　本艦前身是德國海軍淺水炮艦"水獺"（Otter），是專門為在中國長江中上游水域使用而設計建造的，建成後運抵中國組裝，編入德國東亞艦隊，配置在長江中上游水域，維護德國的殖民利益。一戰爆發之初，中國政府宣佈中立，為防備交戰國在華軍艦發生衝突，中國海軍採取措施解除了在華的交戰國軍艦武裝。此後，本艦與同在長江中上游的德國炮艦"祖國"號意圖駛出長江，但在航經南京下關附近時被中國海軍攔阻，由中國軍艦"建安"、"聯鯨"看押在下關草鞋峽江面。德國海軍試圖以虛假出售給第三國的方式蒙混離開，但被中國政府識破。

　　1917 年 2 月 1 日，德國宣佈實施無限制潛艇戰。2 月 17 日，由香港出發，載有在粵招募的 543 名歐戰華工的法國商船"阿多斯"（Athos）在地中海被德國潛艇擊沉，中國政府於 3 月 14 日宣佈與德國斷交，中國海軍在 18 日強行接管了本艦。8 月 14 日中國政府對德國和奧匈帝國宣戰，本艦的性質遂變成敵國被俘艦，於當天被中國海軍編入，更名"利捷"，原德國艦員被投入設在南京丁家橋的戰俘營看管。

　　"利捷"艦經中國海軍重新武裝後，編列在第二艦隊名下。1919 年，中國政府趁俄國革命，無暇他顧之機，組建海軍艦艇編隊前往東北邊境江域構建江防，本艦因為吃水淺，適合在中俄邊境江流使用而被選入，和"利綏"、"江亨"、"利川"於當年 9 月抵達邊境城市廟街，並曾捲入暗中向蘇俄紅軍提供軍械以攻擊日軍的"廟街事件"，直至 1920 年春才順利到達同江，成為吉黑江防艦隊的主力軍艦，負責在松花江以及黑龍江同江一帶巡防。

　　1928 年"東北易幟"後，因中國政府採取激進舉措收回中東鐵路主權，招致對東北地區覬覦已久的蘇聯以此為口實，發動武裝入侵。1929 年 10 月 12 日，蘇軍阿穆爾河區艦隊的"紅色東方"、"列寧"、"孫中山"等 9 艘軍艦向位於黑龍江上、下游和松花江三江交匯地區的中國東北江防艦隊發起進攻，本艦當時是三江口地區東北江防艦隊的旗艦，戰鬥中首當其衝，與蘇聯艦艇激烈交火，鏖戰近一小時後因鍋爐艙中彈而不幸沉沒。1930 年，東北海軍僱傭日本打撈公司將其起撈出水，因艇體損毀過重，不具修理價值，被迫廢棄。

"利捷"的前身，德國海軍炮艦"水獺"。

利綏
Li Sui

艦　　種： 淺水炮艦

建造時間： 1904 年建成

製 造 廠： 德國希肖船廠（Schichau）

排 水 量： 270 噸

主 尺 度： 50.1 米 ×8 米 ×0.94 米（長、寬、吃水）

動　　力： 2 座 3 脹蒸汽機，2 座鍋爐，雙軸，1300 馬力

航　　速： 13 節

煤艙容量： 75 噸

武　　備： 76mm 炮 ×1，47mm 炮 ×1，機槍 ×2

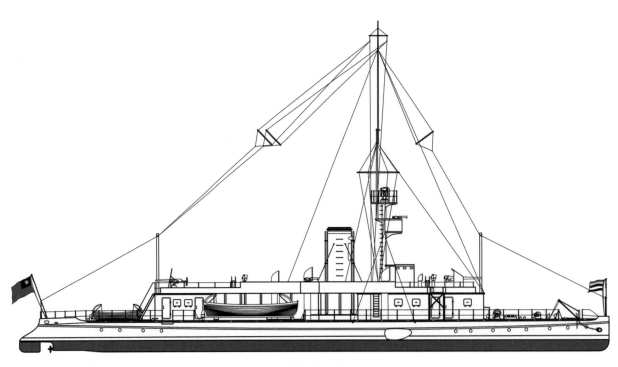

"利綏"號線圖

艦　史

　　本艦原是德國海軍的"祖國"(Vaterland)號淺水炮艦,同型另有 1 艘"青島"號(Tsing Tau),並稱為"青島"級,專為在中國珠江、長江流域使用而設計建造。本艦和"青島"號因為艦體較小難以遠航,在德國建成之後進行了分段拆解, 1904 年由商船運抵中國後再行組裝,其中"青島"被佈署在珠江流域,"祖國"被佈署在長江中上游,均隸屬於德國海軍東亞艦隊。

　　一戰爆發後,"青島"號被中國海軍扣押在廣州,本艦則和"水獺"號被扣押在南京草鞋峽江面,均被勒令拆除武裝和無線電台。北京政府在 1917 年 3 月 14 日宣佈和德國斷交後,本艦被中國海軍接管,"青島"號則因艦上德國官兵拒絕交艦,而在廣州黃埔被鑿沉自毀。

　　1917 年 8 月 14 日,中國對德國、奧匈帝國宣戰,本艦成為中國海軍的戰利品,經重新安裝武備後編入海軍第二艦隊,更名"利綏"。1919 年中國海軍前往中俄邊境構建江上防務時,本艦亦奉調北上,成為吉黑江防艦隊的主力軍艦,與"利捷"一起負責在松花江和黑龍江執行巡防任務。1929 年 10 月 12 日爆發中蘇同江之戰,戰鬥開始未久,本艦的 76mm 口徑主炮即被蘇軍炮火擊毀,但仍配合"利捷"頑強作戰,直至甲板上人員傷亡殆盡,僅剩艦長黃勳一人,才被迫退往富錦一帶規避、搶修,當月月末在富錦遭蘇軍戰機轟炸沉沒。

　　1930 年,本艦由東北海軍僱傭日本打撈公司打撈出水,因傷勢相對較輕得以修復,重新就役,仍使用"利綏"艇名,成為東北江防艦隊唯一的主力艦。1932 年 2 月 5 日東北江防艦隊司令部所在地哈爾濱被日軍攻佔,本艦和江防艦隊一起投敵。

"利綏"的前身,德國炮艦"祖國"號。

華甲
Hwah Jah

艦　　　種： 運輸艦

建造時間： 1900 年建成

製　造　廠： 英國紐卡斯爾威厄姆・理查森船廠（Wigham Richardson）

排　水　量： 8160/3871（註冊滿載噸位 / 註冊淨噸位）

主　尺　度： 127.1 米 ×16 米 ×8.68 米（全長、寬、吃水）

動　　　力： 不詳

航　　　速： 12 節

武　　　備： 75mm 阿炮 ×1，"史萊克" FBA-17/19 水上飛機 ×8

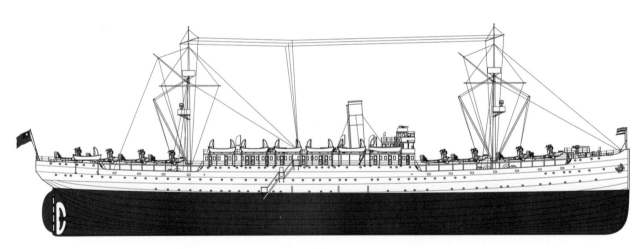

"華甲"號線圖（東北海軍改造為水上飛機母艦時狀態）

艦　史

　　本艦原為奧匈帝國勞埃德公司的商船"中國"（China），投用在遠東航線的運營。一戰爆發後，該船於 1914 年 8 月 5 日駛入中立國中國的上海黃浦江躲避戰火。1917 年 3 月 14 日，中國政府宣佈和德國、奧匈帝國斷交，本船在當天即被中國海軍接管，並被臨時定名"華甲"號。1917 年 8 月 14 日中國向德國、奧匈帝國宣戰，根據《戰時海上捕獲條例》，經中國海軍戰時捕獲法庭審理，判決將本船正式沒收，仍使用"華甲"船名。

　　此後，海軍部因經費不足，決定將捕獲的德國、奧匈帝國商船出租商運。本船於 1921 年 8 月 30 日被抵押給華洋輪埠公司，而後又被該公司租給美國政府，用於中美間的海上航運。1924 年，本船由海軍轉借給輪船招商局當作海員訓練船，先被招商局私自出租給遠東航運公司牟利，又被遠東航運公司私自出租給日本山下汽船株式會社。但在經營中，三家公司因權責不清產生糾紛，以至於本船停泊在日本下關陷入無人過問的處境，船員一度準備變賣船隻度日。直系軍閥控制下的北京政府得知此事後設法將本船收回，編入渤海艦隊作為運輸艦。

　　1927 年渤海艦隊併入東北海軍，本艦被改造為同時可以搭載陸軍以及水上飛機的特殊運輸艦。1928 年"東北易幟"後，本艦被東北海軍租給政記輪船公司當作商船，更名"中華"號，投入大連至香港間航線的運營。1937 年日本全面侵華戰爭開始後，政記輪船公司與日軍合作，本船被日本海軍徵用為運輸船，改名"榆林丸"，主要在南洋地區執行軍運任務，1945 年 1 月 21 日在台灣高雄港被美軍戰機炸沉。

1930 年前後東北海軍在山東煙台海面操演舢板的場景，遠處商船模樣的大型軍艦疑似"華甲"號。

華乙 / 華安
Hwah Yih　　Hwah An

艦　　種： 運輸艦

建造時間： 1899 年建成

製 造 廠： 英國紐卡斯爾威厄姆・理查森船廠
　　　　　（Wigham Richardson）

排 水 量： 7360/3318 噸（註冊滿載噸位/註冊淨噸位）

主 尺 度： 121 米 ×15 米 ×6 米（全長、寬、吃水）

動　　力： 1 座 3 脹蒸汽機，單軸，5000 馬力

航　　速： 11 節

武　　備： 120mm 炮 ×2

編入中國海軍後的"華乙"，艦首可以看到塗有英文拼寫的艦名。

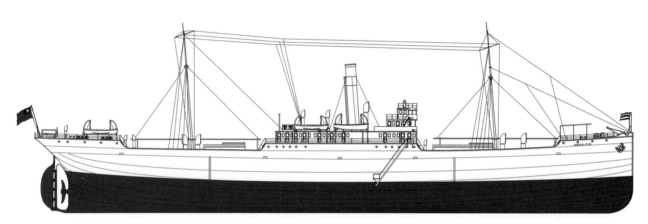

"華乙"號線圖（成軍時狀態）

艦　史

　　本艦原為奧匈帝國勞埃德公司的商船"西里西亞"(Silesia)，被投用在奧匈帝國的里雅斯特(Trieste)至遠東的航線上運營。1914年一戰爆發，本船在7月30日避入上海黃浦江，隨後即被中國海軍看管。1917年3月14日，中國和德國、奧匈帝國斷交，包括本船在內的在滬德、奧商船都被中國海軍接管，本船被改用臨時船名"華乙"。當年8月中國正式向德國、奧匈帝國宣戰後，本船成為中國海軍的戰利品，仍然使用"華乙"舊名。

　　獲得德、奧商船後，中國海軍部一度將部分船隻委托交通部代管，本船於1919年由交通部向外出租，從俄羅斯海參崴運輸在俄的捷克軍團（原為第一次世界大戰中被俄軍俘虜的奧匈帝國捷克人部隊，俄國十月革命發生後受歐洲列強支持組建為捷克軍團，與沙俄將領高爾察克指揮的白軍一起和蘇俄紅軍作戰）返回祖國，當航經的里雅斯特（原奧匈城市，第一次世界大戰後奧匈解體，成為意大利城市）時，原奧匈帝國勞埃德公司的繼承者意大利航運公司向意大利海事法院起訴，以中國罰沒"西里西亞"商船不合法為由，申請將本船扣留，經北京政府外交部向意大利當局強硬交涉，最終得以撤訴放行。

　　此後，本船在1921年被海軍部抵押給華洋輪埠公司，由該公司出租給美國政府，在中美航線上使用。1924年本船被海軍部收回，改為運輸艦，更名"華安"，長期編列在海軍第一艦隊內。1931年6月，本艦被一度裁停，後在1933年10月重新恢復使用，至1934年5月16日又被裁停，當年12月6日在黃浦江停泊中被法國商船"北孚"號撞傷，交由江南造船所修理。而後本艦被調撥給電雷學校充當練習艦，更名"自由中國"。1937年本船曾搭載電雷學校學生出海航行實習，當抵達南洋時，日本開始全面侵華，因海疆淪陷無從返回出發地，本艦被迫長期滯留在香港，其後歷史不詳，推測可能在1941年太平洋戰爭爆發後被日軍擄獲。

華丙 / 普安
Hwah Ping　Pu An

艦　　種： 運輸艦

建造時間： 1896 年 12 月建成

製造廠： 奧匈帝國的里雅斯特船廠（Cantiere Navale Triestino，縮寫為 CNT）

排水量： 4087/2305 噸（註冊滿載噸位 / 註冊淨噸位）

主尺度： 119.78 米 ×13.7 米 ×6.7 米 ×7.62 米（全長、寬、首吃水、尾吃水）

動　　力： 1 座 3 缸蒸汽機，4 座火管鍋爐，單軸，6500 馬力

航　　速： 13 節

武　　備： 7.92mm 馬克沁機槍 ×2

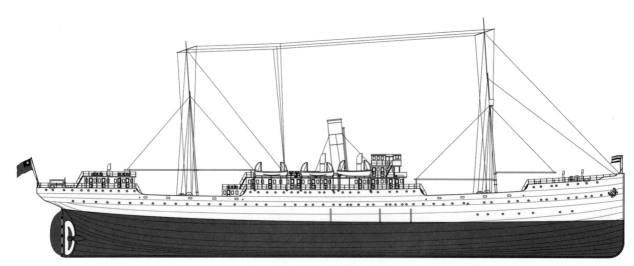

"華丙"艦線圖（成軍時狀態）

艦　史

　　本艦原為奧匈帝國勞埃德公司商船"波西米亞"（Bohemia），和"中國"、"西里西亞"等商船一起，在遠東航線上運營，其外觀設計和"中國"號十分相似。1914 年 8 月 4 日，"波西米亞"避入上海黃浦江，處於中國海軍的監管下。1917 年 3 月 14 日被中國海軍接管，取臨時船名"華丙"，後被中國海軍依照捕獲條例沒收。

　　本船於 1921 年由海軍部抵押給華洋輪埠公司，再轉租給澳大利亞的華商中澳輪船公司，在亞洲至美洲航線上運營。1922 年 3 月中國裕豐輪船公司商船"新中華"號私自載客前往墨西哥，墨方拒絕旅客登岸，旋又因經濟糾紛而被墨方禁止離港，為解救坐困船中的乘客，本船被中國政府臨時商調前往墨西哥，安全撤回了"新中華"上的乘客。

　　1924 年，本船被編入海軍第一艦隊充當運輸艦，更名為"普安"號，曾參加"齊盧戰爭"（直系軍閥齊燮元與皖系軍閥盧永祥之間的衝突）和海軍"滬隊獨立"（駐滬海軍部分艦艇長反對親直系的海軍總司令杜錫珪，宣佈獨立，脫離北京政府）等事件。1932 年 1 月，本艦停用，被租賃給輪船招商局當作商船，1934 年末又從招商局退回給海軍部。1937 年抗戰期間，本艦被調至黃浦江董家渡附近自沉，構築封鎖線。1952 年經中國人民打撈公司實施打撈，將水下艦體殘骸切割為前後兩段，於當年 9 月 15 日將後段首先打撈出水，在龍華附近浦東一側江灘上拆解。殘骸前段則於 1954 年 3 月出水，拆解處理。

民國南京政府時期的"普安"艦

華丁
Hwah Ting

艦　　種： 運輸艦

建造時間： 1908 年 3 月建成

製 造 廠： 德國不萊梅（Bremen）瑞克莫斯船廠（Rickmers）

排 水 量： 3100/3082 噸（註冊滿載噸位 / 註冊淨噸位）

主 尺 度： 111.9 米 ×14.47 米 ×9 米（全長、寬、吃水）

動　　力： 不詳

航　　速： 不詳

艦　史

　　本艦原為德國瑞克莫斯公司（Rickmers）的"戴克·瑞克莫斯"（Deike Rickmers）號商船，一戰爆發後為了躲避戰火而進入黃浦江，被中國海軍監視控制。1917 年 3 月 14 日中德斷交後，本艦被中國海軍接管，更名"華丁"，中國正式對德國宣戰後將其沒收，後由海軍租船處出租給商業公司牟利。1924 年，北京政府海軍部因經費支絀，將本船出售給了政記輪船公司，更名為"加利"號，在煙台至香港航線上運營。1926 年被政記輪船公司出售給日本山下汽船株式會社，更名"東光丸"，1929 年 5 月 28 日又被山下汽船出售給大連汽船株式會社（日資），更名"東崗丸"。二戰期間，本船被日本海軍徵用，1944 年 10 月 12 日在菲律賓沿海被盟軍潛艇用魚雷擊沉。

華戊
Hwah Wu

艦　　種： 運輸艦

建造時間： 1898 年 11 月建成

製 造 廠： 英國斯托克頓（Stockton）克瑞格·泰勒船廠（Craig Taylor）

排 水 量： 7000/2769 噸（註冊滿載噸位 / 註冊淨噸位）

主 尺 度： 109 米 ×14.6 米 ×6.18 米（全長、寬、吃水）

動　　力： 不詳

航　　速： 8 節

艦　史

　　本艦原是德國萊森納公司（R.E.Loesener）的商船"阿爾貝卡"（Albenga），1914 年 8 月，停靠中國汕頭港期間被該港英國領事舉報，稱船上裝有計劃補給青島德國東亞艦隊的物資，要求中國海軍實施扣留，後經查無其事而放行。本船在中國對德國斷交時被扣押在上海，當中國海軍在 1917 年 3 月 14 日派員登船接管時，其德籍船員一度計劃將船炸沉。被中國海軍接管後，更名"華戊"，隨着中國對德國、奧匈宣戰，本船亦被中國政府沒收。1924 年，海軍部以 70000 元價格將本船出售給上海南華輪船公司，更名為"華成"號，用於上海至日本以及南洋地區的航線運營，1935 年 8 月 29 日在日本伊勢灣遇海難沉沒。

華己
Hwah Chie

艦　　種： 運輸艦

建造時間： 1912 年 1 月建成

製 造 廠： 德國霍華德船廠（Howaldt）

排 水 量： 3080/1209 噸（註冊滿載噸位 / 註冊淨噸位）

主 尺 度： 82.6 米 ×11.91 米 ×6.33 米（全長、寬、吃水）

動　　力： 配置型號不詳，900 馬力

航　　速： 9.5 節

艦　史

　　本艦原為德國捷成洋行商船 " 凱特 "（Kathe），1917 年 3 月 14 日在上海被中國海軍接管，更名 " 華己 "，而後被中國政府沒收為戰利艦，並由海軍部租船處負責對外出租牟利。1924 年，本艦被海軍部出售給政記輪船公司，更名 " 茂利 "，在香港、廣東、廈門一帶運營。1937 年後，政記輪船公司和日本軍方合作，本船被日軍徵用，1945 年被盟軍飛機炸沉。

華庚
Hwah Kun

艦　　種： 運輸艦

建造時間： 1895 年建成

製 造 廠： 英國格拉斯哥菲爾費爾德船廠（Fairfield Shipbuilding&Eng.Co.,Ltd）

排 水 量： 2660/1115 噸（註冊滿載噸位 / 註冊淨噸位）

主 尺 度： 88 米 ×11.52 米 ×6.55 米（全長、寬、吃水）

動　　力： 配置型號不詳，1300 馬力

航　　速： 10 節

艦　史

　　本船原為德國北德意志輪船公司（Nord-Deutscher Lines）的商船 " 姜維 "（Keong Wai），第一次世界大戰爆發後滯留在福建廈門港，由中國海軍派出軍艦就近監管。1917 年 3 月 14 日民國北京政府宣佈和德國斷交當天，本船在廈門被中國海軍接管，更名為 " 華庚 "，8 月 14 日中國正式對德國宣戰後，成為中國海軍的戰利品。此後，本艦一度由海軍租船處對外租賃牟利。1924 年海軍租船處撤銷，本艦由海軍部以 17 萬元價格出售給上海常安輪船公司，更名 " 常安 " 號。1927 年常安輪船公司重組為新常安輪船公司，本船改為 " 新華安 " 號。1937 年淞滬抗戰期間，本船被上海警察局水巡總隊徵用，自沉於黃浦江十六鋪碼頭附近，構築阻塞線。

華辛
Hwah Hsin

艦　　種：運輸艦

建造時間：1905 年建成

製 造 廠：德國呂貝克科赫船廠（Schiffswerft von H.Koch）

排 水 量：2800/922 噸（註冊滿載噸位／註冊淨噸位）

主 尺 度：80.98 米 ×11.52 米 ×5.57 米（全長、寬、吃水）

動　　力：配置型號不詳，800 馬力

航　　速：9.5 節

艦　史

　　本艦原為德國弗倫茨堡輪船公司（Flensburger Dampfschiffahrts Ges）的商船"天蛾"（Sexta），一戰爆發後進入上海黃浦江躲避戰火，1917 年 3 月 14 日被中國海軍接管，定臨時船名為"華辛"，同年 8 月 14 日，成為中國海軍的戰利品。1924 年出售給政記輪船公司，改為商船"安利"號，在香港、廣東、廈門航線運營。1937 年後，本船一度滯留香港，後於 1943 年 5 月 26 日被日軍徵用，更名"安利丸"，1945 年 6 月 25 日在大連外海觸水雷沉沒。

華壬 / 定安　華癸 / 克安

Hwah Ren　　Ting An　　Hwah Kuei　　Ke An

艦　　種：運輸艦

建造時間：1903 年建成

製 造 廠：德國霍華德船廠（Howaldt）

排 水 量：1900/769 噸（註冊滿載噸位 / 註冊淨噸位，"華癸"註冊淨噸位為 771 噸）

主 尺 度：66.69 米 ×10 米 ×5.18 米 ×5.79 米（全長、寬、首吃水、尾吃水）

動　　力：1 座 3 脹蒸汽機，4 座火管鍋爐，單軸，650 馬力

航　　速：9 節

煤艙容量：213 噸

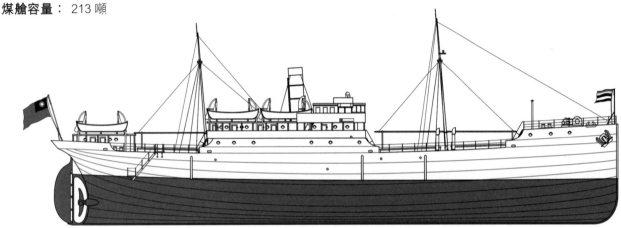

"華癸"號線圖（成軍時狀態）

艦　史

　　本級 2 艦同型，原是德國捷成洋行的商船"成功"（Triumpf）和"海倫"（Helene），一戰爆發後避入黃浦江，被中國海軍監管。1917 年 3 月 14 日被中國海軍接管，暫定名"華壬"和"華癸"，當年 8 月 14 日被中國海軍正式沒收。此後 2 船曾一度被中國海軍出租牟利，1924 年同被編入中國海軍第一艦隊，成為運輸艦，更名"定安"、"克安"。

　　"定安"艦長期在海軍第一艦隊名下，1930 年福建軍閥盧興邦發動叛亂時，本艦曾被臨時改造為水上飛機母艦，搭載水上飛機"江鷺"、"江梟"、"江雕"前往協助平亂。1937 年後，本艦隨國府海軍西撤，1942 年 12 月 17 日在川江下游被日軍飛機炸沉。

　　"克安"艦是第一次世界大戰中國海軍戰利艦中服役時間最久的一艘。其早期服役情況與"定安"類似，抗戰期間隨海軍西撤，曾在 1937 年 12 月 13 日、1939 年 8 月 6 日兩度遭日軍飛機炸傷，幸而未沉毀。抗戰勝利後，中國海軍調整編制，本艦在 1947 年 5 月 1 日被編入海軍運輸艦隊，一年後更名"九華"；1948 年 10 月 1 日改隸江防艦隊，參加了 1949

年 5 月保衛上海的作戰，後撤至台灣。1949 年 11 月 1 日改隸海防第二艦隊，1950 年 6 月 1 日定舷號為"313"，同年 11 月 15 日在台中外海遭風暴擱淺，艦體受損嚴重，雖被拖入馬公船塢試圖修復，但因損毀過重，最終在 1951 年 1 月 1 日報廢除役。

1. 南京政府時期的"定安"艦

2. 南京政府時期的"克安"艦

3. 1950 年已經更名為"九華"的原 "克安"艦，照片拍攝於該艦擱淺後被拖帶援救時。

4. 抗日戰爭期間日軍飛機拍攝的正在遭到轟炸的"克安"艦

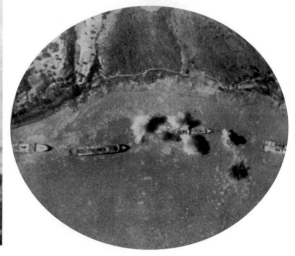

靖安
Ching An

艦　　種： 練運艦

建造時間： 1907 年 11 月建成

製 造 廠： 德國呂貝克科赫船廠（Schiffswerft von H.Koch）

排 水 量： 2286/1015 噸（註冊滿載噸位 / 註冊淨噸位）

主 尺 度： 82.9 米 ×14.9 米 ×3.96 米 ×5.48 米（全長、寬、首吃水、尾吃水）

動　　力： 1 座 3 脹立式蒸汽機，3 座火管鍋爐，單軸，1160 馬力

航　　速： 11 節

煤艙容量： 160 噸

武　　備： 57mm 哈炮 ×2，機槍 ×2

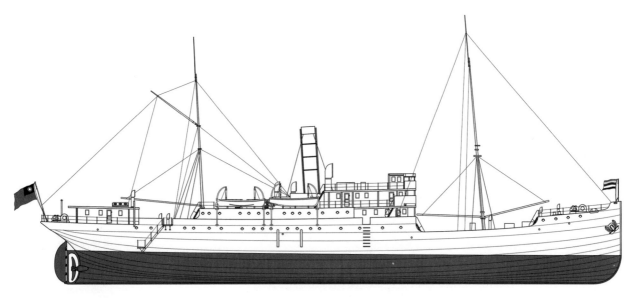

"靖安"艦線圖（成軍時狀態）

艦　史

　　本艦原是德國漢堡—美國航運公司（Hamburg-Amerika）的商船"西江"（Si Kiang），第一次世界大戰爆發後避入上海黃浦江。1917 年 3 月 14 日，中國海軍人員試圖接管本船時，德國船員態度蠻橫，極不配合，且有毀船的嫌疑，中國政府遂將本船直接沒收，這是一戰中德宣戰前被中國海軍直接收編的唯一一艘德國商船。

　　本船被沒收後，更名為"靖安"，作為運輸艦編列在海軍第一艦隊。1919 年，中國海軍派出艦艇赴東北邊境河流佈防時，因擔心其中的炮艦"利捷"、"利綏"噸位較小，不利於長程遠航，曾派本艦拖帶 2 艇前往海參崴。本艦後被編入海軍練習艦隊，同時充當練習艦和運輸艦，稱作練運艦。1923 年海軍發生"滬隊獨立"事件時，本艦曾參與其中。1927 年南京國民政府成立後，本艦仍然編列在練習艦隊，曾在 1931 年負責將在南京招考錄取的海軍學生運往福州馬尾的海軍學校。本艦於 1933 年退役，被轉賣給三北輪埠公司，在福建一帶航線運營。1937 年全面抗戰爆發後，本艦被陸軍 80 師司令部徵用，當年 10 月 11 日自沉在閩江航道上構建阻塞線。

南京政府時期的"靖安"艦

華大　華利
Hwah Dah　Hwah Lee

艦　　種： 運輸艦

建造時間： 1900 年建成

製 造 廠： 上海耶松船廠

排 水 量： 1151 噸（註冊淨噸位）

主 尺 度： 75.5 米 ×9.1 米 ×3.6 米（全長、寬、吃水）

動　　力： 不詳

航　　速： 10 節

艦　史

　　2 艦為同型，原是德國美最時洋行的長江商船"美大"、"美利"，後轉賣給德國北德意志公司，仍保留原船名。第一次世界大戰爆發後，2 船滯留在長江內河，1917 年 8 月 14 日被中國海軍捕獲，更名"華大"、"華利"，曾一度被出租牟利，1924 年由海軍部出售給輪船招商局，成為商船，並更名為"江大"、"江靖"，在長江航線上運營。"江大"於 1940 年 9 月 7 日在秭歸么姑沱附近江面被日軍飛機炸沉，後經設法打撈，又在 12 月遭日機再度轟炸，徹底損毀。"江靖"輪則是 1940 年 10 月在秭歸附近江面被日軍飛機炸毀。

未成軍艦

中華民國北京政府成立後,首任海軍總長劉冠雄加意擴大海軍建設,1913 年利用德商瑞記洋行的貸款,委托該洋行在德國、奧匈帝國為中國海軍訂造一批新艦艇,成為民國成立後中國海軍向歐洲訂造軍艦的開始。其訂造的目標包括了採用新銳設計的巡洋艦、驅逐艦,然而這一訂造計劃幾經波折,最終因第一次世界大戰爆發而告失敗。

奧匈帝國 CNT 船廠內正在為中國海軍建造的 1 艘穹甲巡洋艦,最終未能建成。

STT 驅逐艦

艦　　種： 驅逐艦

建造時間： 未建造

製 造 廠： 奧匈帝國士他俾勞勉圖船廠（Stabilimento Tecnico Triestino，縮寫為 STT）

排 水 量： 400 噸

主 尺 度： 67 米 ×6.3 米 ×1.9 米（全長、寬、吃水）

動　　力： 2 座 3 脹蒸汽機，4 座英國亞羅（Yarrow）水管鍋爐，雙軸，6000 馬力

航　　速： 28 節（設計航速）

武　　備： 76mm50 倍徑斯柯達炮 ×1，47mm 斯柯達機關炮 ×7，18in 魚雷發射管 ×2

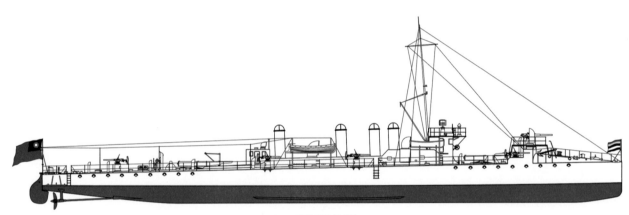

STT 驅逐艦線圖

艦　史

　　1913 年，德商瑞記洋行（Arnhold Karberg）有意向新生的中華民國政府提供巨額貸款，作為貸款的附加條件之一，民國政府必須將所獲得的貸款中的一部分用來委託瑞記洋行從歐洲訂造軍艦，本級軍艦的訂造就是在這樣的背景下提出的。

　　1913 年 4 月 10 日，海軍部與瑞記洋行簽訂合同，委託該洋行向奧匈帝國 STT 船廠訂造 12 艘同型的驅逐艦，即本級軍艦。其設計基本沿用前清海軍在奧匈帝國訂造的"龍湍"級驅逐艦的方案，動力、炮火威力則較"龍湍"艦有所提升，總體上屬於奧匈帝國海軍"驃騎兵"（Huszar）級驅逐艦的改型。但是，本級軍艦還未及投入建造和命名，就發生了英國干涉瑞記洋行向中國政府貸款的風波，中國海軍部最終取消了本合同，變更成向奧匈帝國 CNT 造船廠訂造 1 艘裝甲巡洋艦。

CNT 裝甲巡洋艦

艦　　種：裝甲巡洋艦

建造時間：1915 年開工

製　造　廠：奧匈帝國蒙法爾科內（Monfalcone）的里雅斯特海軍船廠（Cantiere Navale Triestino，縮寫為 CNT）

排　水　量：4900 噸（最大排水量）

主　尺　度：137 米 ×14.7 米 ×4.9 米（全長、寬、吃水）

動　　力：2 座帕森斯透平蒸汽機，14 座亞羅水管鍋爐，雙軸，37000 馬力

航　　速：28 節（設計航速）

武　　備：雙聯裝 8in50 倍徑斯柯達炮 ×2，47mm 斯柯達機關炮 ×10，37mm 斯柯達機關炮 ×4，7.9mm 斯柯達機槍 ×8，魚雷發射管 ×2

裝　　甲：水線帶裝甲厚 102mm，司令塔裝甲 102mm，炮盾 102mm，裝甲甲板 25-63mm

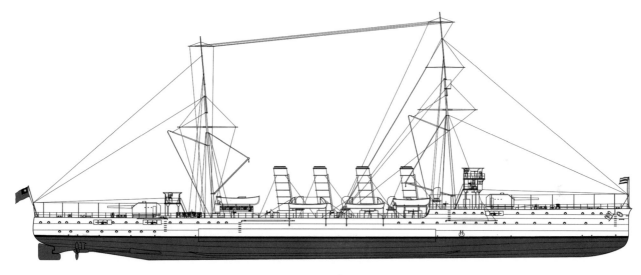

CNT 裝甲巡洋艦線圖

艦　史

　　中國海軍以瑞記洋行貸款定造 12 艘 STT 驅逐艦的合同被取消後，海軍部和瑞記洋行在 1913 年 8 月 26 日重新簽訂合同，改由該洋行代為向奧匈帝國 CNT 造船廠訂造 1 艘裝甲巡洋艦，即本艦，工廠建造編號為 68。

　　本艦以奧匈帝國裝甲巡洋艦 "賽達"（Saida）的設計為基礎，在火力配置、裝甲防護、動力性能等方面做了儘量提升，若能建成服役，將成為民國初年中國海軍新造艦中的佼佼者。始料未及的是，因第一次世界大戰爆發，捲入戰爭的奧匈帝國海軍為充實自身的力量，計劃將正在建造中的本艦徵用，並按照奧匈海軍的要求增加安裝 12 門 120mm 口徑速射炮。1917 年 8 月 14 日，中華民國政府對德國、奧匈帝國宣戰，本艦遂不再可能被接收，最終未能建成。

伏爾鏗驅逐艦

艦　　種： 驅逐艦

建造時間： 1913—1914 年

製 造 廠： 德國伏爾鏗造船廠（Stettiner Maschinenbau A.G. Vulcan）

排 水 量： 985 噸

主 尺 度： 79.2 米 ×8.22 米 ×2.6 米（全長、寬、吃水）

動　　力： 2 座伏爾鏗透平蒸汽機，3 座燃油鍋爐，雙軸，24500 馬力

航　　速： 32 節（設計航速）

武　　備： 105mm 克炮 ×2，76mm 炮 ×4，37mm 炮 ×2，21in 魚雷發射管 ×2

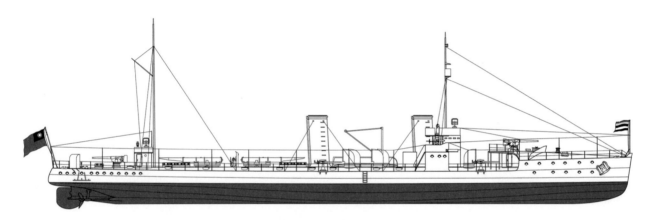

伏爾鏗驅逐艦線圖

　　1913 年，民國政府為了能夠獲得德商瑞記洋行的巨額貸款，而允諾將以貸款中的一部分款項委托瑞記洋行代為從歐洲訂造軍艦，本級即是其一。

　　1913 年 4 月 10 日，海軍部和瑞記洋行簽訂定造合同，委托瑞記洋行向德國伏爾鏗造船廠建造本級共 6 艘軍艦。與簽訂合同後才準備開始建造的 STT 驅逐艦不同，早在海軍部與瑞記洋行訂立合同之前，伏爾鏗船廠實際已經開始在為德國海軍建造一批新式的驅逐艦，當中國與瑞記洋行的合同簽訂後，這批原本是德國海軍訂造的驅逐艦即預備改為優先交付給中國海軍。

　　此時，英、法、德、俄、美、日六國銀行團正試圖通過向中國出借巨額貸款，以達到干涉中國內政、經濟等目的，而德商瑞記洋行向中國貸款的行為並不在六國銀行團借款計劃中，且該洋行向中國的貸款有一部分將用於從德國購買軍艦，這些情況引起英國的不滿，指責德國不顧列強集體利益而單方面在中國攫利。在英國政府的干涉下，本合同被取消，合同原涉資金改為委托瑞記洋行向奧匈帝國 CNT 造船廠訂造 3 艘穹甲巡洋艦。已經在建造中的本級軍艦後均交付給德國海軍，艦名分別為 V25 至 V30，其最終建成時的參數較中國定造時約定的情況有所區別：排水量 975 噸，全長 78.5 米，寬 8.33 米，吃水 3.33 米，主機功率 24800 馬力，航速 36.3 節。

CNT 穹甲巡洋艦

艦　　種：穹甲巡洋艦
建造時間：1915 年開工
製 造 廠：奧匈帝國蒙法爾科內（Monfalcone）的里雅斯特海軍船廠（Cantiere Navale Triestino，縮寫為 CNT）
排 水 量：1800 噸
主 尺 度：109.7 米 ×10.9 米 ×4 米（全長、寬、吃水）
動　　力：2 座蒸汽機，8 座煤、油混燒水管鍋爐，雙軸，9000 馬力
航　　速：24.5 節（設計航速）
武　　備：150mm 斯柯達炮 ×4，70mm 斯柯達炮 ×8，7.9mm 斯柯達機槍 ×4，450mm 魚雷發射管 ×2
裝　　甲：不詳

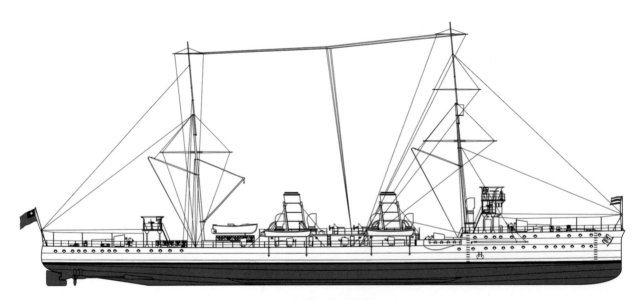

CNT 穹甲巡洋艦線圖

艦　史

　　民國北京政府海軍部和瑞記洋行在 1913 年訂立的造艦合同因遭到英國的干涉無疾而終。此後，經海軍部和瑞記洋行商議，決定將原計劃從德國訂造 6 艘驅逐艦的額度改向奧匈帝國 CNT 船廠訂造 3 艘穹甲巡洋艦，即本型軍艦。新合同在 1913 年 8 月 26 日簽署，3 艦在 1914 年陸續開工，在 CNT 船廠的建造編號分別是 65、66、67。

　　本級穹甲巡洋艦在設計上可能參考了奧匈帝國"斯邦上將"(Admiral Spaun) 級巡洋艦，開工未久即遇到第一次世界大戰爆發，奧匈帝國海軍有意將 3 艘軍艦接收自用，對該艦的武備設計做出調整，取消原計劃中的 4 門 150 毫米口徑斯柯達炮，改成 100 毫米口徑艦炮。1915 年 5 月 23 日，意大利向奧匈帝國宣戰，隨後在 6 月 8 日攻佔了 CNT 船廠所在地蒙法爾科內，3 艘穹甲巡洋艦的工程遂告中斷。1917 年 8 月 14 日，中國政府向德國、奧匈帝國宣戰，原在奧匈帝國的軍艦訂單就更不可能得到交付。同年 10 月 27 日，奧匈帝國軍隊收復蒙法爾科內，CNT 船廠重新恢復 3 艘穹甲巡洋艦的建造，但隨着奧匈帝國在第一次世界大戰中因戰敗而崩潰瓦解，3 艘巡洋艦的建造工作就此偃旗息鼓，推測艦體在尚未完成的情況下即被拆解。

民國南京政府時期的海軍部大門

第二章

中華民國南京政府前期

（1927—1937）

1927 年 4 月中華民國南京國民政府成立，取代了原先的北京政府，此後至 1937 年日本發動全面侵華戰爭前，中國在形式上漸趨統一，國內總體局勢相對平穩，被稱為是休生養息的「黃金十年」。中國海軍在此期間獲得難得的發展，儘管仍然無法解決經費不足的痼疾，但是在楊樹莊、陳紹寬等海軍領袖推動下，南京政府中央海軍竭力新建了包括巡洋艦、炮艦、炮艇在內的一批新式艦艇，成為中華民國成立以來海軍首次大規模的艦艇更新。

值得一提的是，這一時期，中國還存在東北海軍、廣東海軍、電雷學校等三支游離於中央海軍之外的海上力量，其中廣東海軍和電雷學校也有數量可觀的新置艦艇，且艦艇的形式也頗有特點。

巡洋艦

巡洋艦原本是清末中國海軍的常見艦種，但是民國成立之後，受經費等原因制約，中國海軍在十餘年時間裏沒有再增添過新的巡洋艦，直到南京政府成立後，新海軍部勉力建造、改裝了 5 艘輕巡洋艦，才使得中國海軍的艦船陣容裏多了幾分雄壯之色。雖然這些巡洋艦噸位普遍較小，無法和當時世界海軍強國的巡洋艦比肩，甚至僅相當於列強海軍的大型炮艦，但對中國海軍而言，卻是意義重大，是抗戰爆發前中國海軍為數不多的主力軍艦。

南京政府時期中國自行設計建造的第一艘巡洋艦"逸仙"號

逸仙
I Hsien

艦　　種：輕巡洋艦

建造時間：1930 年 4 月 10 日開工，同年 11 月 12 日下水，1931 年 6 月 1 日入役

製 造 廠：海軍江南造船所

排 水 量：1550 噸

主 尺 度：82.29 米 ×10.36 米 ×3.77 米（全長、寬、首吃水）

動　　力：2 座 3 缸 3 脹蒸汽機，3 座桑尼克羅夫特水管鍋爐，雙軸，4000 馬力

航　　速：12/19 節（常行 / 最高）

煤艙容量：280 噸

武　　備：150mm H.I.H 炮 ×1，140mm 三年炮 ×1，75mmH.I.H 高射炮 ×4，47mm 哈炮 ×2，7.92mm 馬克
　　　　　沁機槍 ×8

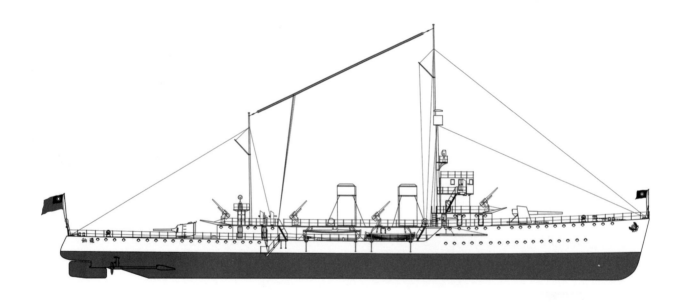

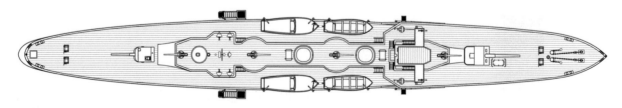

"逸仙"艦線圖（建成入役時狀態）

艦　史

　　本艦是南京政府時期海軍江南造船所建造的第一艘排水量超越千噸的中國軍艦，中國海軍將其定為輕巡洋艦，但按照世界通行的標準看，只不過是一艘較大的炮艦。本艦在江南造船所的建造編號是 596，總設計師為葉在馥，艦體造價 1563997.66 元國幣，連帶武備的總價則超過 280 萬元國幣。

　　本艦的艦名取自中華民國國父孫中山先生的別名，因而在民國時期的新造軍艦中地位特殊。其武備原計劃訂造德國克虜伯公司的炮械，由於一戰後德國受到《凡爾賽條約》制裁，被禁止軍火貿易，遂改成購買荷蘭工業貿易公司（Hollandsche Industrieen Handelmaatschappij，縮寫 H.I.H）生產的火炮，是為中國第一型裝備 H.I.H 火炮的軍艦。

　　本艦建成之後編列在海軍第一艦隊，作為中國海軍的主力艦，曾於 1933 年單艦北上巡視北方海疆，突破了南京政府中央海軍活動範圍局限於東南的局面。當時，本艦還到達山東威海的劉公島，向由原東北海軍整編成的海軍第三艦隊頒授關防。1937 年日本發動全面侵華戰爭後，中國海軍在江陰一帶長江江段構築沉船封鎖線，本艦與"寧海"、"平海"、"應瑞"等艦一起被配置在封鎖線附近江面執行警戒任務，遭到日軍飛機的猛烈轟炸。在"寧海"、"平海"二艦相繼被日機炸傷後，本艦成為第一艦隊司令陳季良的旗艦，負責指揮江陰附近的中國軍艦堅持抗戰。

1937 年 9 月 25 日上午，日軍飛機編隊在長江目魚沙附近發現本艦，隨即展開狂轟濫炸，本艦予以堅決還擊，並擊落 1 架日軍"九二艦攻"戰機。激戰中，本艦艦體亦多處中彈，進水重創，最終被迫在目魚沙附近擱淺，官兵將艦上的 75mm 口徑高射炮以下的機關炮、機槍拆卸後棄艦。

在海軍江南造船所建造中的"逸仙"艦

建成後的"逸仙"艦

日軍佔領長江下游地區後擄得本艦，經簡單的堵漏，於 1938 年 5 月 12 日拖航至日本吳海軍工廠進行維修改造。修復之後，充當江田島日本海軍兵學校練習艦，並以江田島附近的小島阿多田為其重新命名為"阿多田"號。經日軍修理改造後，本艦的武備改為艦首裝備 1 門三年式 120mm 艦炮，另安裝 5 門機槍。

1945 年日本戰敗後，盟軍總司令部勒令日本將本艦歸還給中國。因其當時已停航許久，艦況較差，日方先將本艦送入播磨造船所相生船廠修理至可航行狀態，然後於 1946 年 8 月 20 日從日本吳港航向中國上海，歸還給中國海軍。中方隨即恢復了其"逸仙"原名，編入海防艦隊。1947 年 7 月中國海軍海防艦隊拆分編制，本艦列在海防第一艦隊的第三分隊內。

國共內戰中，本艦曾參加過 1948 年從煙台等地撤離國民政府軍政人員，以及從秦皇島等地撤出陸軍 86 軍的行動，後被佈署在長江防線。解放軍發起渡江戰役後，本艦於 1949 年 4 月 21 日晚和"信陽"艦一起從江陰突圍，衝出長江，後撤往台灣。1950 年 6 月 1 日編入海軍第二艦隊，採用"78"舷號。此後，本艦曾在 1953 年和解放軍軍艦"開封"號在浙江的貓頭洋海域有過戰鬥。1958 年 12 月 31 日本艦退役，1959 年 12 月 31 日以 260 萬元新台幣的價格出售拆解。

1　2

1. 擱淺在長江目魚沙附近的"逸仙"艦。照片中可以看到，大口徑主炮仍然保留在艦上，而易於拆卸的高射炮、機槍等已經被中國海軍拆走。

2. 1937 年 9 月在江陰附近江面遭日機轟炸的"逸仙"艦，照片由日軍航拍。

"逸仙"艦裝備的 75mm 口徑 H.I.H 高射炮

"逸仙"艦裝備的 H.I.H 公司造 150mm 口徑前主炮

1. 日艦"阿多田"的艦橋。照片攝於日本戰敗後,日方人員正在整備、修理該艦,以備歸還中國。

2. 日艦"阿多田"的艙面照片

3. 經日本海軍改造後的"阿多田"艦

大同　自強
Ta Tung　Tze Chion

艦　　種： 輕巡洋艦

建造時間： "大同"，1899 年 3 月 3 日開工，1900 年 3 月 3 日下水，1930 年 3 月 23 日改造

　　　　　　 "自強"，1898 年 4 月 7 日開工，1899 年 1 月 29 日下水，1931 年 1 月 26 日改造

製 造 廠： 船政（建造），海軍江南造船所（改造）

排 水 量： 1050 噸

主 尺 度： "大同"79.24 米 ×7.94 米 ×3.35 米（長、寬、尾吃水）

　　　　　　 "自強"79.24 米 ×8.1 米 ×3.84 米

動　　力： 2 座 4 脹蒸汽機，4 座水管鍋爐，雙軸，3884 馬力

航　　速： 12/17 節（常行 / 最高）

煤艙容量： "大同"160 噸，"自強"155 噸

武　　備： 120mm 阿炮 ×2，75mm 阿炮 ×1，57mm 哈炮 ×2，20mm 厄利孔高射炮 ×1，7.92mm 馬克沁機槍 ×6

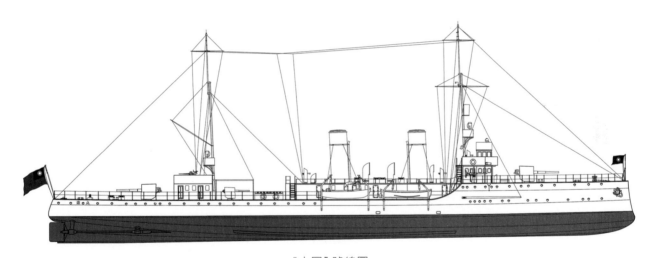

"大同"號線圖

艦　史

　　本級軍艦原是清末建造的"建威"、"建安"號魚雷炮艦，也可以算作是魚雷巡洋艦，民國成立後長期隸屬在海軍第二艦隊。南京政府成立後，海軍部鑒於 2 艦的艦齡老、戰力弱、動力遲緩，指定由海軍江南造船所進行大修、改造。其中"建安"艦在 1930 年實施改造，其最大變化是切除了原有的尾樓，變成長首樓艦型，同時對艦上的武備進行更換，選用火力更強的主炮，並安裝防空火炮，改造完成後艦名改為"大同"。"建威"艦在 1931 年實施改造，方案與"建安"相仿，竣工後更名為"自強"。2 艦的命名沒有按照這一時期軍艦以城市命名的慣例，較為獨特。

　　"大同"、"自強"改造完成後，其編制一度列在第二艦隊，後改到第一艦隊，儘管外觀煥然一新，且列為輕巡洋艦，實則戰力僅相當於炮艦。1937 年日本發動全面侵華戰爭後，中國海軍於 8 月 11 日在長江江陰至靖江段構築沉船阻塞線，以防日艦溯江進犯首都南京。本級 2 艦因艦齡老舊，被選作堵塞船，"大同"自沉在阻塞線北岸的靖江羅家橋一帶，"自強"自沉在主航道附近。2 艦自沉之前僅只拆卸了 20mm 口徑高射炮，"大同"的高射炮後裝配給炮艦"江元"使用，"自強"的高射炮則安裝到炮艦"中山"號上。

　　1949 年中華人民共和國成立後，靖江縣財政局打撈隊在羅家橋當地船民的指引下發現"大同"沉艦。1957 年，政府對"大同"沉艦實施了水下爆破，撈取艦材和物資，"自強"艦可能在同時期也被打撈拆解。

1 改造完成後的"大同"艦，外觀已經和
   "建威"時期迥異。

2 改造後的"自強"艦

3 "大同"艦中後部的甲板景象，可以感
   受到該艦的艦體十分窄小。

寧海
Ning Hai

艦　　種：輕巡洋艦

建造時間：1931 年 2 月 21 日開工，同年 10 月 10 日下水，1932 年 9 月 1 日入役

製 造 廠：日本播磨造船所

排 水 量：2400/2526 噸（輕載 / 標準）

主 尺 度：109.8 米 ×11.89 米 ×4.04 米（全長、寬、吃水）

動　　力：3 座 4 缸 3 脹蒸汽機，4 座艦本式口型煤、油混燒鍋爐，三軸，9500 馬力

航　　速：23 節（最大航速）

燃料容量：600 噸煤、110 噸燃油

武　　備：三年式雙聯 140mm 炮 ×3，三年式 76mm 高射炮 ×6，九二式 7.7mm 機槍 ×10，雙聯 530mm 六
　　　　　年式魚雷管 ×2，八一式深水炸彈拋射機 ×2，AB-3 偵察機 ×2

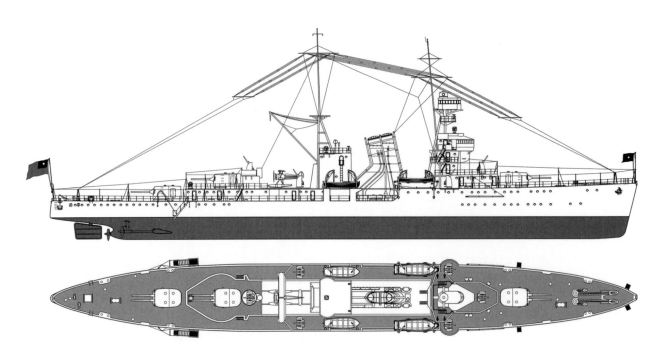

"寧海" 艦線圖（在中國海軍成軍時狀態）

艦　史

　　1927 年南京國民政府成立後，列強對華的武器禁運陸續解除，海軍部在 1929 年提出訂造大型軍艦以擴充海軍軍力的設想，為此向國外著名船廠徵求方案和報價。先後有英國維克斯公司（Vickers）和日本播磨造船所參與，維克斯公司提交的設計方案因為艦體規模過大，造價過巨而出局，日本播磨造船所提交的小型巡洋艦方案最終勝出。1930 年 12 月 5 日，中國海軍部和日本播磨造船所在南京簽訂造艦合同，以浙江省寧海縣的縣名為新艦命名"寧海"號，亦有"海疆安寧"之意。"寧海"艦合同總造價 423 萬日元（後因追加艦載水上飛機等設備，總價增加至 450 萬日元），約定中方可以在無須提供擔保的情況下分期以日元支付。後來，中國坊間稱當時國民政府是以東北大豆實物折價支付"寧海"艦的價款，實屬訛傳。

　　"寧海"艦的設計和建造由播磨造船所負責，日本海軍艦政本部參與指導，設計方案一定程度上參考了當時日本海軍的輕巡洋艦"夕張"號。中國海軍派總務司司長李世甲為總監造官，率領包括海軍江南造船所設計師葉在馥在內的監造團赴日擔任監造工作，鑒於艦上將安裝大量中國海軍此前沒有使用經驗的先進裝備，另考選了 8 名軍官赴日本海軍教育機構學習。

在日本播磨造船所建造中的"寧海"艦，艦體已經規模初具。

1931 年 10 月 10 日剛剛下水後的"寧海"艦

"寧海"艦於 1931 年 2 月 21 日開工，在播磨造船所的建造編號為 1000 號。本艦訂造時，中國海軍已經十餘年沒有購買過大型軍艦，對新裝備、新技術極為陌生，海軍部意圖將本艦作為縮短中國海軍與世界差距的高級練習艦，要求在艦上盡可能多地安裝各類新式裝備。因此，本艦不僅配備了大量日製新式火炮，還安裝了諸多電子設備、魚雷、反潛兵器，甚至設置了固定飛機庫，可以搭載水上飛機，由此造成艦體上層建築過重、過高，穩性不佳。為了在僅有 2000 餘噸的艦體上安裝大量技術裝備，日方也絞盡腦汁，其中的艦載水上飛機"寧海一號"就是日方根據本艦特點量身定制的特製型號。

　　本艦即將下水時，遇到"九‧一八"事變，所倖未受影響，最終在 1932 年 8 月 26 日由日方船員駕駛到上海交艦，並於 9 月 1 日正式編入國民政府海軍第一艦隊，成為當時中央海軍的一號主力艦，首任艦長為高憲申。"寧海"服役後，主要作為高級練習艦用於海軍軍官和學員的進修，並在長江沿岸各主要城市舉行公眾開放日，向國民展示海軍建設成就，成為中央海軍的形象艦。1934 年 6 月，本艦還曾赴日本，參加日本海軍將領東鄉平八郎的葬儀。

航試中的"寧海"號，後桅桿下方的方形建築就是艦載飛機庫。

1937 年抗日戰爭爆發後，本艦和姊妹艦“平海”等作為主力艦，被佈署在長江江陰一帶，擔任江陰阻塞線江面的警衛任務，自 8 月 20 日起開始經常性和日軍飛機作戰。9 月 22 日至 23 日，日機大規模空襲江陰阻塞線附近的中國軍艦，本艦和“平海”是當時中國海軍防空火力最強的主力軍艦，自然成為日軍的重點轟炸目標。9 月 23 日，本艦遭遇日機俯衝轟炸，艦體多處中彈，受損嚴重，被迫自行擱淺在江陰北岸的靖江八圩港灘塗。此後，本艦被作放棄處理，艦上除主炮因為體量過大難以拆運外，其餘炮械、魚雷兵器等大部被拆除。1937 年 12 月 13 日南京淪陷，本艦於 15 日被日艦“保津”派出的兵員佔領。

　　1938 年 4 月下旬，經日本軍方安排，由播磨造船所派人抵達靖江，對本艦實施修復作業，而後在 6 月 10 日將其拖曳至播磨造船所進行徹底修理和改造，並於 1944 年 6 月 10 日編入日本海軍軍籍，歸類為海防艦，改名“五百島”(Ioshima)，用於日本近海的巡弋和護航。1944 年 9 月 19 日，本艦在護衛運輸船隊時，於日本本州御前崎南方約 60 海里處被美軍潛水艇“鰣魚”(Shad) 號發射的魚雷擊沉，同年 11 月 10 日從日本海軍中除籍。

1　1934 年在日本參加東鄉平八郎葬儀活動時的"寧海"，照片上可以看到艦尾舷側的艦名牌。

2　"寧海"艦前主炮塔特寫

3　"寧海"艦訓練 76 毫米口徑高射炮操作時的情景

1　"寧海"艦的航拍照片

2　抗戰爆發前在長江上航行的
　　"寧海"艦

3　1937 年 9 月 23 日，惡戰重
　　傷後擱淺的"寧海"艦。

平海
Ping Hai

艦　　　種：輕巡洋艦

建造時間：1931 年 6 月 28 日開工，1935 年 9 月 28 日下水，1937 年 4 月 1 日入役

製　造　廠：海軍江南造船所

排　水　量：2400 噸（輕載）

主　尺　度：109.7 米 ×11.89 米 ×3.96 米（全長、寬、吃水）

動　　　力：2 座江南造 3 缸 3 脹蒸汽機，4 座艦本式口型煤、油混燒水管鍋爐，1 座江南造重油專燒水管鍋爐，
雙軸，9500 馬力

航　　　速：22 節（設計航速）

武　　　備：雙聯 140mm 三年炮 ×3，76mm 三年高射炮 ×3，47mm 阿炮 ×3，7.7mm 九二式機槍 ×4，雙聯
530mm 六年式魚雷管 ×2

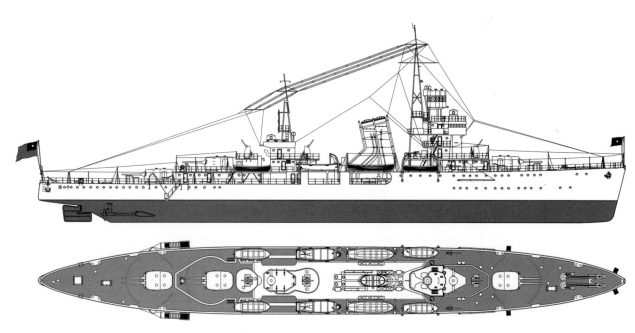

"平海"艦線圖（建成時狀態）

艦　史

　　南京政府海軍部在向日本播磨造船所訂造"寧海"艦時，另委托其以"寧海"的設計方案為基礎，設計一型專用於作戰和艦隊指揮的輕巡洋艦，即本艦，因為艦型和"寧海"酷似，相當於是"寧海"的準姊妹艦。

　　出於節省經費的考慮，海軍部指定由江南造船所按照日方的設計方案建造本艦，後以福建平海衛的地名將本艦命名為"平海"號。開工伊始，所長馬德驥就因經費不足而倍感壓力，無奈辭職，海軍部部長陳紹寬於是自兼江南造船所所長，勉力推進本艦的建造。為儘量壓低成本，陳紹寬甚至不允許江南造船所收取造艦的人工費用，等於為海軍免費建造。儘管如此，由於當時國民政府財政緊張，將建造費拆分為一百多期逐月支付，迫使海軍不得已採取借貸的方式先行購買一些單價昂貴的設備，進一步導致本艦的建造工作進展緩慢，甚至一度因經費問題停工。

　　1934 年，日本海軍突發驅逐艦"友鶴"號因穩性不佳而傾覆的"友鶴事件"，引發各界關注。中國海軍對"平海"艦的設計也進行檢查，與設計方一起對初始設計進行修改，取消原有的重型前桅，代之以輕型三腳桅，並改良調整了火炮的位置。經過修改後的"平海"，上層建築和"寧海"存在很大的區別，而且因為設計目標不同，"平海"艦取消了很多非必要的武備，艦上不設飛機庫，不搭載水上飛機，防空火炮的數量比"寧海"少，深水炸彈等反潛設備也不配置。總體而言，"平海"在保持和"寧海"相等的主炮火力基礎上，航行性能較"寧海"有了很大提升。

　　本艦艦體的建造耗時 4 年多，於 1935 年下水。因其設計中配備的武器和電子設備多

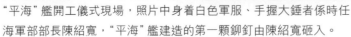
"平海"艦開工儀式現場，照片中身着白色軍服、手握大錘者係時任
海軍部部長陳紹寬，"平海"艦建造的第一顆鉚釘由陳紹寬砸入。

為日本生產的型號，故於 1936 年 10 月 30 日由中國海軍艦員駕駛抵達日本，由播磨造船所完成後續的武備及電子設備安裝，在播磨造船所施工期間被定生產編號為 11000 號。

1937 年 3 月，"平海"完成武備和電子設備安裝返回上海，於 4 月 1 日在江南造船所碼頭正式成軍入役，編在海軍第一艦隊，充當該艦隊的旗艦，原"寧海"艦長高憲申出任本艦首任艦長。服役後不久，抗戰爆發，本艦與"寧海"等艦於 1937 年 8 月被佈署到江陰附近長江江段，擔任江陰阻塞線的警戒工作。本艦作為阻塞線江面各艦的指揮艦，由海軍第一艦隊司令陳季良親自坐鎮。

1937 年 9 月 22 日，日軍飛機開始對江陰阻塞線附近的中國軍艦實施高烈度轟炸，本艦在 22 日的防空作戰中不幸被 2 枚日軍炸彈直接命中，艦體嚴重受損，艦長高憲申也在戰鬥中腰部受傷。9 月 23 日，日軍再度狂轟濫炸，本艦雖堅持戰鬥，最終因日軍攻勢猛烈，艦內受損嚴重，被迫向上游規避航行，後在接近鎮江的十二圩附近搶灘擱淺，被迫棄艦。棄艦之前，艦員將艦上易於拆運的中小口徑火炮、機槍全部拆卸。

日軍在攻陷南京後不久，發現並佔領了本艦，從 1938 年 2 月 16 日起實施扶正修補作業，隨後便拖曳至日軍佔領下的江南造船所簡單修理，再拖航至日本佐世保，充當佐世保海兵團宿舍船，更名"見島"。1941 年，日本挑起太平洋戰爭後，在海上作戰中接連遇挫，艦船損失嚴重，本艦在 1943 年被啟用，重新武裝為海防艦，更名"八十島"（Yasoshima），負責日本近海的巡弋，又於 1944 年 8 月強化防空火力，在當年 9 月 25 日定為二等巡洋艦，充當護航船隊的護航旗艦。1944 年 11 月 25 日，本艦護衛船隊前往菲律賓馬尼拉途中，在呂宋島的聖克魯茲（Santa Cruz）與美國海軍的航空母艦編隊遭遇，被美軍艦載機炸沉，次年 1 月 10 日從日本海軍除籍。

在江南造船所建造中的"平海"艦。這幅照片是日軍佔領"平海"艦之後，在艦長室中獲得的。

1　剛剛下水的"平海"艦，可以注意其前桅桿造型和"寧海"截然不同。

2　艦體完工後正在航試的"平海"，此時艦上所有的武備和火控設備都還沒有安裝。

3　武備安裝完成後正在航試的"平海"。因為艦上鍋爐正採用煤、油混燒以便獲得高壓蒸汽，此時煙囪中噴薄出的煤煙格外大。

4　擱淺在長江十二圩淺灘的"平海"

5　在日本播磨造船所船塢進行武備安裝作業的"平海"艦

6　航行中的"平海"艦

1　打撈扶正後的"平海"艦中部舷側特寫

2　通過長江拖航向上海的"平海"

炮炮
艇艦

南京政府成立後，海軍在經費有限的條件下，以炮艦、炮艇作為最主要的艦船裝備建設方向。除了早期西征戰役中繳獲的原唐生智部的炮艦、艇較為雜亂外，南京政府中央海軍的炮艦、艇設計建造極有條理。其新造炮艦主要為適宜在長江中下游航行的長江炮艦，噸位不大，但火力較強，綜合戰力超越了長江上的列強炮艦，顯示了南京政府海軍首先從制江入手的發展戰略，也因此這批炮艦事實上成為當時中國海軍的主力軍艦。新造的炮艇則是為了淘汰舊有的雜類小炮艇，增強近海巡防、護漁力量而建造，雖然體量小，火力弱，但適航性較好。

同一時期，廣東海軍也以炮艦、炮艇為主要發展對向，其來源分為自造和外購兩種，自造炮艇主要用於珠江內河巡防，屬於淺吃水的小型巡邏炮艇；外購炮艦體量較大，用於在近海甚至外海航行作戰。

南京政府時期建造的新式炮艦"民權"號

誠勝
Chen Sheng

艦　　種：炮艇

建造時間：1900 年建造

製　造　廠：上海耶松船廠

排　水　量：276 噸

主　尺　度：36.57 米 ×6.09 米 ×2.13 米（長、寬、尾吃水）

動　　力：2 座雙缸雙脹立式蒸汽機，1 座火管鍋爐，雙軸，450 馬力

航　　速：10/12 節（常行 / 最高）

煤艙容量：26 噸

武　　備：76mm 阿炮 ×1，57mm 諾炮 ×1，7.92mm 馬克沁機槍 ×2

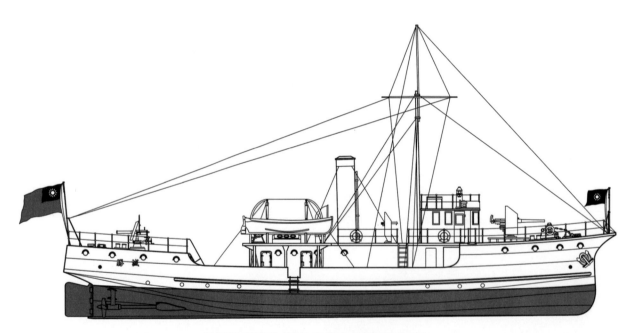

"誠勝"號線圖（編入南京政府海軍時狀態）

艦　史

　　本艇原是清末江西萍鄉漢冶萍煤礦訂造的蒸汽動力鋼殼拖船"萍通"號,主要用於拖曳無動力的木質駁船裝運燃煤,以供給漢陽鐵廠。1927年蔣介石控制的南京國民政府和汪精衛掌權的武漢國民政府間爆發"寧漢戰爭",該船被支持武漢政府的唐生智第四集團軍徵用為炮艇,編入長江艦隊,更名"江通"號。在南京政府針對唐生智的西征戰役中,本艇被俘,改名"誠勝",是南京政府海軍用"勝"字命名的12艘西征俘獲艦之一。

　　經江南造船所增強近海航行能力的改造以及武器換裝後,本艇首先編列在南京政府海軍第二艦隊,作為炮艇。1929年調撥至海岸巡防處,充當巡防艇。1936年編入測量隊,當年6月應山東省政府請求,本艇隨同測量艦"甘露"前往山東壽光羊口鎮一帶測量航道。1937年抗日戰爭爆發後,本艇滯留在羊口鎮無法歸隊,為免資敵,艇員於1937年12月26日將本艇破壞自沉,並攜帶拆卸的76毫米口徑主炮前往山東壽光尋找國軍歸建。行進中途,火炮被八路軍魯東遊擊隊第八支隊留用。

"誠勝"號炮艇

勇勝
Yun Sheng

艦　　　種：炮艇

建 造 時 間：1907 年訂造，1908 年建成

製 造 廠：江南機器局

排 水 量：280 噸

主 尺 度：38.1 米 ×6.4 米 ×2.43 米（長、寬、尾吃水）

動　　　力：2 座雙缸雙脹立式蒸汽機，雙軸，300 馬力

航　　　速：8/10 節（常行 / 最高）

武　　　備：76mm 阿炮 ×1，57mm 諾炮 ×1，7.92mm 三十節機槍 ×2

民國南京政府時期的 "勇勝" 炮艇

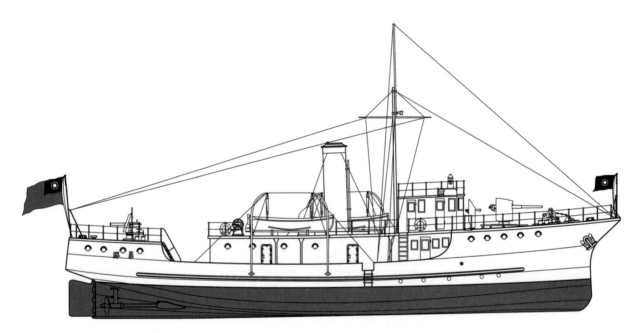

"勇勝" 號線圖（編入南京政府海軍時狀態）

艦　史

　　本艇是漢冶萍煤礦為運輸燃煤而訂造的蒸汽動力拖船，原名 "萍壽" 號，1927 年寧漢戰爭爆發時編在唐生智軍長江艦隊內充作炮艇，後被南京政府海軍俘虜，更名 "勇勝"。經江南造船所改造和武備重裝後作為炮艇，編列於海軍第二艦隊，1929 年和 "誠勝" 等艦調入海岸巡防處，充作巡防艇。1937 年抗日戰爭爆發後，海岸巡防處被撤銷，本艇在 1938 年重新編入海軍第二艦隊，參加了長江抗戰。長沙保衛戰期間，1938 年 11 月 11 日本艇在和 "義勝" 等艇拖帶海軍駁船運輸水雷經過湖北石首藕池口時，遭日軍戰機轟炸沉沒。1940 年 7 月中國海軍將本艇打撈權出售給協記公司，由其打撈拆解。

順勝
Shun Sheng

南京國民政府時期的 "順勝" 號炮艇

艦　　　種：炮艇

建造時間：1911 年建成

製 造 廠：上海瑞鎔船廠

排 水 量：380 噸

主 尺 度：44.5 米 ×7.46 米 ×1.82 米（長、寬、吃水）

動　　　力：2 座 4 缸雙脹蒸汽機，1 座火管鍋爐，雙軸，500 馬力

航　　　速：8/10 節（常行 / 最高）

武　　　備：76mm 阿炮 ×2，37mm 炮 ×2，7.92mm 機槍 ×4

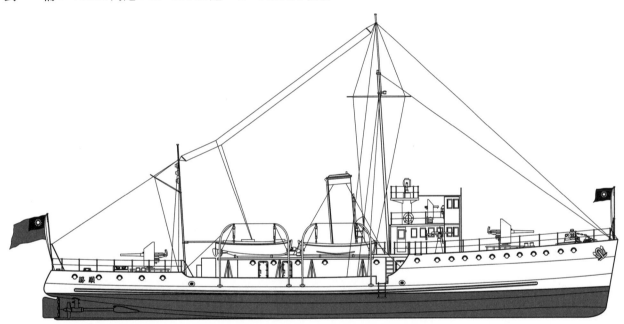

"順勝" 號線圖（編入南京政府海軍時狀態）

艦　史

　　本艇是清末漢冶萍煤礦為運輸燃煤而訂造的蒸汽動力拖船，1927 年寧漢戰爭時編在唐生智軍長江艦隊內充作炮艇，被南京國民政府俘獲後更名為 "順勝"，送入江南造船所進行了較大程度改造，其改造後的設計形式與後來海軍江南造船所建造的 "寧" 字級炮艦十分相像。本艇最初編列於海軍第二艦隊當作炮艇，1929 年後調入海岸巡防處作為巡防艇，後又於 1938 年編入海軍第二艦隊參加長江抗戰，1938 年 11 月 13 日自沉於湘江營田灘水域構築阻塞線。

公勝 / 青天
Kung Sheng　Chin Tien

艦　　種：炮艇

建造時間：1911 年建成

製　造　廠：揚子機器公司

排　水　量：280 噸

主　尺　度：36.57 米 ×6.4 米 ×2.43 米（長、寬、尾吃水）

動　　力：2 座雙缸雙脹立式蒸汽機，雙軸，400 馬力

航　　速：8/12 節（常行 / 最高）

煤艙容量：48 噸

武　　備：37mm 炮 ×1，7.92mm 馬克沁機槍 ×2

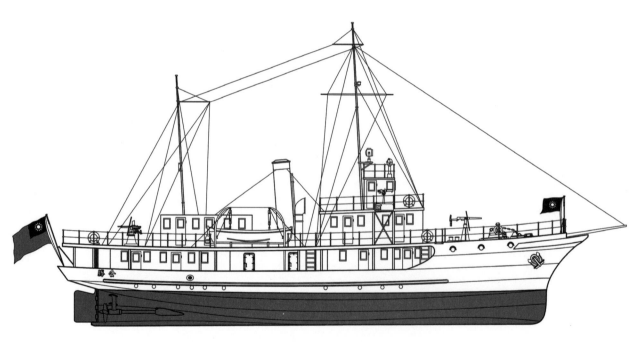

"公勝"號線圖（編入南京政府海軍時狀態）

艦　史

　　本艇是清末漢冶萍公司為運輸燃煤而在漢口揚子機器公司訂造的拖輪,原名"萍富"或"萍達",1927年寧漢戰爭時列在唐生智長江艦隊內充當炮艇,後被南京政府海軍俘虜,更名"公勝",編入海軍第二艦隊。隨着南京政府海軍新造炮艦日益增多,本艇及其他西征期間獲得的"勝"字號炮艇的重要性降低,1929年至1930年間調入海岸巡防隊當作巡防艇。1930年10月,本艇因火力較弱而被與測量隊的"青天"號測量艇對調,本艇編入測量隊作為測量艇,更名"青天",原"青天"號則更名"公勝",並調入了巡防隊。全面抗戰爆發後,本艇參加了破除長江口航路標誌的作業。1937年9月25日"逸仙"號輕巡洋艦在江陰附近遭日機轟炸受重傷,本艇被派前往參加救護傷員和拆卸、運輸炮械物資。10月2日在長江目魚沙附近江面作業時,遭日機編隊轟炸燃起大火,艇員救火無效被迫棄艇,本艇於當日焚毀。

南京政府海軍時期的"公勝"號

義勝
Yi Sheng

南京政府時期的"義勝"炮艇

艦　　種：炮艇

建造時間：1911 年建成

製 造 廠：揚子機器公司

排 水 量：350 噸

主 尺 度：38.4 米 ×6.3 米 ×3.35 米（長、寬、尾吃水）

動　　力：1 座雙缸雙脹立式蒸汽機，1 座火管鍋爐，單軸，450 馬力

航　　速：8/10 節（常行 / 最高）

煤艙容量：60 噸

武　　備：75mm 阿炮 ×1，65mm 斯炮 ×1，7.92mm 馬克沁機槍 ×2

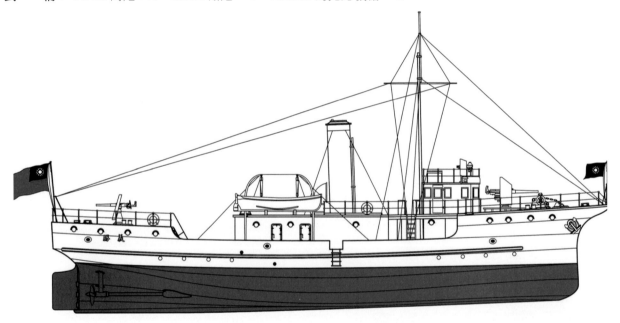

"義勝"艇線圖（編入南京政府海軍時狀態）

艦　史

　　本艇和"公勝"都是清末漢冶萍公司在漢口揚子機器公司訂造的拖輪，原名可能是"萍強"，1927 年徵用為唐生智軍長江艦隊的炮艇，後被南京政府中央海軍俘虜，更名"義勝"，經改造和重新武裝後編入海軍第二艦隊，1929 年撥入海岸巡防處巡防隊。1937 年抗戰爆發後重新編入海軍第二艦隊，參加了長江抗戰。長江馬當要塞防禦戰期間，本艇於1938 年 3 月 27 日在馬當要塞附近江面遭到日本戰機轟炸，嚴重燒傷，後由"崇寧"艇拖航至武漢修復。當年 11 月 11 日，本艇和"勇勝"等艇拖曳海軍駁船運輸水雷時在湖北石首藕池口遭日機轟炸沉沒。1940 年 7 月協記公司從海軍購得本艦打撈權，將其打撈拆解。

正勝 / 仁勝
Jen Sheng   Ren Sheng

艦　　種：炮艇
建造時間：1911 年建成
製 造 廠：揚子機器公司
排 水 量：260 噸
主 尺 度：38.1 米 ×2.4 米（長、首吃水）
動　　力：2 座雙缸雙脹蒸汽機，1 座火管鍋爐，雙軸，500 馬力
航　　速：8/10 節（常行 / 最高）
煤艙容量：44 噸
武　　備：76mm 阿炮 ×1，57mm 諾炮 ×1，7.92mm 馬克沁機槍 ×2

南京政府時期的"正勝"炮艇，後更名"仁勝"。

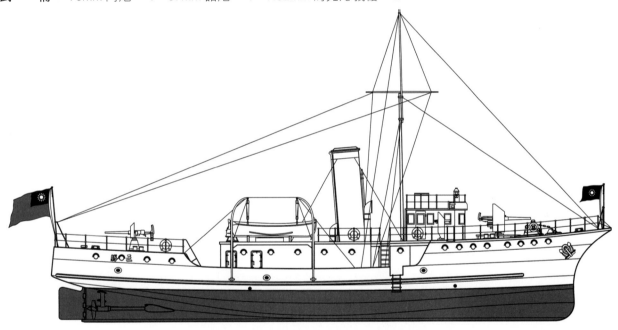
"正勝"號線圖（編入南京政府海軍時狀態）

艦　史

　　本艇是清末漢冶萍公司在漢口揚子機器公司訂造的拖輪，原名"萍豐"，其船型和"萍強"等相似，1927 年寧漢戰爭時列在唐生智長江艦隊內充當炮艇，後被南京政府海軍俘虜，更名"正勝"，編入海軍第二艦隊。1930 年，本艦調入海岸巡防處巡防隊，更名為"仁勝"。1938 年，本艇作為炮艇編回海軍第二艦隊，10 月 28 日武漢失守之後，本艇被派在長沙外圍河流佈設水雷，11 月 11 日拖帶海軍運輸水雷的駁船經過湖北石首藕池口水域時被日本戰機炸沉。1940 年 7 月海軍將本艦打撈權出售給協記公司，由其打撈拆解。

咸寧
Hsien Ning

艦　　種：炮艦

建造時間：1928 年 2 月 21 日開工，同年 8 月 16 日下水，1929 年 1 月 1 日入役

製 造 廠：海軍江南造船所

排 水 量：418 噸

主 尺 度：54.86 米 ×51.81×7.31 米 ×2.01 米（全長、垂線間長、寬、尾吃水）

動　　力：2 座 3 缸 3 脹立式蒸汽機，2 座桑尼克羅夫特水管鍋爐，雙軸，2000 馬力

航　　速：12/16 節（常行 / 最高）

煤艙容量：280 噸

武　　備：三年式 120mm 炮 ×1，3in 阿炮 ×1，三年式 76mm 高射炮 ×1，57mm 哈炮 ×2，20mm 厄利孔高
　　　　　射炮 ×1，7.92mm 馬克沁機槍 ×4

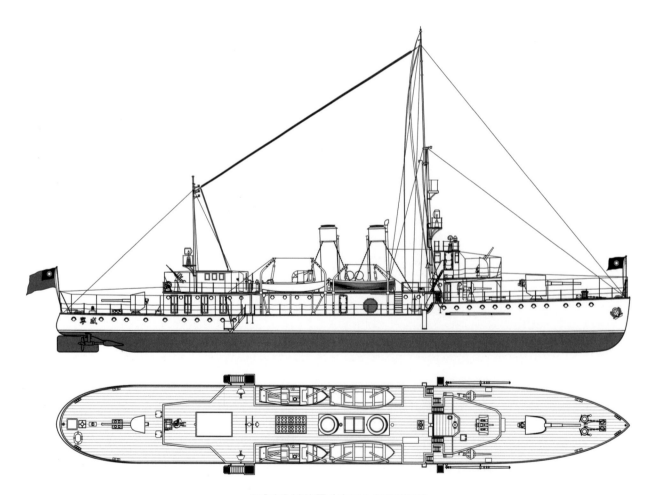

"咸寧"艦線圖（竣工入役時狀態）

艦　史

本艦是南京政府成立後中央海軍訂造的第一艘軍艦，開啟了1920年代末至1930年代初江南造船所為海軍建造新艦的浪潮。

本艦屬於適合在長江航行、作戰的淺水內河炮艦，採用鍍鋅軟鋼製造，在江南造船所生產編號532號，由總工程師葉在馥主持設計，在當時被譽為新海軍第一艦，不連武備的總造價為447067.98元國幣。由於此前江南造船所已按照美國海軍的標準為其設計建造了6艘內河炮艦，所以很多成熟的設計、建造經驗均在本艦上都有所體現。本艦艦名取自湖北咸寧的地名，既是為了酬謝咸寧各界的捐資，同時也是看重了"咸寧"一語雙關的寓意，寄望國家安寧。

"咸寧"艦體量較小，建造順利，不過1928年8月16日下水時發生了在艦首舉行砸香檳儀式

建成服役後不久拍攝到的"咸寧"艦，此時艦上還沒有安裝日式火炮，艦首裝備的是120毫米口徑阿姆斯特朗炮，駕駛室前的平台上安裝的則是1門57毫米口徑哈乞開斯炮。

下水儀式時正在從江南造船所船台滑向黃浦江江面的"咸寧"艦

時一擊不碎的情況，被海軍界人士視為不吉利。本艦的前後主炮原本裝備的是庫存的英製阿姆斯特朗式，副炮則採用庫存的英製哈乞開斯式，1929年海軍從日本購買了一批日製新式火炮，隨即將本艦的前主炮更換為日本三年式，原先安裝在駕駛室前的1門57mm哈乞開斯炮更換為日製三年式高射炮。

建成後，本艦編入海軍第二艦隊，參加了蔣桂戰爭以及圍剿紅軍根據地等一系列行動。抗日戰爭爆發後，本艦參加了1938年保衛大武漢的外圍作戰，被派在江西九江、湖口一帶佈設水雷。1938年7月1日上午8時45分，在完成一次佈雷任務返航途中，遭到7架日本戰機編隊轟炸，導致艦首及機艙附近的左舷被炸彈破片擊穿多處，艦內嚴重進水。當天中午，"咸寧"艦帶傷航行到湖北武穴，靠泊日清公司碼頭實施救火、搶修。中午11時30分，再遭16架日本戰機編隊轟炸，不幸沉沒。

更換主炮後進行航試時拍攝的"咸寧"艦照片，可以看到軍艦首尾主甲板上的2門主炮已經更換成了日本製 120 毫米口徑艦炮。

永綏
Yung Sui

艦　　種： 炮艦

建造時間： 1928 年 5 月 5 日開工，1929 年 1 月 27 日下水，同年 8 月 31 日入役

製 造 廠： 海軍江南造船所

排 水 量： 600 噸

主 尺 度： 68.58 米 ×9.14 米 ×2.1 米（全長、寬、尾吃水）

動　　力： 2 座 3 缸 3 脹立式蒸汽機，2 座水管鍋爐，雙軸，4500 馬力

航　　速： 12/18 節（常行 / 最高）

煤艙容量： 150 噸

武　　備： 120mm 三年炮 ×2，76mm 三年炮 ×1，75mm 阿炮 ×2，20mm 厄利孔高射炮 ×1，7.92mm 馬克沁機槍 ×4

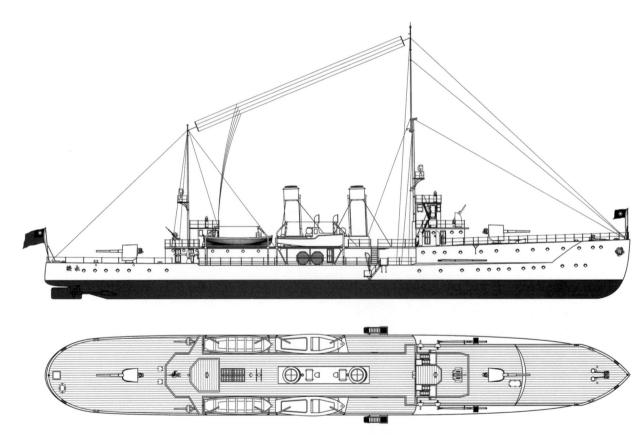

"永綏" 艦線圖（建成入役時狀態）

艦　史

　　本艦原是上海大中華造船廠為爭取海軍訂單而設計，屬於適合在長江及近海航行的淺水炮艦，1928 年和海軍總司令部草簽定造合同，此後因海軍新艦監造官李世甲認為大中華造船廠不具有建造大艦的能力，合同被取消，原設計方案交由海軍江南造船所進行修改後建造，但其外形仍在很大程度上保留了原方案的風格，與當時江南造船所設計建造的炮艦區別較大。本艦原計劃裝備海軍積存的火炮，後因海軍部從日本購買了一批新式艦炮，遂將其首尾主炮以及高射炮全改為日本三年式。本艦不連武備的造價為 937866.21 元國幣，多出自湖南、湖北兩省商捐，因而命名時特意從兩省的城市中選擇具有較好寓意的名稱，最後選定以湖南永綏縣（現為湖南花垣縣）的縣名命名。

　　"永綏"艦 1929 年下水時，恰值南京國民政府和海軍高級將領就是否設立海軍部的問題發生爭執之際，為緩和與海軍系統的關係，蔣介石親自參加了本艦下水儀式，並由蔣夫人宋美齡為本艦行下水時的擲瓶禮。這一特殊禮遇，加之造型威武，內部居住空間舒適，使得本艦地位獨特，在很長的時間裏擔任政府的禮儀艦。本艦建成後編在海軍第二艦隊，長期停泊在南京江面，經常性執行政府元首座艦的使命，是南京政府的門面艦。蔣介石、林森等南京政府要員，就曾多次乘坐本艦前往長江中游巡視。

　　1937 年全面抗戰爆發，南京局勢日益吃緊，國民政府決定撤向大後方。當年 11 月 17 日，本艦運載着包括國民政府主席林森在內的政府人員，以及中華民國國璽、旗幡、檔案文卷等國家重器、物資從南京前往重慶，一度成為承載着整個國民政府的國家命運之艦。此後，本艦始終停泊在重慶附近的木洞鎮江面，並曾承擔過桐梓海軍學校的部分艦課和槍炮教學任務，並沒有被派到抗戰一線參加作戰行動。1945 年抗戰勝利後，海軍改訂艦隊編制，本艦被列在江防艦隊名下，長期在長江沿線巡防。1949 年 4 月 20 日人民解放軍發動渡江戰役，本艦於 4 月 23 日與海防第二艦隊部分艦隻一起在南京附近江面起義，加入人民解放軍，編入華東軍區海軍，當年 9 月 23 日在南京楊家溝附近江面被國軍 B-25 轟炸機炸沉。

航行在長江中的"永綏"號，從外觀看該艦造型威武，酷似小型巡洋艦。這張照片攝於蔣介石和陳紹寬都在"永綏"艦時，因而軍艦是掛滿旗的盛裝慶典姿態。

1. 1929 年 1 月 27 日下水後的"永綏"艦

2. 建成後正在航試的"永綏"艦

3. 1949 年起義後的"永綏"艦

民權
Ming Chuen

艦　　種：炮艦

建造時間：1929 年 1 月 16 日開工，1929 年 9 月 21 日下水，1930 年 4 月 1 日入役

製 造 廠：海軍江南造船所

排 水 量：426 噸

主 尺 度：60.04 米 × 7.92 米 × 2.1 米（全長、寬、首吃水）

動　　力：2 座 3 缸 3 脹立式蒸汽機，2 座水管鍋爐，雙軸，2200 馬力

航　　速：12/17 節（常行 / 最高）

煤艙容量：120 噸

武　　備：120mm 阿炮 ×1，100mm 斯炮 ×1，三年式 76mm 高射炮 ×1，57mm 哈炮 ×2，20mm 厄炮
　　　　　×1，7.92mm 馬克沁機槍 ×4

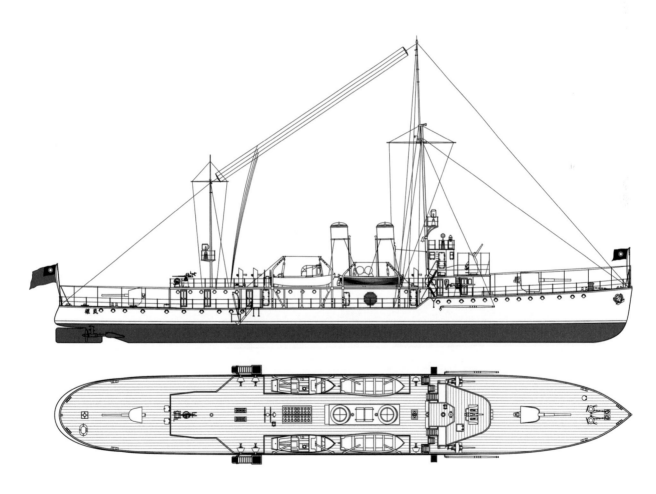

"民權"艦線圖（建成入役時狀態）

1. 建造中的"民權"艦

2. "民權"艦航試時的照片

3. 民國南京政府時期的"民權"號

4. 抗戰勝利後 1947 年拍攝到的
   "民權",此時艦上的火炮已經發
   生了重大變化,首尾主炮都改成
   了高射炮。

艦　史

　　本艦是中國海軍歷史上的著名軍艦，艦史經歷極為特殊。本艦的艦名"民權"取自中華民國國父孫中山提出的"民權、民生、民族"三民主義，是南京政府海軍第一艘"三民主義"軍艦。其設計工作由江南造船所總工程師葉在馥主持，很大程度上參考了"咸寧"艦，大致上可以算成是"咸寧"的放大、改進型。

　　"民權"艦在江南造船所的生產編號為 572，艦體材質採用鍍鋅軟鋼，總造價約為 120 萬元國幣。其建造經費由海軍自籌，來源五花八門，既有海軍首腦機關結餘的辦公費以及海軍第二艦隊的籌款，也有變賣西征戰役繳獲的 2 艘"勝"字軍艦的款項，甚至還有海軍領袖陳紹寬捐出的個人公費，顯示了當時國民政府財政的支絀，但亦表現出海軍努力發展建設的頑強精神。本艦下水時，邀請三軍參謀長何應欽的夫人王文湘女士擔任嘉賓，為軍艦行擲瓶禮，然而香檳酒瓶兩擊不碎，第三次瓶尚未擲而軍艦竟已下水，成為一段不吉利的插曲。本艦編在海軍第二艦隊，全面抗戰開始後西遷至大後方，停泊在重慶附近的木洞鎮江面，和同在當地的"永綏"艦一起承擔過海軍學校的教學工作。

　　抗戰勝利後，海軍調整艦隊編制，本艦改在江防艦隊，佈署在長江中上游巡防，成為江防艦隊旗艦。1949 年 11 月 30 日，人民解放軍解放重慶，包括本艦在內的江防艦隊軍艦由司令葉裕和等率領起義，於當年 12 月 31 日被解放軍西南軍區正式接收。1950 年 5 月，本艦從重慶調至上海，編入解放軍華東軍區海軍第七艦隊，艦名改為"長江"號，後改隸屬於解放軍東海艦隊。1953 年毛澤東視察長江，2 月 19 日在漢口登上本艦。文化大革命期間，為紀念毛澤東視察海軍部隊，本艦使用榮譽舷號"53—219"。1978 年，因艦齡過老，且又有毛澤東曾在艦上居住過的"殊榮"，在領袖個人崇拜的氛圍下，本艦被改作紀念艦，陳列在海軍上海吳淞基地專門建設的"長江"艦紀念館內。但此後不久，東海艦隊以"長江"艦屬於個人崇拜建築為由申請拆除，經人民解放軍海軍司令部批准，於 1981 年拆毀。

20 世紀 70 年代拍攝的"長江"艦照片，
艦首舷側塗刷的紀念代號十分顯眼。

民生
Ming Sen

艦　　種：炮艦

建造時間：1930 年 11 月 10 日開工，1931 年 5 月 5 日下水，1931 年 11 月 12 日入役

製 造 廠：海軍江南造船所

排 水 量：505 噸

主 尺 度：62.48 米 ×7.92 米 ×1.98 米（全長、寬、吃水）

動　　力：2 座 3 缸 3 脹立式蒸汽機，2 座水管鍋爐，雙軸，2400 馬力

航　　速：12/18 節（常行 / 最高）

煤艙容量：120 噸

武　　備：三年式 120mm 炮 ×1，100mm 斯炮 ×1，三年式 76mm 高射炮 ×1，57mm 諾炮 ×2，20mm 厄利孔高射炮 ×1，7.92mm 三十節機槍 ×6

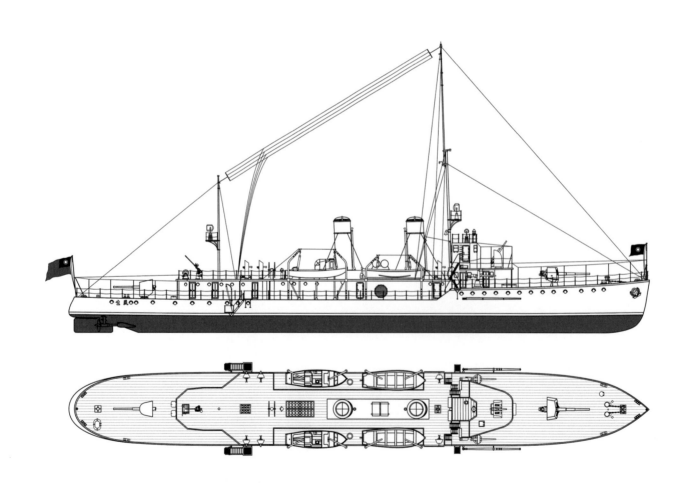

"民生" 艦線圖（建成入役時狀態）

艦　史

　　本艦是南京政府海軍的第二艘三民主義艦，設計仍由江南造船所總工程師葉在馥負責，艦型總體上是"民權"艦的放大，各項性能與"民權"號相近。本艦在江南造船所生產編號 621，艦體材質採用鍍鋅軟鋼，總造價約為 150 萬元國幣。本艦的下水日期特別選在孫中山就任非常大總統 10 周年紀念日，由孫中山的妻姐，孔祥熙夫人宋靄齡行擲瓶禮。本艦建成後編在海軍第二艦隊，佈署在長江中游地區執行巡弋任務，曾於 1932 年參加過對共產黨洪湖蘇區的圍剿作戰。

　　抗戰期間，本艦在長江中游執行為各處炮台、防禦設施輸送彈藥和補給的工作。 1938年 7 月 20 日，停泊在岳州附近時遭到日軍飛機轟炸，因受傷過重，被迫自行攔淺在洞庭湖的月山附近，艦上裝備的三年式 76mm 高射炮拆卸上繳海軍總司令部，20mm 口徑厄利孔高射炮拆交"楚同"艦。 1938 年 11 月，侵華日軍發動"岳州作戰"，國軍從岳州一帶撤離，本艦遭放棄，後被日軍佔領。之後本艦由日軍設法拖曳往上海江南造船所實施修理和改造，於1939 年 12 月 27 日編入日本海軍軍籍，改名"飛渡瀨"，定為雜役船。 1941 年 12 月 5 日，本艦被調至廣東，參加了日軍進攻香港的作戰。香港淪陷後，本艦重新調回長江流域，1944 年 12 月 21日被一艘排水量 3000 噸左右的商船撞沉。

"民生"艦前甲板特寫，照片上可以看到前主炮炮罩的造型。

航試中的"民生"艦。當時本艦的武備大多用帆布遮蓋，前主炮遮上帆布後巧合形成了極為獨特的圓球形，以至於後世研究者多揣測"民生"的前主炮是特別的圓球形炮塔，事實上其前主炮的炮罩是日本三年式的標準配置。

1. 南京政府時期在長江上航行的“民生”號

2. 改造成為日艦“飛渡瀨”後的“民生”

江寧 海寧 綏寧 撫寧
Chiang Ning　Hai Ning　Sui Ning　Fu Ning

艦　　種： 炮艇

建造時間： "江寧"、"海寧"，1932年1月16日開工，1932年10月10日下水

　　　　　　"綏寧"、"撫寧"，1932年10月17日開工，1933年2月23日下水

製 造 廠： 海軍江南造船所

排 水 量： 300噸

主 尺 度： 39米×6.09米×2.13米（全長、寬、吃水）

動　　力： 1座江南造雙脹立式蒸汽機，1座水管鍋爐，單軸，400馬力

航　　速： 9/11節（常行/最高）

煤艙容量： 66噸

武　　備： 57mm炮×2，7.92mm三十節機槍×3

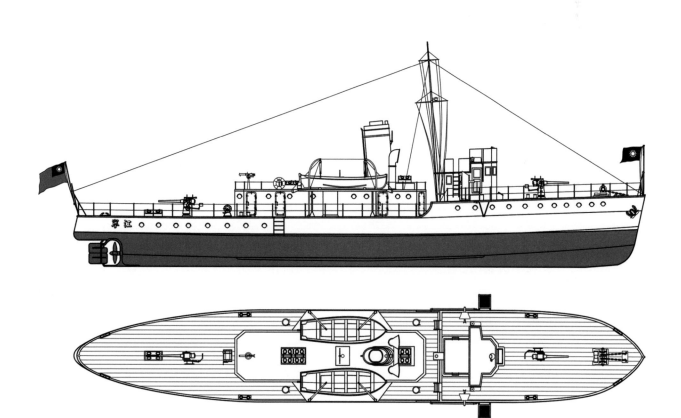

"江寧"艇線圖（建成入役時狀態）

艦　史

南京國民政府成立後，中國江海盜匪橫行的情況依然十分嚴重，海軍已有的幾艘"勝"字小炮艇艦齡老舊，難以執行高強度的巡防工作。1931年，海軍部決策專門訂造一批小型炮艇用於江海巡防，即本級炮艇。

本級艇共4艘，分兩批建造，由江南造船所總工程師葉在馥設計，艇型和"咸寧"、"民權"、"民生"等有近似之處。本級首批2艇生產編號658、659，分別用江蘇江寧縣和浙江海寧縣的名字命名，寓意着江海安寧。第二批2艇生產編號為667、668，用河北撫寧縣和湖南遂寧縣的名字命名。4艇由於艇名中都帶有"寧"字，又稱"寧"字炮艇，按照首製艇的艇名，又稱"江寧"級炮艇。

本級炮艇由於主要作為對付盜匪之用，所以火力並不突出，不過艇上的主炮是十分獨特的上海兵工廠造型號，另外考慮到本級艇會分散在長江和近海各地使用，為了便於聯絡，各艇都安裝了無線電台。

4艇竣工後，"海寧"最先於1932年12月31日入役成軍，"江寧"在1933年1月16日服役，"撫寧"、"綏寧"則同在1933年6月1日入役，均編入海軍部下轄的海岸巡防處巡防隊，執行江海治安任務。抗日戰爭中，"江寧"、"綏寧"參加了在長江下游破除航道標誌，以及警戒江陰阻塞線等工作。1937年10月6日"江寧"在江陰阻塞線附近被日軍飛機炸沉。"綏寧"於10月13日在儀徵十二圩附近被日軍飛機重創，後經竭力搶救而免於沉沒，輾轉撤退至漢口修復，1938年7月13日在運輸水雷時再遭日機轟炸，沉沒於湖北黃石港。"撫寧"艇在抗戰爆發時停泊在福建馬尾，參加了保衛閩江的作戰，1938年5月31日傍晚在閩江亭頭附近被日機炸沉。"海寧"艇抗戰時在長江中游活動，1938年7月14日在湖北丁家山遭多批日機轟炸，不幸沉沒。

1953年3月20日，中國航務工程總局打撈公司第一工程隊在江蘇常州北衛鎮大沙圩港口發現了沉沒的"江寧"炮艇，於4月18日打撈出水，9月17日移交給人民解放軍華東軍區海軍，1954年修復後移交給華東海軍淞滬第一巡邏大隊，當年11月25日改隸屬於華東軍區海軍練習艦大隊，最終在1956年退役，1958年移交給江蘇省交通廳上海辦事處，其後情況不詳。

1	2
3	

1. 在江南造船所內建造中的"江寧"、"海寧"。

2. 下水儀式上的"撫寧"、"綏寧"。

3. 航試中的"江寧"炮艇

威寧　肅寧　崇寧　義寧　長寧　正寧
Wei Ning　Su Ning　Chung Ning　I Ning　Chang Ning　Chen Ning

艦　　種： 炮艇

建造時間： "威寧"、"肅寧"，1933 年 5 月 5 日開工，1933 年 10 月 10 日下水

　　　　　 "崇寧"、"義寧"，1933 年 11 月 12 日開工，1934 年 2 月 17 日下水

　　　　　 "正寧"、"長寧"，1934 年 1 月 20 日開工，1934 年 6 月 14 日下水

製 造 廠： 海軍江南造船所

排 水 量： 350 噸

主 尺 度： 42.9 米 ×6.09 米 ×1.82 米（全長、寬、吃水）

動　　力： 1 座江南造 3 脹立式蒸汽機，1 座亞羅三點式水管鍋爐，單軸，600 馬力

航　　速： 9/11 節（常行 / 最高）

煤艙容量： 70 噸

武　　備： 57mm 炮 ×2，7.92mm 三十節機槍 ×4

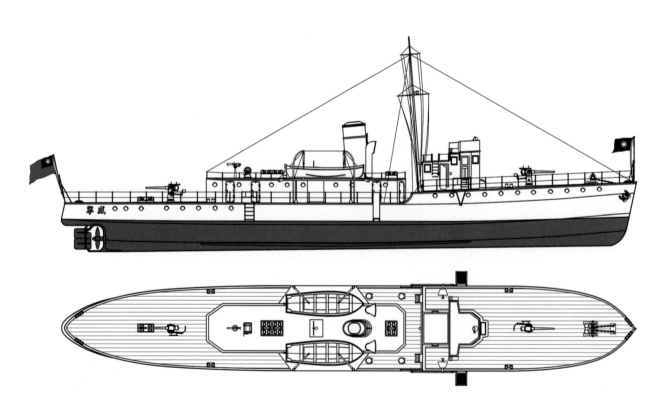

"威寧"級線圖（建成入役時狀態）

艦　史

　　本級炮艇是"江寧"級的加長型，總體佈局沒有大的變化，增加了艙室面積和煤艙容量，仍然屬於江海巡防炮艇，也延續了以帶有"寧"字的城市名命名的做法。本級炮艇共建造 6 艘，並稱"威寧"級，和"江寧"級一樣，按兩組分批建造，首批的生產編號為684、685，以貴州威寧縣、河北肅寧縣命名；第二批生產編號 692、693，以四川崇寧縣和廣西義寧縣命名；第三批生產編號 699、700，以甘肅正寧縣和四川長寧縣的名字命名。

　　"威寧"於 1934 年 1 月 1 日入役，"肅寧"於同月 16 日入役，"崇寧"、"義寧"於 1934年 5 月入役，"正寧"、"長寧"於 1934 年 10 月 10 日入役，6 艇均編在海岸巡防處巡防隊。

　　抗戰爆發後，"威寧"艇 1938 年 6 月 24 日在鄱陽湖遭日機空襲受傷，後送往漢口修理，一直倖存到抗戰勝利，之後因艦況不佳而退役。"肅寧"艇在抗戰爆發時滯留在馬尾，1938 年 6 月 1 日遭日機空襲，艦體破損進水，在近岸擱淺後損毀。"崇寧"艇 1938 年7 月 2 日在湖北田家鎮一帶執行佈雷任務時遭日機轟炸，艦體多處中彈，7 月 3 日正在修理時又遭日機轟炸，最終於 7 月 4 日清晨 5 時 10 分沉沒。"義寧"艇 1938 年 6 月 25 日在鄱陽湖遭日機空襲受傷，送往漢口修理，倖存至抗戰勝利，並於 1949 年撤往台灣，在台灣地區海軍中繼續服役。1950 年 3 月 10 日在浙江舟山七姐妹島附近和解放軍船隻有過交火。1951 年更名"海靖"號，1956 年 12 月 31 日改艦種為測量艦，隸屬海道測量局，更名"測－863"，最終於 1961 年 7 月 1 日退役。

　　抗戰期間，"長寧"與"威寧"、"崇寧"等艇一起在長江中游作戰，1938 年 6 月 25 日，"長寧"遭日軍飛機空襲受傷，經修理後堅持作戰，在武漢一帶執行佈雷任務。7 月 1 日"咸寧"艦在田家鎮附近遭日軍空襲，本艇派部分官兵前往協助搶險，當天中午 11 時 10 分本艇和"咸寧"在武穴遭日軍飛機轟炸，本艇多處中彈進水，於當晚 7 時 50 分沉沒。"正寧"艇抗戰爆發時和"肅寧"滯留在馬尾，參加了閩江抗戰，1938 年 6 月 1 日早晨和"肅寧"同時遭到日機轟炸，"正寧"被 2 枚炸彈直接擊中重創，被迫棄艇。

航試中的"威寧"炮艇

1
2
3

1. 建造中的"威寧"、"肅寧"。

2. 航行中的"義寧"炮艇

3. 下水後的"崇寧"艇，其上空飛翔的是前來為下水儀式助興的海軍飛機"江鳳"號。

仲元　　仲愷
Chong Yuen　Chong Kai

艦　　種： 炮艇

建造時間： 1928 年 10 月 29 日下水

製 造 廠： 香港卑利船塢

排 水 量： 50 噸

主 尺 度： 25.6 米（全長）

動　　力： 不詳

航　　速： 14 節（常行航速），16 節（最大航速）

武　　備： 37mm 炮 ×1，1 磅炮 ×4，機槍 ×4，迫擊炮 ×2

"仲元"級炮艇

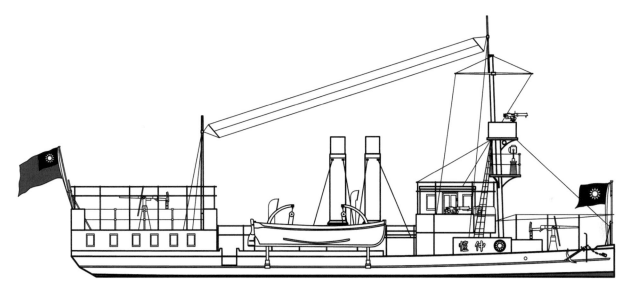

"仲愷"號線圖

艦　史

　　本級 2 艇為同型，是 1927 年廣東國民政府為更新海軍艦艇，充實珠江流域內河巡防力量而訂造的 2 大 2 小共兩型新炮艇之一，由廣東國民政府軍事廳造船科科長伍景英主持設計。2 艇的艇名分別是為了紀念國民黨烈士鄧鏗（字仲元）和廖仲愷，又俗稱烈士艦。

　　本級炮艇建成後即編入廣東海軍，用於內河巡邏，1937 年廣東海軍被改編為廣東江防艦隊，本級炮艇即改隸屬於江防艦隊。抗日戰爭爆發後，廣東江防司令部實施分區設防，"仲元"被分派在橫門、小欖、鶯歌嘴一線，"仲愷"佈署在潭洲至板沙尾一線。1938 年廣州失守後，本級 2 艇隨江防艦隊一起撤至西江水域，並參加了當年 10 月 29 日江防艦隊對三水一帶日軍陣地的主動進攻。1938 年末，2 艇先後被日軍飛機炸沉。

堅如　執信
Kan Lu　Chi Hsin

艦　　種：炮艇

建造時間："堅如"，1929 年初下水

　　　　　　"執信"，1929 年 2 月 27 日下水

製 造 廠："堅如"由香港卑利船塢建造

　　　　　　"執信"由香港紅磡廣發船廠建造

排 水 量：223 噸（"堅如"為 225 噸）

主 尺 度：不詳

動　　力：不詳

航　　速：不詳

武　　備：57mm 炮 ×1，40mm 維克斯高射炮 ×1，機槍 ×2

炮艇"堅如"號

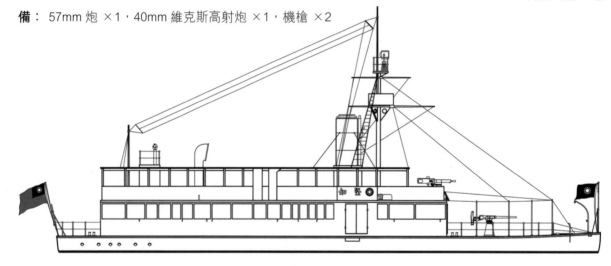

"堅如"號線圖（竣工入役時狀態）

艦　史

　　本級 2 艇是廣東國民政府 1927 年計劃添造的 2 大 2 小共 4 艘炮艇中的大艇，由伍景英主持設計，類似"仲元"、"仲愷"艇的放大。2 艇的艇名也都是取自國民黨烈士的姓名，分別紀念史堅如和朱執信。2 艇建成後編入廣東海軍，在珠江等內河水域巡防，1937 年廣東海軍改編為廣東江防艦隊，2 艇也隸屬於該艦隊。

　　抗日戰爭爆發後，2 艇參加了廣東江防的分區值守，1937 年 9 月"堅如"在潭洲被日軍飛機炸沉，後經設法打撈修復，重新入役。廣州失守後，2 艇和艦隊其他倖存艦艇一起撤入西江。1938 年 10 月 29 日江防艦隊進攻三水一帶日軍陣地時，本級的"執信"艇擔任了領隊艇，在鏖戰中被日方炮火擊中鍋爐，爆炸沉沒，旋由"堅如"艇接替指揮，此次攻擊是抗戰時期較為罕見的中國海軍艦艇部隊主動出擊的戰例。戰後，"堅如"於 1938 年末被日軍飛機炸沉於西江。

海虎
Hai Hoo

艦　　種：炮艦
建造時間：1898 年
製 造 廠：英國 London&Glasgow Co
排 水 量：710 噸
主 尺 度：54.86米×10.06米×2.44米（長、寬、吃水）
動　　力：2 座蒸汽機，雙軸，1300 馬力
航　　速：13 節
武　　備：5in 炮×1，3in 炮×1，40mm 維克斯高射
　　　　　炮×2，機槍×2

廣東海軍"海虎"炮艦的前身，英國海軍"荊棘"號

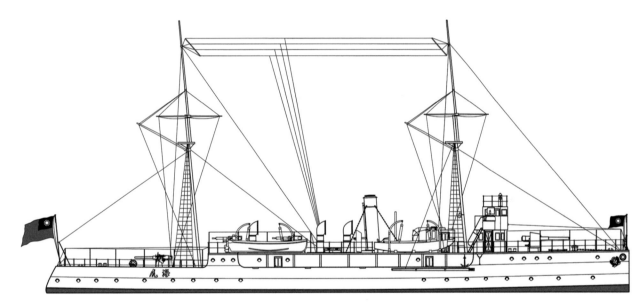

"海虎"號線圖（廣東海軍時期狀態）

艦　史

　　本艦原為英國海軍"荊棘"（Bramble）級炮艦，1926 年左右退役，後在遠東變賣，廣東當局於 1928 年通過香港的關係渠道購得，經重新安裝武備後成軍，取名"海虎"號。1937 年廣東海軍改編為廣東江防艦隊時，本艦列在江防艦隊名下，是其主力軍艦之一。

　　1937 年抗日戰爭爆發後，本艦與"肇和"、"海周"等艦被配置在伶仃洋至虎門一線，擔任廣州第一重海上門戶的防守任務。9 月 14 日虎門海戰爆發後，本艦曾負責拖曳戰損的"海周"號前往新洲擱淺待修，當月末本艦被日軍飛機炸沉。日軍佔領廣東後，本艦被打撈修復，後移交給汪精衛偽政府所轄的廣東江防司令部使用，仍然採用"海虎"原艦名，其後歷史不詳。

福游
Foo You

艦　　種：炮艇

建造時間：1903 年下水

製 造 廠：葡萄牙里斯本（Lisbon）船廠

排 水 量：626 噸

主 尺 度：60 米 ×8.38 米 ×2.59 米（長、寬、吃水）

動　　力：配置型號不詳，1800 馬力

航　　速：16.7 節（航試航速）

武　　備：3in 炮 ×2，1.5in 炮 ×2，40mm 維克斯高射炮 ×1，機槍 ×2

裝　　甲：水線帶裝甲厚 1 英寸

"福游"艦的前身，葡萄牙海軍"祖國"號炮艦。

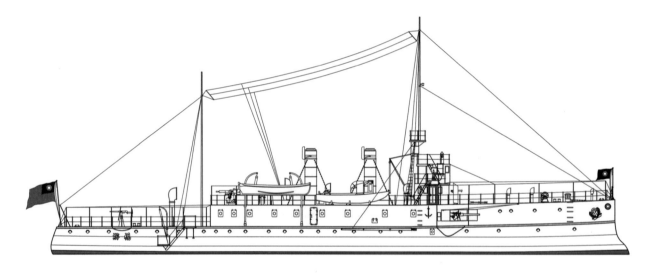

"福游"號線圖（廣東海軍時期狀態）

艦　史

　　本艦原為葡萄牙海軍炮艦"祖國"號（Patria），負責亞洲、太平洋地區葡萄牙殖民地的海上巡防工作，以澳門為主要駐泊地之一。1930 年退役之後拆卸武裝，在澳門作為廢艦出售給廣東海軍。經廣東海軍重新安裝武備後作為炮艦服役，命名為"福游"，其艦名可能是為了紀念廣東海軍軍官李福游。由於艦齡較老，本艦服役未久即在 1936 年報廢出售。

海周
Hai Chow

艦　　種： 炮艦

建造時間： 1916 年 2 月 15 日建成

製 造 廠： 英國 Workman Clark and
　　　　　 Company

排 水 量： 1290 噸（正常排水量）

主 尺 度： 81.7 米 ×10.2 米 ×3.4 米
　　　　　 （長、寬、吃水）

動　　力： 1 座蒸汽機，2 座鍋爐，雙
　　　　　 軸，2000 馬力

航　　速： 16 節

煤艙容量： 130 噸

武　　備： 4in 阿炮 ×1，2 磅炮 ×4

廣東海軍 "海周" 艦，照片上可以看到安裝在艦首的 4 英寸主炮。

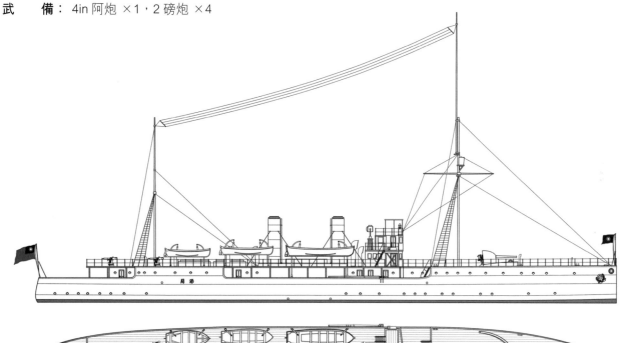

"海周" 號線圖（廣東海軍時期狀態）

海維
Hai Wei

艦　　種： 炮艇
建造時間： 1935 年
製 造 廠： 廣南造船廠
排 水 量： 200 噸
主 尺 度： 不詳
動　　力： 不詳
航　　速： 不詳
武　　備： 不詳

艦　史

本艦是廣東海軍／廣東江防艦隊屬下較具戰鬥力的主力軍艦，原是英國海軍炮艦"吊鍾柳"（Pentstemon），1920 年 4 月退役出售，改作商船"萊娜"（Lila）號，1935 年被廣東海軍以 30 萬元價格從香港轉購，編列在廣東鹽務緝私船隊名下，取時任兩廣鹽運使陳維周名字中的"周"字，命名為"海周"，事實上屬於廣東海軍。

1937 年抗日戰爭爆發，本艦和"肇和"、"海虎"等艦被佈署在虎門、伶仃洋一線防守。9 月 14 日，本艦和"肇和"在虎門例行巡防時，突遭日艦"夕張"、"追風"、"疾風"炮擊，在"肇和"艦受傷首先退出戰場後，本艦和 3 艘優勢日艦進行激烈炮戰，最終在中國空軍飛機前來增援的情況下，日艦首先退出戰場。虎門之戰後，本艦因受傷過重而被迫主動擱淺到新洲待修，艦上火炮拆卸安裝到虎門炮台使用，其後艦體又遭日機轟炸損毀。

艦　史

本艦是由廣東鹽務緝私船隊訂造的緝私艦，由廣州廣南造船廠建造，艦名取時任兩廣鹽運使陳維周名字中的"維"字命名，和"海周"並稱"維周"艦，建成後事實上隸屬於廣東海軍。1937 年抗日戰爭爆發後，本艦被配置在虎門一帶巡防，後在廣東崖門附近海面被日軍飛機炸沉。

魚雷艇

第一次世界大戰中，採用柴油、汽油發動機等內燃機為動力源，航速極高的摩托化魚雷艇（Motor Torpedo Boat）登上歷史舞台，成為魚雷艇的全新樣式。注意到這一兵器發展的新趨勢，廣東海軍和電雷學校分別從歐洲訂造了一批摩托化魚雷艇，其型號涵蓋了當時世界主流的英國 CMB 艇、意大利 MAS 艇、德國 S 艇，使得中國成為亞洲首個大量裝備摩托化魚雷艇的國家。

1939 年在廣東被日軍俘虜的中國 CMB 魚雷艇 "顏九二"

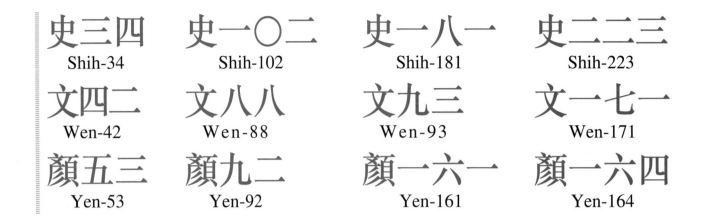

史三四 Shih-34	史一〇二 Shih-102	史一八一 Shih-181	史二二三 Shih-223
文四二 Wen-42	文八八 Wen-88	文九三 Wen-93	文一七一 Wen-171
顏五三 Yen-53	顏九二 Yen-92	顏一六一 Yen-161	顏一六四 Yen-164

艦　　種：摩托化魚雷艇

建造時間：1935 年訂造，1936 年"史"、"文"艇交付，1938 年"顏"艇交付

製造廠：英國桑尼克羅夫特公司 (Thornycroft)

排水量：11 噸

主尺度：18.28 米 ×3.35 米 ×0.91 米（全長、寬、吃水）

動　　力：2 座汽油發動機，雙軸，1200 馬力（"顏"字艇為 1060 馬力）

航　　速：40 節（"顏"字艇 43-44 節）

武　　備：18in 白頭魚雷發射管 ×2，雙聯 7.7mm 劉易斯機槍 ×2

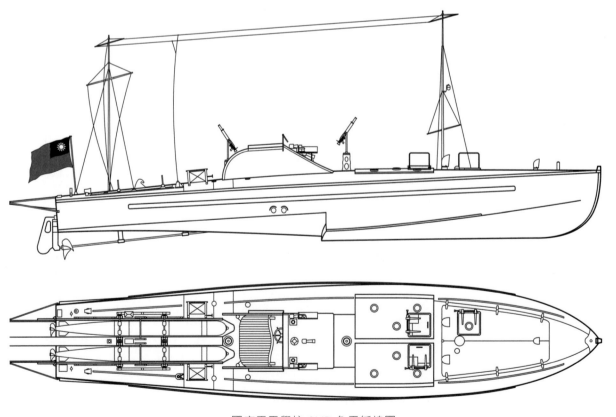

國府電雷學校 CMB 魚雷艇線圖

艦　史

　　南京國民政府成立後，蔣介石對陳紹寬領導的中央海軍抱不信任態度，始終想加以抑制、改組。1933 年國民政府開設獨立於海軍部的電雷學校，作為逐步取代陳紹寬閩系海軍的重要措施。電雷學校以魚雷、水雷教育為主，同時在學校名下編成魚雷艇部隊，即快艇大隊。1935 年電雷學校向英國桑尼克羅夫特公司訂造了 14 艘 55 英尺型 (長度 55 英尺) CMB 摩托化魚雷艇 (Coastal Motor Boat，近海防禦摩托艇的縮寫)。1936 年，首先完工的 8 艘 CMB 艇分兩批來華交付，第一批抵華的 4 艘 (生產編號 2324、2325、2326、2327) 被編為快艇大隊下的一個中隊，以民族英雄史可法的名字命名為 "史可法中隊"，艇名均冠以 "史" 字頭，命名為 "史三四"、"史一〇二"、"史一八一"、"史二二三"；第二批抵華的 4 艘 CMB 艇 (生產編號 2336、2337、2338、2339) 也編為一個中隊，以民族英雄文天祥的名字命名 "文天祥中隊"，艇名冠以 "文" 字，稱為 "文四二"、"文八八"、"文九三"、"文一七一"。剩餘 6 艘 CMB 艇在 1938 年交付 (生產編號 2389、2390、2391、2392、2395、2396)，由於當時抗日戰爭已經爆發，中國海岸線幾乎全被日軍侵佔，6 艇只得採取先運到英國殖民地香港，再從香港用火車運往長江附近的辦法。6 艇抵達香港後，港英當局為增強香港英軍的防務力量，以向國府提供一些抗戰急需的汽車作為交換，將其中的 2 艘留用，更名 MTB26、MTB27。剩餘的 4 艇從香港經粵漢鐵路運抵武漢，再轉運至當時已經撤到湖南岳陽的電雷學校歸隊，統編為一個中隊，以在 "安史之亂" 中殉國的唐代名臣顏杲卿的名字命名為 "顏杲卿中隊"，皆採用 "顏" 字頭艇名，稱為 "顏五三"、"顏九二"、"顏一六一"、"顏一六四"。

　　1937 年 8 月 13 日淞滬抗戰爆發後，"史一〇二"、"文一七一" 從江陰黃田港出發，經太湖、松江隱蔽進入黃浦江襲擊日本軍艦。後因 "文一七一" 發生故障，改由 "史一〇二" 以單艇出擊，在 8 月 16 日晚向停泊於黃浦江十六鋪碼頭附近的日本第三艦隊旗艦 "出雲" 發射魚雷，因 "出雲" 周圍有防雷佈置而未達目的。"史一〇二" 隨後遭日本軍艦攻擊進水，在九江路附近外灘江面沉沒。

　　此後，這批魚雷艇一度集中在江陰至靖江一帶的內河港汊隱蔽待機。1937 年 10 月 3 日 "史三四" 遭到日機轟炸，在江陰夏港附近沉沒。11 月 13 日 "史一八一" 在南通附近江面向一艘日本軍艦發起魚雷進攻，因淺灘阻隔而未命中，"史一八一" 隨後被日艦擊沉。"史二二三" 則在 1938 年 7 月 17 日於江西湖口進攻日軍時，誤入己方陸軍佈設的阻塞網，以致沉沒。

　　文天祥中隊的 4 艘 CMB 在 1937 年末被配置在南京下關一帶，負責保衛首都，目睹了 12 月 12 日南京棄守的慘狀，之後撤往長江中游地區。1938 年 7 月 14 日，"文九三" 在湖口附近曾用魚雷擊沉過 1 艘日軍 "大發" 運輸艇。8 月 25 日，根據軍政部命令，文天祥中隊的 4 艘 CMB 和電雷學校其他倖存魚雷艇一起由粵漢鐵路運往廣東，交由廣東江防司令部指揮，後在 1939 年退入廣西，1944 年日軍進攻廣西時全部損毀。

顏杲卿中隊的 4 艘 CMB，經鐵路由香港運抵長江未久，又和文天祥中隊魚雷艇一起，原路運回廣東，交廣東江防司令部使用，抵達時日軍已經登陸大亞灣，廣東江防部隊艦艇被安排撤退，"顏九二" 艇不慎在廣東三水掉隊，後被日軍俘虜，運回日本當作實驗艇，更名 "公稱 1149"，是日本研發摩托化魚雷艇的重要技術參考。剩餘的 3 艘顏字 CMB 艇後退入廣西，1944 年日軍進攻廣西時全部損毀。

1

2

3

1. 出擊 "出雲" 未果，沉沒在外灘附近的 "史一〇二" 艇。

2. 被日軍俘虜後的 "顏九二" 艇

3. 日軍在使用 "顏九二" 艇進行測速實驗，艇體外殼上塗刷的線條是為配合測速拍照而塗飾的參照線。

岳二二　岳二五三　岳三七一
Yüeh-22　　　Yüeh-253　　　Yüeh-371

艦　　種：摩托化魚雷艇

建造時間：1935 年訂造，1937 年交付

製 造 廠：德國盧爾森造船廠（Lürssen）

排 水 量：80 噸 /95 噸（標準 / 滿載）

主 尺 度：32.4 米 ×4.9 米 ×1.21 米（長、寬、吃水）

動　　力：3 座 "戴姆勒・奔馳"（Daimler-Benz）汽油發動機，三軸，3960 馬力

航　　速：35 節

武　　備：533mm 魚雷發射管 ×2，20mm 高射炮 ×1

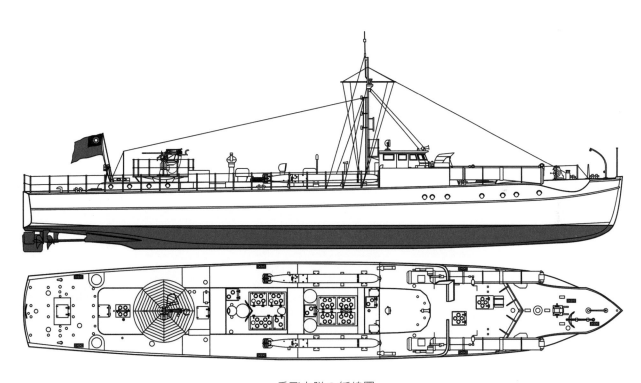

岳飛中隊 S 艇線圖

艦　史

　　電雷學校在向英國訂造 CMB 魚雷艇之後，於 1936 年向德國訂造了 4 艘體型大、戰鬥力強的 S2 型摩托化魚雷艇。後因西班牙爆發內戰，德國政府將這 4 艘魚雷艇優先交付給德國支持的西班牙佛朗哥（Francisco Franco）軍隊，為補償中國，德方建造了 3 艘更先進的 S7 型魚雷艇交付中國，編號 C1、C2、C3。3 艇於 1937 年抗戰爆發前夕運抵中國，編為一個中隊，以民族英雄岳飛的名字命名為"岳飛中隊"，艇名均冠以"岳"字頭，命名"岳二二"、"岳二五三"、"岳三七一"。這是當時亞洲國家海軍裝備的最先進的摩托化魚雷艇。

　　抗戰爆發後，本級艇因為體型較大，不適於在長江下游的狹窄江面進行魚雷作戰，一直在江陰附近隱蔽待機，1937 年 11 月 12 日上海淪陷後又轉移至長江中游地區。1938 年 6 月 28 日電雷學校停辦，其下轄船、艇全部移交給海軍管轄，隨後海軍便頻繁下令摩托化魚雷艇向長江上的日本船艇出擊。1938 年 7 月 17 日，"岳二五三"和"史二二三"在湖口一帶雙艇出擊，不慎被國軍陸軍設置的阻塞網纏繞而受損。8 月 1 日，"岳二二"和"顏一六一"在湖北蘄春準備雙艇出擊時，遭日軍飛機轟炸，"岳二二"中彈沉沒。倖存的"岳二五三"、"岳三七一"於 8 月末和剩餘的"文"字、"顏"字 CMB 艇一起，被用火車轉運往廣東，歸廣東江防司令部節制。當年 10 月，廣州防禦形勢岌岌可危，諸艇又輾轉撤往廣西梧州，和其他西撤艦艇一起編為桂林行營江防處艦艇隊，並可能更名為"武穆"、"壯繆"，當作炮艇和佈雷艇使用，1944 年日軍進攻廣西時全部損失。

一號雷艦　二號雷艦
No1　　　　　No2

艦　　　種： 摩托化魚雷艇

建 造 時 間： 1933 年建成

製 造 廠： 英國桑尼克羅夫特船廠（Thornycroft）

排 水 量： 11 噸

主 尺 度： 18.28 米 ×3.35 米 ×0.91 米（全長 × 寬 × 吃水）

動　　　力： 2 座汽油發動機，功率 750 馬力

航　　　速： 38 節

武　　　備： 18in 魚雷發射管 ×2，雙聯機槍 ×2

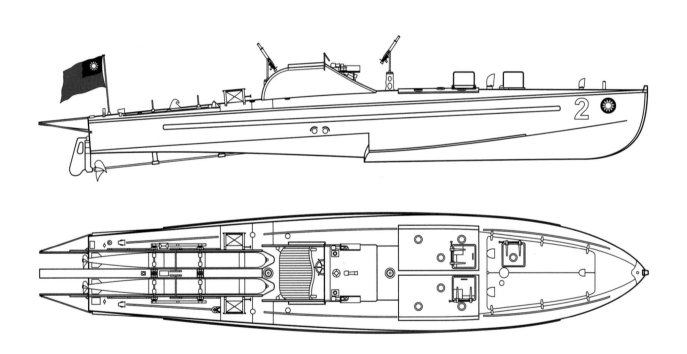

廣東海軍 CMB 魚雷艇線圖

艦　史

本級魚雷艇是廣東地方當局為了以較少的經費投入獲得優勢海軍戰力而訂造的新型艦艇,設計上屬於英國55英尺型CMB魚雷艇,與後來電雷學校從英國訂造的CMB艇同型。本級艇的訂造經費多取自粵籍富商捐助,例如當時的香港賭王霍芝庭就曾慷慨解囊。2艇在1934年1月21日抵粵交付,編入廣東海軍,分別命名為"一號雷艦"、"二號雷艦",是中國海軍最早的摩托化魚雷艇。

1936年,主政廣東的陳濟棠因不滿南京政府意欲削奪其權,遂聯合廣西的桂系軍閥發動了反蔣的"兩廣事變"。蔣介石則取釜底抽薪之策,暗中策反廣東海、空軍,當年6月,本級的"一號雷艦"與意大利造的"四號雷艦"從黃埔基地出逃至香港,成為轟動省港的爆炸性新聞。本來"二號雷艦"也決定參加叛逃活動,但事發當天艇長麥士堯在電影院看電

廣東海軍裝備的 CMB 魚雷艇

影,未能及時接到起事的通知而錯過了行動。1936年7月,兩廣事變失敗,陳濟棠下野,"一號雷艦"和"四號雷艦"從香港重返黃埔歸隊。1937年抗日戰爭爆發,本級2艇被配置在虎門防線,10月23日"二號雷艦"遭日軍戰機攻擊,油箱起火導致艇體爆炸損毀,"一號雷艦"也在不久後被炸沉。

1933年"二號雷艦"完工後在英國進行航試時的照片

三號雷艦　四號雷艦
No3　　　　　No4

艦　　種：摩托化魚雷艇

建造時間：1934 年建成

製 造 廠：意大利 Baglietto 造船廠

排 水 量：15.5 噸

主 尺 度：16 米 ×3.95 米 ×1.25 米（全長 × 寬 × 吃水）

動　　力：2 座"菲亞特"（FIAT）汽油發動機，2000 馬力

航　　速：43 節

武　　備：450mm 魚雷發射管 ×2，12.7mm 機槍 ×2（一
　　　　　說為 13.2mm 雙聯機槍 ×2）

廣東海軍裝備的 MAS 魚雷艇

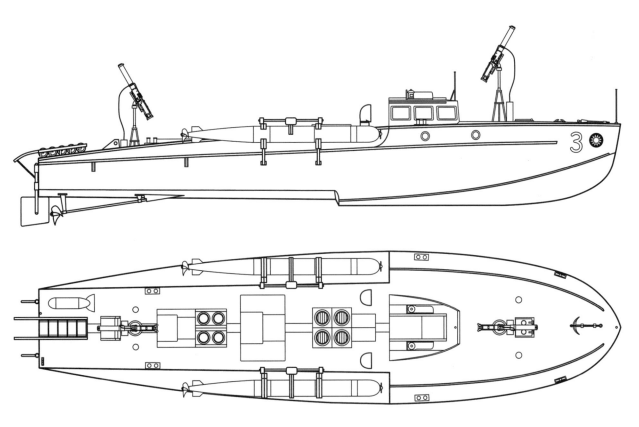

廣東海軍 MAS 魚雷艇線圖

艦　史

本級是廣東海軍在 1930 年代向歐洲購買的摩托化魚雷艇之一。當時世界上主流的摩托化魚雷艇包括英國的 CMB 型、意大利的 MAS 型以及德國的 S 型，本級屬於意大利 MAS 艇（意大利語 Motoscafo Armato Silurante 的縮寫，意為武裝摩托魚雷艇）中的小型型號 MAS431 型。和英國 CMB 艇是從艇尾部的發射槽向後發射魚雷的設計不同，本型魚雷艇是通過甲板兩舷的投放架投放魚雷。廣東海軍在向意大利購買該型艇時，根據自身的需要提出了提升火力和動力等改動要求，如將原設計中的 6 毫米口徑機槍更換成 12.7 毫米機槍，將 1500 馬力的發動機更換為 2000 馬力發動機等。

1936 年 6 月"兩廣事變"中，廣東海軍的魚雷艇部隊被南京國民政府策反，本級的"四號雷艦"和英製 CMB 魚雷艇"一號雷艦"結伴叛離廣東，抵達香港。國民政府特派海軍部次長陳策赴港慰問獎勵，魚雷艇被安置在香港太古船塢，艇員則被安頓在香港六國飯店。本級的"三號雷艦"原定也將參加叛逃，但艇長陳宇鈿乘坐公車前往魚雷艇基地途中發生故障，未及按時趕到，叛逃未果。當年 7 月陳濟棠下野後，"四號雷艦"和"一號雷艦"重回廣東歸隊。

全面抗戰爆發後，本級魚雷艇和英製 CMB 魚雷艇一起被佈置在虎門一帶設防。1938 年 10 月 12 日，日軍登陸大亞灣，進攻廣州，21 日廣州失守後，魚雷艇仍滯留於虎門。"四號雷艦"在 10 月 23 日被日軍飛機炸毀，"三號雷艦"則成功衝出虎門脫險。10 月 25 日，從日軍特設水上飛機母艦"神州丸"起飛的 1 架"95 水偵"偵察機在珠江口附近發現正在低速航行的"三號雷艦"，"三號雷艦"當即以機槍對空射擊，後該艇衝向海岸擱淺，艇員縱火焚艇後撤離。

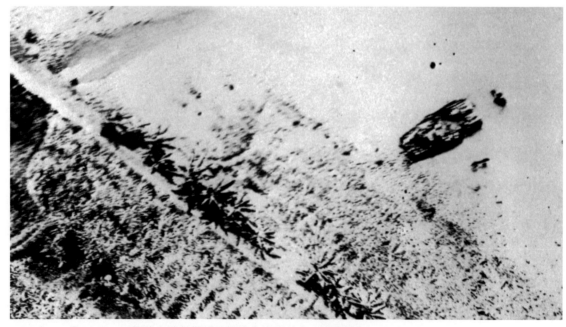

1938 年 12 月 25 日，日軍偵察機拍攝到的擱淺在海岸的"三號雷艦"。

雜項軍艦

民國南京政府時期，中國海軍新增的雜項軍艦主要包括測量艇、水上飛機母艦、掃 /
佈雷艦艇、運輸艦等，其中以炮艦改造的水上飛機母艦"威勝"、"德勝"最為著名，
是南京國民政府中央海軍擁有的首批航空軍艦。電雷學校的"海靜"、"同心"、"同
德"則是中國海軍中首次出現的專用掃雷、佈雷艦艇。

在江蘇鎮江等待接運電雷學校師生的掃 / 佈雷艦"同心"號

通濟
Tung Chi

艦　　種：練習艦

建造時間：1893 年 4 月 18 日開工，1895 年 4 月 12 日下水，1896 年 9 月 15 日竣工

製 造 廠：船政

排 水 量：1900 噸

主 尺 度：76.98 米 ×10.38 米 ×4.39 米 ×5.18 米（全長、寬、艦首吃水、艦尾吃水）

動　　力：1 座船政造臥式 2 缸蒸汽機，4 座火管鍋爐，單軸，1600 馬力

航　　速：13 節（常行 / 最高）

煤艙容量：230 噸

武　　備：6 寸阿炮 ×2，120mm 克炮 ×5，57mm 哈炮 ×3，37mm 哈炮 ×8，20mm 蘇羅通高射炮 ×1

民國初年的"通濟"艦，此時該艦尚保留着清末的 3 桅桿狀態，1927 年後改造為雙桅桿。

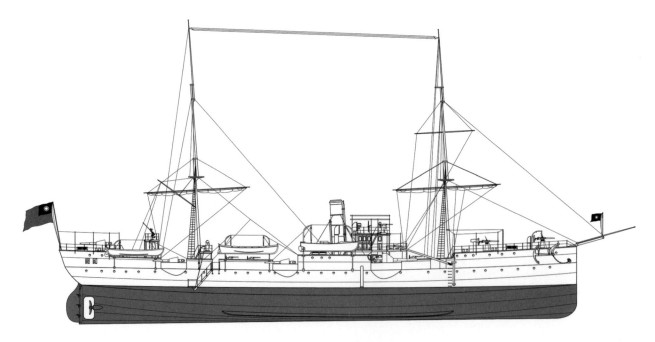

"通濟"號線圖（南京政府時期狀態）

武勝
Wu sheng

艦　　種：補給／工作艦
建造時間：1869 年
製 造 廠：英國德經船廠
排 水 量：740 噸
主 尺 度：58.52 米 ×8.22 米 ×3.35 米（全長、
　　　　　寬、吃水）
動　　力：1 座雙脹蒸汽機，1 座雙頭火管鍋
　　　　　爐，900 馬力
航　　速：9/11 節（常行／最高）
武　　備：不詳

艦　史

　　本艦是清末船政建造的練習艦，艦史可參閱前著《中國軍艦圖誌 1855—1911》。民國以後，本艦長期編列在海軍第一艦隊，擔任海軍學校教學艦。南京國民政府時期，本艦進行了一次對外觀影響較大的改造，艦上原有的 3 根桅桿只保留 2 根，中桅被拆除，另在原探照燈台上安裝了 20 毫米口徑的蘇羅通高射炮，以供防空教學使用。抗日戰爭中，本艦於 1937 年 8 月 12 日自沉於長江江陰阻塞線。

艦　史

　　本艦可能是清末重臣張之洞就任湖廣總督時從廣東調至湖北的"楚材"號輪船，後一直留用在湖北，民國時期被編入了唐生智的長江艦隊。1927 年南京政府發起西征戰役征討唐生智軍，本船被南京政府海軍俘虜，後經江南造船所維修，更名"武勝"號，與"青天"號一起編入海道測量局測量隊，主要充當測量工作的補給、保障。由於艦齡過老，本艦在 1935 年退役封存。1937 年全面抗日開始後，本艦被調至江陰，於 8 月 12 日自沉長江構築阻塞線。

青天 / 公勝
Chin Tien　Kung Sheng

艦　　種： 測量艇

建造時間： 1923 年建成

製造廠： 漢口合泰工廠

排水量： 279 噸

主尺度： 44.19 米 ×6.4 米 ×2.13 米（全長、寬、尾吃水）

動　　力： 2 座雙缸蒸汽機，雙軸，2000 馬力

航　　速： 6/8 節（常行 / 最高）

武　　備： 76mm 阿炮 ×1，75mm 克炮 ×1，7.92mm 三十節機槍 ×2

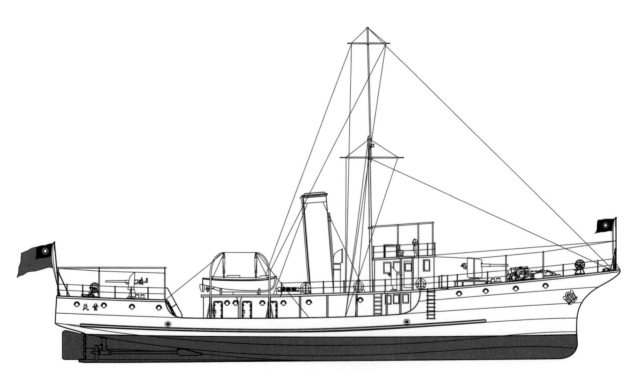

"青天 / 公勝" 號線圖

艦　史

　　本艇原為漢冶萍公司為了運輸燃煤而訂造的拖船，鍍鋅軟鋼製造，後被編入唐生智長江艦隊作為炮艇。1927年，本艇和當時唐生智軍隊中的其他多艘原漢冶萍公司輪船一併被南京政府海軍俘虜，不過和其他拖輪普遍被用"勝"字命名的情況不同，本艇被更名為"青天"號，後由海軍江南造船所進行修理改裝和重裝武備，編入海軍所屬的海道測量局測量隊，成為武裝測量艇。1930年10月，南京政府海軍鑒於本艇的艇齡較新，戰力較優，決定將本艇和原在巡防隊的炮艇"公勝"號進行對調，本艇被調入巡防隊充當炮艇，改用"公勝"艇名。1936年3月22日本艇又被重新從巡防隊調回測量隊當作測量艇，但仍然稱作"公勝"號。

　　1936年11月，本艇被派往廣州黃埔，負責執行勘測伶仃洋一帶航道水文的工作。全面抗戰爆發後，因海岸線被日軍封鎖，本艇滯留廣東，就近接受廣東江防司令部指揮，參加廣東抗戰。1938年10月21日國軍棄守廣州，本艇和江防部隊的其他倖存艦艇一起退往西江一帶躲避。10月22日中午，航經廣東順德榮奇西北時遭日軍飛機轟炸，不幸沉沒。艇長何傳永率倖存官兵拆卸首尾主炮炮閂後乘汽艇前往肇慶江防司令部移交，後奉命輾轉前往香港。

改為炮艇"公勝"後的"青天"號測量艇

威勝　德勝
Wei Sheng　Te Sheng

艦　　種： 水上飛機母艦

建造時間： 1922 年建成，1929 年 3、4 月改造完成

製 造 廠： 海軍江南造船所

排 水 量： 932 噸

主 尺 度： 62.48 米 ×9.44 米 ×3.04 米（全長、寬、吃水）

動　　力： 2 座 3 缸蒸汽機，2 座桑尼克羅夫特水管鍋爐，雙軸，3000 馬力

航　　速： 12 節

煤艙容量： 160 噸

武　　備： 120mm 阿炮 ×1，76mm 三年高射炮 ×1，75mm 克炮 ×2，20mm 布雷達（Brada）高射炮 ×1，
　　　　　 7.92mm 三十節機槍 ×4，水上飛機 ×1

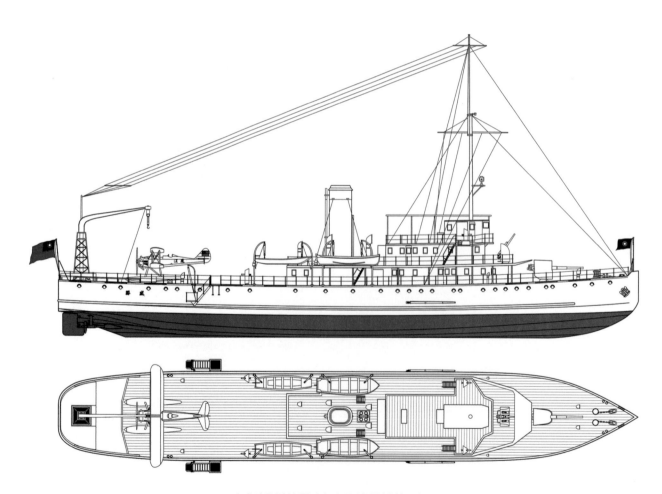

"威勝"艦線圖（水上飛機母艦狀態）

艦　史

本級軍艦原是直系軍閥吳佩孚所屬長江艦隊的炮艦"決川"、"浚蜀"，1927年歸入南京政府海軍。南京政府和武漢政府分裂時，本級2艦被裹脅往長江中游，成為武漢政府的軍艦，被篤信佛教的唐生智改名"永興"、"文殊"，成為其屬下長江艦隊的主力艦。同年，南京政府興師討伐唐生智，2艦被南京政府海軍重新繳獲，更名"威勝"、"德勝"。當時，南京政府海軍的飛機製造工作方興未艾，為滿足海軍飛機作戰所需，2艦被送往江南造船所改造為水上飛機母艦。2艦的改造工程可謂"傷筋動骨"，不僅船殼板進行了封堵艙門等改造，主甲板以上的艦體部分也幾乎全部拆除重建。

"威勝"最先完成改造，成為南京政府海軍最早的水上飛機母艦。時值中國國民黨舉行奉安典禮，從北京迎接先總理孫中山的靈柩回南京，"威勝"艦因為擁有開闊的飛機搭載甲板，便於安頓靈柩，被選為接運孫中山靈柩從長江北岸的浦口前往南京的靈船。1929年5月28日，"威勝"艦順利執行了這一特殊任務。

"威勝"、"德勝"改造為水上飛機母艦後，編列在海軍第二艦隊，長期佈署在長江中游，實際上少有收放水上飛機的作業機會，更多是充當炮艦使用。1933年5月，2艦被海軍淘汰，移交給長江水警總局，但被水警總局以體量過大等原因退回給海軍，後主要參加圍剿中國共產黨的紅軍、遊擊隊的作戰。抗日戰爭爆發後，2艦被選中構築江陰阻塞線，於1937年8月12日在長江江陰至靖江江段自沉。

水上飛機母艦"威勝"號，與之前"決川"的形象已經截然不同。照片上可以看到軍艦的後部比較空闊，是停放水上飛機母艦的甲板，艦尾的吊桿是收放飛機所用。

水上飛機母艦"德勝"號。"德勝"號桅桿底部的探照燈台是桅盤式，與"威勝"的簡易探照燈平
台有明顯區別。這處細節差異是從外觀上辨識 2 艦的特徵。

1929 年 5 月 28 日運送孫中山靈柩渡江時的"威勝"號

海靜
Hai Ching

艦　　　種： 炮艇 / 佈雷艇

建造時間： 1921 年訂造，1922 年 9 月下水。

製 造 廠： 上海中法求新機器製造廠

排 水 量： 509 噸

主 尺 度： 42.06 米 ×5.27 米 ×1.31 米（全長、寬、吃水）

動　　　力： 不詳

航　　　速： 不詳

武　　　備： 76mm 炮 ×1

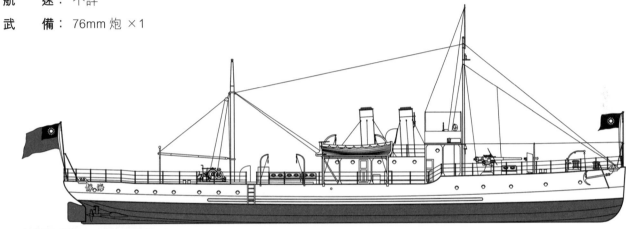

"海靜"號線圖

編入電雷學校後的"海靜"號，
艇尾甲板上的主炮已被拆除，
成為佈放水雷的工作平台，後桅
桿下方還可以看到一根後加的吊
桿，用於配合水雷佈放作業。

艦　史

　　本艇原是民國時期浙江省政府為增強水上警察力量而訂造的水警艇，同時訂造的還有一艘同型艇"海平"號。本艇建成後編入浙江外海水警隊，長期以浙江鎮海為基地執行出海巡弋的任務。1933年電雷學校成立，校長歐陽格（曾任浙江外海水警隊隊長）和浙江外海水警隊商議，將本艇借調至電雷學校使用，成為用於水雷教學的教學艇。本艇原在前後甲板各安裝1門76mm炮，調至電雷學校後，為了便於在後甲板上裝運、佈設水雷，將後甲板的76mm炮拆除。抗日戰爭中，本艇參加了在江陰阻塞線上佈設水雷的行動，後在靖江三圩港附近江面被日軍飛機炸毀。

被日機炸毀後的"海靜"號

同心　同德
Tung Hsin　Tung Te

艦　　　種：炮艦 / 佈雷艦

建造時間：1935 年 7 月建成

製　造　廠：海軍江南造船所

排　水　量：509 噸

主　尺　度：48.76 米 ×8.68 米 ×1.98 米（全長、寬、吃水）

動　　　力：2 座蒸汽機，雙軸，2500 馬力

航　　　速：16.4 節

武　　　備：76mm 炮 ×1，47mm 炮 ×4

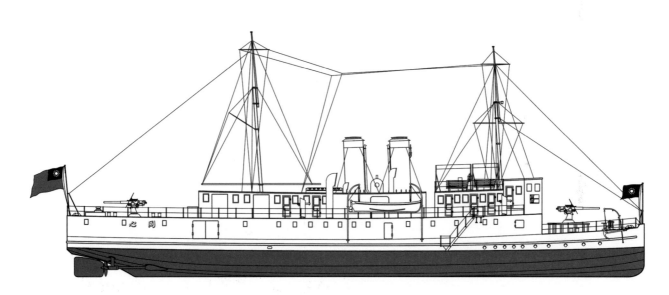

"同心"號線圖

艦　史

　　本艇原為國民政府軍政部在江南造船所訂造的炮艇，設計上採用了當時長江商船的船型，建成之後被撥給電雷學校使用，作為學校的教學艦以及炮艇、佈雷艇。此後不久，2艇又被軍政部調至重慶行營，成為名義上屬於電雷學校，而實際歸重慶行營的江防炮艇。

　　抗日戰爭中，2艇佈署在重慶一帶江面，倖存至抗戰勝利。1946年4月，2艇的編制改到聯勤總部，仍然在長江上游活動。1949年12月7日，"同心"艦參加了江防艦隊起義，加入人民解放軍，被編在解放軍中南軍區後勤船舶大隊，1950年更名"長江9號"。1953年退役後，移交給交通部長江航運管理局，更名"江豐"，後又改名"東方紅202"，成為長江上的航運船。"同德"推測在1949年末被解放軍俘虜，也留在長江上游使用。2艦此後的歷史不詳。

電雷學校時期的"同心"艦，由舷側巨大的艙門等細節不難看出，該艦的船型實際上屬於商船。

海瑞
Hai Jui

艦　　種：運輸艦
建造時間：不詳
製　造　廠：德國
排　水　量：1200 噸
主　尺　度：不詳
動　　力：不詳
航　　速：不詳

艦　史

　　本艦原為德國商船，因走私等問題在香港被海關罰沒，1927 年末、1928 年初被廣東海軍購得，改造為運輸艦。1932 年陳濟棠改組廣東海軍，不滿此舉的原廣東海軍司令陳策率艦割據海南島時，本艦即隨陳策艦隊前往海南島。當年 6 月 15 日，本艦曾與陳策艦隊的"中山"艦一起向廣東發起報復性進攻，運輸陸軍登陸北海，劫走了當地的銀行款項以及市面上的鴉片煙土。陳策割據海南島失敗後，本艦和其他原廣東海軍艦隻重新回到陳濟棠旗下。1936 年陳濟棠下野，廣東海軍被南京國民政府縮編為江防艦隊，本艦因艦齡過老而裁廢變賣。

永福
Yung Foo

艦　　種：運輸艦
建造時間：不詳
製　造　廠：英國
排　水　量：4000 噸
主　尺　度：不詳
動　　力：不詳
航　　速：不詳

艦　史

　　本艦原為英國渣甸公司的客貨船，1936 年"兩廣事變"後，被廣東當局從香港購得，改為運輸艦，是縮編為江防艦隊後廣東海軍增添的噸位最大的軍艦。本艦入役之後不久，即遇全面抗戰爆發，其後歷史不詳。

未成軍艦

南京國民政府時期，中國與德國的關係一度十分密切，在軍事、國防等領域有諸多合作。在此期間，中國海軍曾使用德國政府提供的優惠貸款，在德國訂造了大批新式艦艇，其中甚至包括 U 型潛艇。不過隨着日本挑起全面侵華戰爭和第二次世界大戰的爆發，德國對華的軍售態度發生轉變，大批艦艇訂單被撤銷，成為南京政府時期遺憾的未成艦艇。除此之外，抗日戰爭爆發時，海軍江南造船所正在建造 1 艘 "泰寧" 號炮艦，但隨着上海淪陷，也遺憾地成為未能完工的未成艦。

軍佔領江南造船所後拍攝到的尚未完工的 "泰寧" 艦

泰寧
Tai Ning

艦　　　種：	炮艦
建造時間：	1937 年 5 月 5 日開工
製 造 廠：	海軍江南造船所
排 水 量：	610 噸
主 尺 度：	48.76 米 ×7.31 米 ×1.98 米（全長、寬、吃水）
動　　　力：	2 座蒸汽機，雙軸
航　　　速：	不詳
武　　　備：	不詳

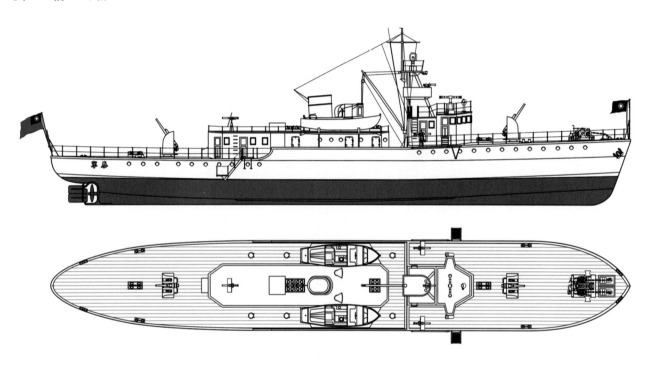

"泰寧"號線圖

艦　史

　　本艦是"江寧"、"威寧"級炮艇的放大型，艦名取自福建省泰寧縣的縣名。本艦由江南造船所總工程師葉在馥設計，從其設計方案看，可能是計劃充當"江寧"、"海寧"級炮艇的工作母艦。本艦開工未久遭遇日本發動全面侵華戰爭，施工由此被迫暫停，日軍佔領上海後在江南造船所內發現了未完工的艦體，由於完成度太低，不具有繼續施工的價值，推測此後被拆毀處理。

S2 型魚雷艇

S2　S3　S4　S5

艦　　　種：摩托化魚雷艇

建造時間：1936 年竣工

製造廠：德國盧爾森船廠（Lürssen）

排 水 量：46.5/58 噸（標準 / 滿載）

主 尺 度：27.95 米 ×4.2 米 ×1.06 米（全長、寬、吃水）

動　　　力：3 座戴姆勒・奔馳（Daimler-Benz）BF2 汽油發動機，3 軸，3300 馬力

航　　　速：33.8 節

續 航 力：582 海里 /22 節

武　　　備：500mm 魚雷發射管 ×2，20mmFlak C/30 高射炮 ×1

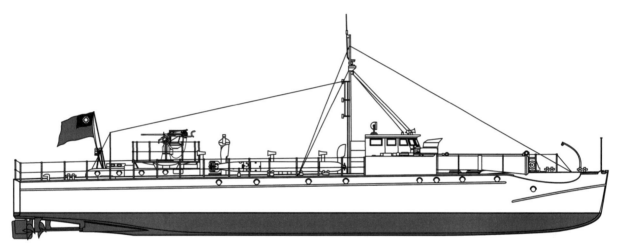

S2 型線圖

航試中的 S4 艇，此時該艇實際
上已經被德國海軍接管，照片中
可以看到艇上懸掛的德國軍旗。

1929 年德國盧爾森船廠建造了德國海軍第一艘摩托化魚雷艇，取德文魚雷快艇單詞 Schnellboot 的首字母命名為 S 艇，首艇 S1 號。緊隨其後，中國南京政府電雷學校在 1935 年向盧爾森船廠訂造了 4 艘本級魚雷艇，在德國海軍的編號為 S2 至 S5，設計上屬於 S1 型的放大級。為準備接收本級魚雷艇，電雷學校預先在快艇大隊下設立"岳飛中隊"，然而就在本級艇建造完成時，德國政府決定優先提供給西班牙佛朗哥軍隊，以干涉西班牙內戰，並另安排新造魚雷艇交付中國。

本級艇在 1937 年 2 月 1 日由運輸船從德國運抵西班牙，S3 艇在卸載過程中不慎損毀，其餘 3 艇均被編入佛朗哥政權的海軍，S2、S4、S5 分別被命名為"長槍黨"（Falange）、"勤王兵"（Requeté）、"奧維多"（Oviedo），此後"長槍黨"在馬拉加港（Malaga）損毀，"勤王兵"、"奧維多"又分別更名 LT11、LT12，在西班牙海軍中一直服役到第二次世界大戰結束，於 1946 年 3 月、6 月先後報廢。

C4 型魚雷艇
C4 C5 C6 C7 C8 C9 C10 C11

艦　　　種：摩托化魚雷艇

建造時間：1939—1940 年竣工

製　造　廠：德國盧爾森船廠（Lürssen）

排　水　量：81/100 噸（標準 / 滿載）

主　尺　度：32.76 米 ×4.9 米 ×1.21 米（全長、寬、吃水）

動　　　力：3 座戴姆勒・奔馳 MB502 汽油發動機，3 軸，3960 馬力

航　　　速：36 節

續　航　力：800 海里 /30 節

武　　　備：533mm 魚雷發射管 ×2，20mmFlak C/30 高射炮 ×1

艦　史

本級魚雷艇原為德國海軍在 1938 年訂製，其設計自成一級，後簽約轉讓給中國，在德國的編號定為 C4—C11 號。中國方面計劃由軍政部下屬的電雷學校接收，為此電雷學校內曾預先計劃再編成 2 支快艇中隊，仍然以唐、宋時期忠臣的名字命名，稱為"陸秀夫中隊"和"許遠中隊"。1939 年 9 月，第二次世界大戰爆發，德國海軍取消向中國轉讓本級魚雷艇的計劃，8 艘魚雷艇全部編入德軍自用，改命名為 S30—S37 號，其中大部分在二戰中損失，倖存的 S30 和 S36 於 1945 年 5 月 3 日在意大利港口城市安科納 Ancona 向盟軍投降。

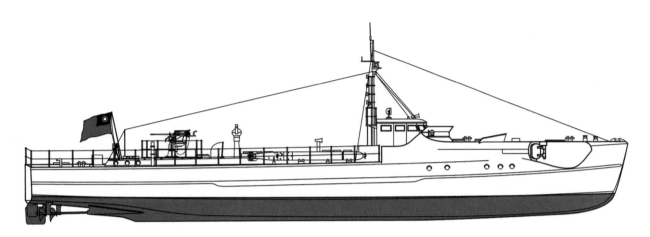

C4 型線圖

編在德國海軍中的 S30 魚雷艇

戚繼光
Ch'i-Chi Kuang

艦　　　種： 魚雷艇母艦

建造時間： 1936 年開工，1937 年 12 月 4 日下水，1939 年 1 月 21 日竣工

製造廠： 德國尼普頓‧羅斯托克船廠（Neptun Rostock）

排水量： 2190 噸 /2620 噸（標準 / 滿載）

主尺度： 96 米 ×13.5 米 ×3.7 米（水線長、寬、吃水）

動　　　力： 2 座 4 衝程柴油機，4100 馬力

航　　　速： 17.5 節

武　　　備： 88mm 高射炮 ×2，37mm 雙聯炮 ×2，20mm Flak C/30 高射炮 ×4

艦　史

　　本艦是 1935 年電雷學校在德國訂造 S2 型魚雷艇時配套訂造，屬於為摩托化魚雷艇隊提供補給和後勤支援的魚雷艇母艦，按照電雷學校命名魚雷艇的慣例，本艦以明代抗倭名將，民族英雄戚繼光的名字命名。本艦除了設計有供魚雷艇艇員休整的住艙，以及用於對魚雷艇實施簡單修理的機械設備外，還裝備了較具威力的防空火炮，並可攜帶 24 枚魚雷、72 枚深水炸彈，為魚雷艇提供彈藥補給。

　　本艦竣工時抗日戰爭已開始多年，德國因與日本處於同一陣營，遂單方面取消了建造合同，將其編入德國海軍，更名"坦加"（Tanga），用作德軍 S 艇的補給母艦。二戰結束後，本艦被盟軍勒令承擔掃除德軍戰時佈設的水雷的任務，後於 1947 年 12 月 3 日被美軍接管。1948 年 6 月 20 日，本艦被美國贈送給丹麥，編入丹麥海軍，更名"埃吉爾"（Aegir），一直服役至 1967 年。

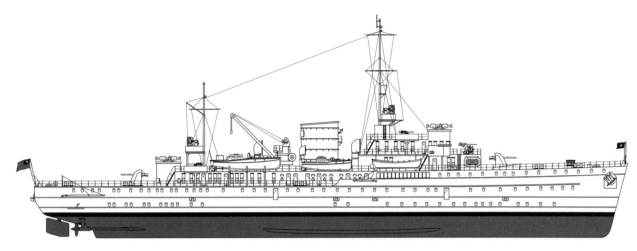

"戚繼光"號線圖

編入德國海軍後的"坦加"號,靠泊在其舷側的是 1 艘 S 艇。

UIIB 潛水艇
U120 U121

艦　　　種： 潛水艇

建造時間： U120：1938 年 3 月 31 日開工，1940 年 4 月 20 日完工

U121：1938 年 3 月 31 日開工，1940 年 5 月 28 日完工

製 造 廠： 德國弗蘭德造船廠（Flender Werft）

排 水 量： 278.9/328.5 噸（水上 / 水下）

主 尺 度： 42.7 米 ×42.4×4.08 米（全長、水線長、寬）

最大潛深： 150 米

動　　　力： 2 座 MWM RS127S6 缸柴油機，700 馬力；SSW PGVV322 電動機，360 馬力

航　　　速： 13/7 節（水上 / 水下）

續 航 力： 水上 3800 海里 /8 節；水下 35 海里 /4 節

武　　　備： 533mm 魚雷發射管 ×3，水雷 ×12

艦　史

　　本級潛艇的購置，是南京政府通過德國工業品貿易公司（HAPRO，又譯作合步樓公司）居間洽談而成的。1937 年，南京政府海軍部長陳紹寬與財政部長孔祥熙一同訪問德國，與德方正式簽約，共訂造 2 艘，當時稱為 250 噸水雷潛艇。

　　2 艇造價 1000 萬馬克，由德國提供給南京政府的 1 億馬克無限期周轉信用貸款中撥款，生產編號為 268、269，事實上屬於德國 UIIB 型潛艇的設計改動型。本級潛艇開工後不久，因日本全面侵華戰爭爆發，德國海軍在 1938 年取消訂單，2 艇建成後被德國海軍接收，命名為 U120 和 U121，當作訓練潛艇使用。德國戰敗前，2 艇於 1945 年 5 月 2 日分別在德國不來梅（Bremen）及周邊港口自沉，1950 年（一說在 1949 年 10 月）打撈拆解。

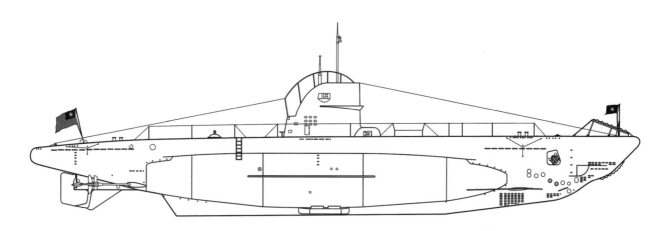

UIIB 中國型潛艇線圖

建造中的 U120 號潛艇

偽滿洲國江上軍在艦艇上訓練時的情景，背景中的 2 艘軍艦是其主力艦 "順天"、"養民"。

第三章

日偽政權時期（1931—1945）

1931 年「九·一八」事變爆發後，侵華日軍先後在中國扶植成立了多個傀儡政權，其中的「偽滿洲國」（偽滿）和汪精衛「偽中華民國國民政府」（汪偽）都設有海軍或類似海軍的艦隊組織。這些漢奸傀儡政權的海軍主要配合日軍執行程度有限的軍事任務，處在日本侵略軍的嚴格限制下，因而其艦艇的戰鬥力普遍較弱，艦型以炮艦和炮艇居多。

偽滿洲國江防軍艦

1932年哈爾濱被日軍佔領後，原東北海軍江防艦隊投敵，成為偽滿洲國海軍江防艦隊（江上軍），先後受日本駐滿海軍部和關東軍指導，對蘇聯方向實施警戒。為加強其戰鬥實力，除對原有的艦船重新武裝外，日方還為偽滿洲國專門設計建造了一批江防軍艦，其艦型主要是適合黑龍江、松花江流域航行的淺水炮艦、炮艇，以噸位最大的"順天"、"養民"、"定邊"、"親仁"4艦最具實力。日本戰敗、偽滿洲國覆滅時，這些軍艦大多被蘇軍繳獲。

看似威武的偽滿江防軍艦"順天"、"養民"，實際上其主炮在很長時間裏是用木製模型冒充的。

利綏
Li Sui

偽滿時期的"利綏"艦，照片拍攝於日本海軍駐滿海軍部協助對該艦進行改裝之後，艦體外觀和此前東北海軍時期有較大區別，在艦體中部的外側加裝了防彈鋼板。

艦　　　種：	內河炮艦
建造時間：	1904 年建成
製　造　廠：	德國希肖船廠（Schichau）
排　水　量：	270 噸
主　尺　度：	50.1 米 ×8 米 ×0.94 米（長、寬、吃水）
動　　　力：	2 座 3 脹蒸汽機，2 座鍋爐，雙軸，1300 馬力
航　　　速：	13 節
煤艙容量：	75 噸
武　　　備：	三年式 76mm 高射炮 ×2，三式 80mm 迫擊炮 ×2，三年式 6.5mm 機槍 ×2

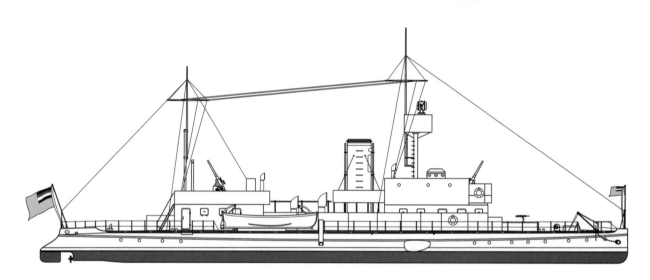

偽滿"利綏"艦線圖（武備重裝後狀態）

艦　史

　　本艦原為東北江防艦隊軍艦，1932 年投敵，成為偽滿洲國軍艦，隸屬偽滿江防艦隊。本艦投敵時，處於無武裝的狀態，推測是被不滿投降日偽的艦員拆卸移交給了抗日武裝。此後日本海軍駐滿海軍部協助對本艦進行了重新加裝武備以及提高防護力的改造，使本艦一度成為偽滿江防艦隊的主力。

　　本艦在偽滿洲國長期承擔松花江依蘭至佳木斯江段的巡邏，實施對蘇聯方面的警戒工作。1939 年末日本關東軍將日本海軍勢力從偽滿洲國排擠，偽滿江防艦隊被改編為江上軍，本艇的編制被定為江上軍司令部直轄艦，1942 年後因主機老化而停航，成為保管艦封存。1945 年，蘇聯出兵攻入偽滿洲國，本艦被蘇軍艦艇拖走，此後歷史不詳。

利濟
Li Chi

偽滿早期拍攝到的"利濟"艦，此時艦首炮位上還沒有安裝76毫米口徑主炮。

艦　　種：	明輪炮艦
建造時間：	1895 年竣工
製 造 廠：	俄羅斯遠東地區船廠，廠名不詳
排 水 量：	250 噸
主 尺 度：	46.32 米 ×7.92 米 ×0.9 米（全長、寬、吃水）
動　　力：	不詳
航　　速：	15 節
武　　備：	三年式 76mm 高射炮 ×1，三年式 6.5mm 機槍 ×1

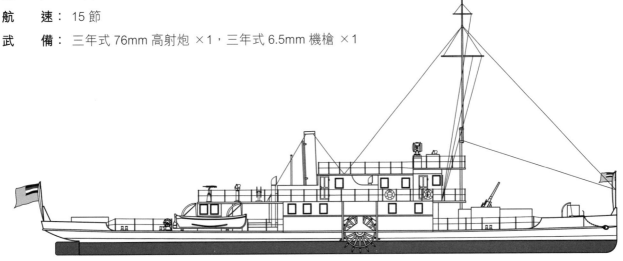

偽滿"利濟"艦線圖（重裝武備後狀態）

艦　史

　　本艦原是東北海軍江防艦隊炮艦，1932 年投敵，成為偽滿洲國江防艦隊軍艦，仍保留原艦名，此後由日方提供武備，進行了武器換裝。1932 年 10 月 18 日，本艦被派拖帶運輸木船由富錦前往同江，19 日凌晨，艦長范傑率中方官兵發動起義，將艦上的日籍指導官和電報官各 1 人擊斃後，駕艦駛往同江，棄舟登岸，投奔附近的抗日武裝自衛軍，本艦之後被偽滿江防艦隊擄回。1939 年，偽滿江防艦隊改編為江上軍後，本艦隸屬江上軍江防艇隊，服役至 1942 年前後退役廢置。

　　范傑等起義官兵加入李杜領導的抗日自衛軍後，被整編為自衛軍海軍籌備處。1933 年初，日偽軍實施大掃蕩，海軍籌備處因兵力單薄無力抵抗，於 2 月 7 日退入蘇聯境內申請避難，被蘇軍繳械，遣往西伯利亞安置，當年 5 月又被蘇方用汽車運送至新疆塔城，交給新疆軍閥盛世才。艦長范傑堅決要求返回東北海軍歸隊，於 1933 年 10 月由新疆秘密出境進入蘇聯，輾轉到達海參崴（符拉迪沃斯托克），又設法乘商船抵達上海，再由上海到達青島，於 11 月 5 日向東北海軍報到。

江平
Chiang Pin

艦　　種：明輪炮艦
建造時間：1897 年竣工
製造廠：Leslie and Co
排水量：250 噸
主尺度：47.54 米 ×5.48 米 ×1.1 米（全長、寬、吃水）
動　　力：不詳
航　　速：14 節
武　　備：三年式 76mm 高射炮 ×1，馬克沁 7.9mm 機槍 ×1

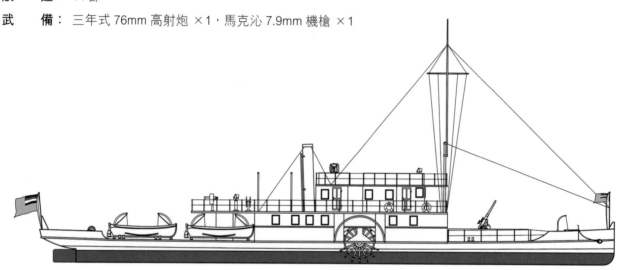

偽滿 "江平" 艦線圖

艦　史

　　本艦原為東北海軍江防艦隊炮艦，參加過 1929 年 10 月 12 日爆發的中蘇同江之戰，戰鬥中被擊沉，戰後打撈出水，草草修理後繼續使用。1932 年哈爾濱淪陷後，本艦和江防艦隊其他軍艦一起投敵，成為偽滿洲國江防艦隊軍艦。1939 年偽滿江防艦隊改編為江上軍，本艦隸屬於江上軍的江防艇隊，因為艇況過差，在 1942 年前後廢置。

偽滿時期的 "江平" 艦

江通
Chiang Tung

艦　　種：明輪炮艦

建造時間：約 1903 年竣工

製 造 廠：俄羅斯遠東地區船廠，廠名不詳

排 水 量：250 噸

主 尺 度：45.72 米 ×5.56 米 ×1 米（全長、寬、吃水）

動　　力：不詳

航　　速：14 節

武　　備：三年式 76mm 高射炮 ×1，馬克沁 7.9mm 機槍 ×1

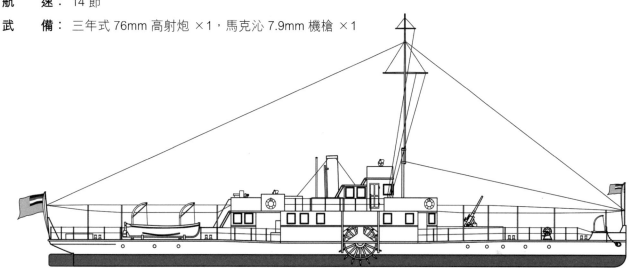

偽滿"江通"艦線圖

艦　史

　　本艦原是東北海軍江防艦隊炮艦"江通"號，1932 年投敵成為偽滿江防艦隊軍艦，仍保留原艦名。1939 年江防艦隊改編為江上軍後，本艦編列在江上軍江防艇隊，服役至 1942 年左右因艇況過差而退役。

偽滿時期的"江通"艦

江清
Chiang Ching

艦　　種：明輪炮艦
建造時間：不詳
製造廠：不詳
排水量：255 噸
主尺度：50 米 ×9.5 米 ×1 米（長、寬、吃水）
動　　力：不詳
航　　速：14 節
武　　備：三年式 76mm 高射炮 ×1，機槍 ×2

艦　史

　　本艦原是 1928 年編入東北江防艦隊的炮艦，1932 年哈爾濱淪陷後隨江防艦隊投敵，成為偽滿洲國軍艦。1939 年江防艦隊改編為江上軍，本艦和其他投敵的"江"字炮艦一起列在江上軍的江防艇隊，服役至 1942 年退役。

偽滿洲國時期的"江清"艦，此時艦上的武備尚未重裝，在艦尾主甲板上可以看到幾道拱門形的弧形結構物，是用於執行拖航任務的設施。

恩民　惠民　普民
E Min　　Hui Min　　Pu Min

艦　　　種：炮艇

建 造 時 間：1933 年 2 月建成

製 造 廠：日本川崎造船所

排 水 量：15 噸

主 尺 度：17 米 × 3 米 × 0.76 米（長、寬、吃水）

動　　　力：1 座柴油機，單軸，80 馬力

航　　　速：8.5 節

武　　　備：機槍 × 3

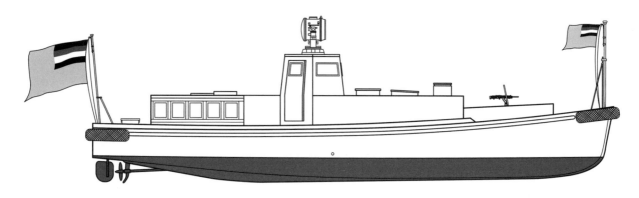

偽滿"恩民"號線圖

艦　史

　　本級艇是日本政府為了增大偽滿洲國在黑龍江、松花江上的巡防艦艇數量，由日本國內船廠為其新造的巡防炮艇，基本是以日本海軍內火艇的設計為基礎制定，是偽滿江防艦隊獲得的第一批新造炮艇。1939年，偽滿洲國江防艦隊改編為江上軍，本級 3 艇被編在江上軍所屬的江防艇隊，執行江上巡防任務。蘇軍於 1945 年 8 月 9 日出兵攻入偽滿洲國，本級艇全部被其繳獲，拖曳往蘇聯境內，其後歷史不詳。

偽滿的江防炮艇"恩民"號，其設計和當時日本海軍的內火艇十分相似。

濟民
Chi Min

艦　　種：炮艇
建造時間：1934 年 6 月 2 日下水
製 造 廠：滿鐵哈爾濱造船所
排 水 量：20 噸
主 尺 度：20 米 ×3 米 ×0.6 米(長、寬、吃水)
動　　力：1 座柴油機，單軸，80 馬力
航　　速：8.5 節
武　　備：機槍 ×2

艦　史

　　本艇是參照"恩民"級的設計，就近由滿鐵哈爾濱造船所建造的江防艇，主尺度比"恩民"級略大，建成後編入偽滿江防艦隊當作炮艇，1939 年江防艦隊改編為江上軍之後，本艇編列在江上軍江防艇隊名下。1945 年 8 月 9 日蘇軍攻入偽滿洲國，本艇被俘虜，其後歷史不詳。

大同　　利民
Ta Tung　　Li Min

艦　　種：明輪炮艦
建造時間：1933 年 8 月竣工
製 造 廠：日本三菱造船所
排 水 量：65 噸
主 尺 度：30 米 ×2 米 ×0.75 米(長、寬、吃水)
動　　力：2 座柴油機，尾部明輪，240 馬力
航　　速：10.5 節
武　　備：57mm 炮 ×1，三年式 6.5mm 機槍 ×3

艦　史

　　本級是日本為偽滿洲國江防艦隊專門設計的第一種內河軍艦，在偽滿被列為炮艦。為保證能夠在淺水的江河航行，本級軍艦的推進方式採用了十分特別的尾部明輪，即在軍艦的艦尾安裝明輪輪葉。本級軍艦在日本建成後，拆成散件運輸到哈爾濱，由哈爾濱造船所進行組裝，而後編入偽滿的江防艦隊。1939 年江防艦隊改編為江上軍後，本級的"大同"艦編列在江上軍江上艇隊內，"利民"艦則隸屬於江上軍訓練處，作為江上軍的練習艦。1945 年 8 月 9 日，蘇軍攻入偽滿洲國，江上軍在 8 月 15 日日本天皇宣佈無條件投降後發動反日起義，本級 2 艦均參加起義，換掛中華民國國旗，預備等待國民政府接收，但最終均被蘇軍擄去，其後歷史不詳。

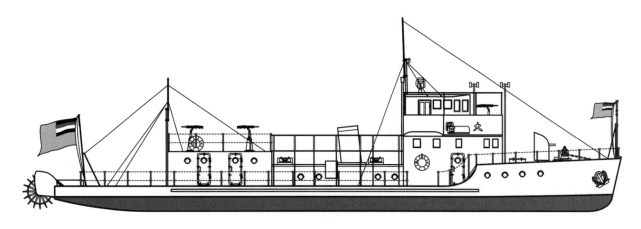

"大同"艦線圖

錨泊在松花江上的"大同"、"利民"艦。

順天　養民
Shun Tien　Yang Min

艦　　種： 炮艦

建造時間： 1934 年 3 月開工，10 月 1 日下水

製 造 廠： 日本播磨造船所

排 水 量： 270 噸（標準）

主 尺 度： 55 米 ×8.8 米 ×0.9 米（長、寬、
　　　　　 吃水）

動　　力： 2 座柴油機，雙軸，650 馬力

航　　速： 12.5 節

續 航 力： 3000 海里 /10 節

燃料容量： 重油 28 噸

武　　備： 十年式 120mm 雙聯高射炮 ×1，三八式 75mm 野炮 ×1，九三式 13mm 雙聯機槍 ×3

在松花江試航中的"順天"艦，此時該艦的桅盤尚未完工。

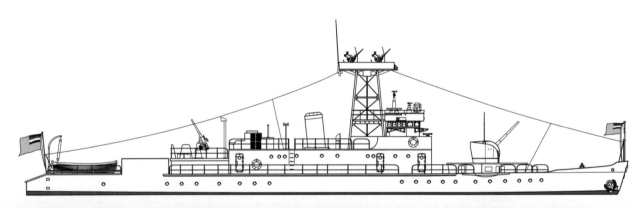

"順天"艦水線側視圖

停泊在東北大黑河碼頭附近的"順天"、"養民"艦。

艦　史

　　本級軍艦是日本為偽滿江防艦隊量身訂造的主力炮艦，在播磨造船所的生產編號分別是 206、207，在日本稱為河用裝甲炮艇，可能局部帶有一定厚度的裝甲防護。本級軍艦建造時，由於黑龍江的入海口江段位於蘇聯境內，無法直接將軍艦從日本駛往哈爾濱交付，遂由播磨造船所將艦體分為若干個大型構件，海運至大連，再經鐵路運到哈爾濱，在哈爾濱造船所組裝。

　　本級軍艦採用十年式 120 毫米口徑火炮作為主炮，在不到 300 噸的艇體上安裝如此龐大的火炮，導致實際操作性能不佳，其目的更多地是為了恐嚇蘇聯阿穆爾河區艦隊。本級軍艦建成後，立即成為偽滿江防艦隊的主力，和此後建成的 “定邊”、“親仁” 並稱偽滿海軍的 “四大金剛”。1939 年偽滿江防艦隊改編為江上軍，本級 2 艦直接隸屬於江上軍司令部，作為直轄艦，艦長由日本人擔任。太平洋戰爭爆發後，偽滿洲國從 1942 年起開始遭到美軍空襲，為充實重要城市的防空力量，本級軍艦裝備的 120 毫米火炮被拆移，安裝到鞍山鋼廠充當防空武器，軍艦上的主炮炮位則改裝木質的模型假炮。1945 年 8 月 9 日蘇軍攻入偽滿洲國，本級軍艦參加了 8 月 15 日的反日起義，日籍艦長或自殺，或被中方官兵殺死。本級軍艦後被蘇軍俘虜，其中 “順天” 艦被蘇軍改裝為炮艦，舷號 КЛ-55，仍然佈署在遠東地區，1951 年拆去武備改作練習艦，1953 年退役後當作黑龍江上的客貨船，1968 年報廢拆解。“養民” 艦被蘇軍擄去後的歷史則難以考查。

編入蘇聯海軍，經過改造和重新武裝的原 “順天” 艦，照片推測拍攝於 1950 年前後。

定邊 親仁
Ting Pien   Chin Jen

艦　　種：炮艦

建造時間：1935 年 8 月 31 日下水

製 造 廠：日本播磨造船所

排 水 量：290 噸（標準）

主 尺 度：58 米 ×8.8 米 ×0.9 米（長、寬、吃水）

動　　力：2 座柴油機，雙軸，功率 750 馬力

航　　速：12.5 節

武　　備：十年式 120mm 雙聯高射炮 ×1，十年式 120mm 單管高射炮 ×1，九三式 13mm 雙聯機槍 ×3

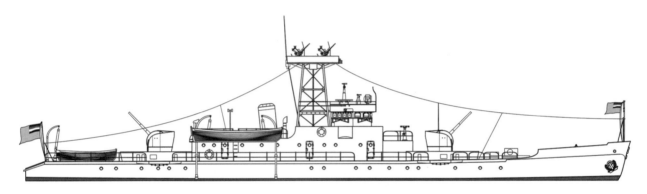

"定邊"艦線圖

停泊在東北大黑河碼頭的"定邊"、"親仁"。

166

艦　史

　　本級軍艦是"順天"級的火力加強型，總體的設計和"順天"級基本相同，在日本也稱為河用裝甲炮艇，較為特別的是在軍艦的尾部增加了1門單管120毫米艦炮作為後主炮，使得艦上的120毫米火炮總數達到3門，可謂驚人，但是在排水量僅有290噸的艇體上，這些火炮事實上不具有實用性。本級軍艦在播磨造船所的生產編號為211、212，其建造方法和"順天"級相同，即在日本分段預製，最後在哈爾濱造船所組裝。

　　本級軍艦建成後編入偽滿江防艦隊，1939年江防艦隊改編為江上軍時，本級2艦和"順天"、"養民"一起被列為江上軍司令部直轄艦，號稱"四大金剛"。太平洋戰爭爆發後，因艦載120毫米火炮具有高射能力，也全部在1942年被拆卸，安裝到鞍山鋼廠當作防空武器，原炮位上改安裝木製的模型假炮迷惑外界。1945年8月9日蘇軍攻入偽滿洲國後，本級2艦和"順天"、"養民"一起參加了8月15日在哈爾濱舉行的反日起義，後被蘇軍俘虜拖曳回蘇聯，其後歷史不詳。

航行中的"定邊"號炮艦，照片上可以看到雙聯裝120毫米炮在"定邊"僅有200餘噸的艇體上顯得碩大無比。

陽春　熙春
Yang Chun　His Chun

艦　　　種： 炮艇

建造時間： 1939 年 7 月 15 日竣工

製 造 廠： 日本播磨造船所

排 水 量： 54 噸

主 尺 度： 30.3 米 ×4.7 米 ×1.5 米（長、寬、吃水）

動　　　力： 2 座柴油機，雙軸，540 馬力

航　　　速： 13.1 節

武　　　備： 47mm 炮 ×1，機槍 ×4

艦　史

　　本級炮艇是日本關東軍將日本海軍從偽滿洲國排擠走之後，為新改編的江上軍訂造的第一型新軍艦，在播磨造船所的生產編號是 285、286，其建造模式依然是在日本生產，在哈爾濱造船所組裝。建成入役後，2 艇編在江上軍江防艇隊。1945 年 8 月蘇聯對日本宣戰之後，2 艇被編為江上特攻隊，停泊在松花江上，預備一旦蘇軍攻來，即自沉堵塞航道。2 艇上的中國官兵於 8 月 15 日在松花江 14 號浮標附近發動反日起義，將艇上的日方人員全部處死，隨後駕艇開往濃河一帶，登岸和江上軍起義的"威明"號炮艇官兵會合，組成"松花江地區遊擊隊"。2 艇後被蘇軍阿穆爾河區艦隊拖走，其後歷史不詳。

江上軍某次操演活動的照片，照片中近景的軍艦是"順天"級炮艦，遠處正在航行的軍艦推測就是"陽春"級炮艇。

曉江　　晉江
Hsiao Chinag　　Ching Chinag

艦　　種：炮艇

建造時間：1939 年 7 月 15 日竣工

製 造 廠：日本播磨造船所

排 水 量：43 噸

主 尺 度：28.3 米 × 4 米 × 1.5 米（長、寬、吃水）

動　　力：2 座柴油機，雙軸，840 馬力

航　　速：19.3 節

武　　備：47mm 炮 × 1，機槍 × 2

艦　史

　　本級和 "陽春" 級大致同型，只是外形尺度略小，在播磨造船所的生產編號為 287 和 288，也採用了構件造成後運至哈爾濱造船所組裝的方式建造完成。交付後，2 艇編列在江上軍的江防艇隊內，1945 年 8 月 15 日日本投降後，本級艇被蘇軍俘虜，此後歷史不詳。

興亞　　興仁
Hsing Ya　　Hsing Jen

艦　　種：炮艇

建造時間：1940 年 7 月 7 日竣工

製 造 廠：日本播磨造船所

排 水 量：60 噸

主 尺 度：30 米 × 4.7 米 × 1.5 米（長、寬、吃水）

動　　力：2 座柴油機，雙軸

航　　速：15 節

武　　備：75mm 炮 × 1，機槍 × 2

艦　史

　　本級艇是繼 "陽春" 和 "曉江" 型炮艇之後，日本播磨造船所為偽滿江上軍新造的炮艇，生產編號 312、313，推測設計上和 "陽春" 型近似，其建造也是採取了在日本完成構件的建造，最終在哈爾濱造船所組裝。2 艇竣工後編入江上軍江防艇隊，1945 年 8 月 9 日蘇軍攻入偽滿洲國後，"興亞" 艇的中國官兵在 8 月 15 日發動起義，擊斃了艇上的全部日本人員，而後駛往蓮江口投奔蘇軍，結果包括軍官關玉振、石振東在內的全部 40 餘名艇員被蘇軍集體殺害，"興亞" 艇則被蘇軍俘虜，後不知去向。"興仁" 艇推測也是在蘇軍進攻滿洲國後被俘虜，其後歷史不詳。

威明　晨明
Wei Ming　Chen Ming

艦　　種： 炮艇

建造時間： 1940 年 7 月 7 日竣工

製　造　廠： 日本播磨造船所

排　水　量： 30 噸

主　尺　度： 28.3 米 ×4 米 ×1.5 米（長、寬、吃水）

動　　力： 2 座柴油機，雙軸

航　　速： 15 節

武　　備： 不詳

艦　史

　　本級艇是和"興亞"級同批建造的小型炮艇，在播磨造船所的生產編號為 314、315，由播磨造船所完成各構件建造，最後在哈爾濱造船所組裝完工，隸屬於偽滿江上軍江防艇隊。1945 年 8 月 9 日，蘇軍進攻偽滿洲國後，本級的"威明"艇在奉命前往木蘭縣附近偵查時，中國軍官衛中等發動起義，將艇上的日本人員全部擊斃，起義官兵隨後將炮艇自沉，拆卸機槍等重武器上岸，光復了木蘭縣濃河鎮，後"熙春"、"陽春"號炮艇起義官兵到達濃河鎮和"威明"艇起義官兵會合，成立"松花江地區遊擊隊"。"晨明"艇推測被蘇軍俘虜，其後歷史不詳。

海天　海陽
Hai Tien　Hai Yang

艦　　種：炮艇
建造時間：不詳
製 造 廠：不詳
排 水 量：20 噸
主 尺 度：不詳
動　　力：不詳
航　　速：10 節
武　　備：不詳

艦　史

不詳。

安疆　懷眾
An Chiang　Huai Chung

艦　　種：炮艇
建造時間：不詳
製 造 廠：不詳
排 水 量：7 噸
主 尺 度：12.1米 ×2.4米 ×0.45米(長、寬、吃水)
動　　力："安疆"主機功率 102 馬力，"懷眾"主機功率 80 馬力
航　　速：不詳
武　　備：機槍 ×1

艦　史

不詳。

慶雲　祥雲
Ching Yun　Hsiang Yun

艦　　種：炮艇
建造時間：不詳
製 造 廠：不詳
排 水 量：20 噸
主 尺 度：不詳
動　　力：不詳
航　　速：10 節
武　　備：不詳

艦　史

不詳。

鳳山
Feng Shan

艦　　種：測量艇
建造時間：不詳
製 造 廠：不詳
排 水 量：20 噸
主 尺 度：18 米 ×4 米 ×1.3 米 (長、寬、吃水)
動　　力：不詳
航　　速：9.9 節
武　　備：不詳

艦　史

不詳。

偽滿洲國海警艦艇

1932 年偽滿洲國成立後，除接收原東北海軍江防艦隊外，還在日本海軍的扶持下成立了性質相當於海軍的海上警察部隊，其裝備的艦艇稱為警備船。偽滿的海警艦艇包括俘虜的原中國營口奉天漁業商船保護局炮艇，和由日本海軍幫助補充的新造艦、調撥艦，艦型多屬於炮艦、炮艇，較為特別的是日本海軍曾將一艘老舊的二等驅逐艦贈送給偽滿洲國，是偽滿噸位最大的軍艦。

偽滿"海威"號警備船上進行艦載機搭載作業時的場景，"海威"號原本是日本海軍的一般老舊二等驅逐艦，後贈送給偽滿洲國。

海威
Hai Wei

艦　　種：警備船

建造時間：1917 年 3 月 31 日竣工

製 造 廠：日本舞鶴工廠

排 水 量：755 噸（標準）

主 尺 度：88.4 米 ×7.7 米 ×2.4 米（長、寬、吃水）

動　　力：2 座艦本式直連透平機，4 座口號艦本式水管鍋爐，16700 馬力

航　　速：31.5 節（新造時最大航速）

續 航 力：2400 海里 /15 節

燃料容量：燃煤 92 噸，重油 212 噸

武　　備：三年式 120mm 炮 ×3，三年式 76mm 高射炮 ×2，三年式 6.5mm 機槍 ×2，八一式深水炸彈炮，
　　　　　九○式一號水上飛機 ×1

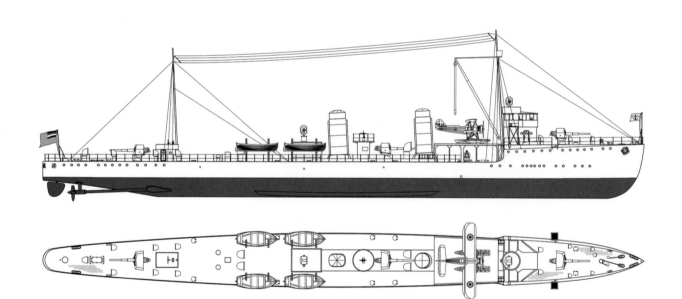

"海威"艦線圖

艦　史

　　本艦原是日本海軍的"桃"級驅逐艦"樫"號，1937 年 5 月 1 日從日本海軍除籍，在拆除了魚雷發射管等裝備後駛往營口，移交給偽滿洲國海上警察隊，更名"海威"號。由於偽滿海警對其武裝情況不甚滿意，本艦於 1938 年 7 月返回日本，由佐世保海軍工廠進行改造，重點是在艦上增加搭載水上飛機的空間和配套設施，配備 1 架"九〇式一號"水上飛機，同時還增加了深水炸彈發射裝置，使得本艦具備了一定的反潛作戰能力。

　　改裝完成後，本艦和偽滿大部分警備船一樣，主要在黃、渤海執行護航、反潛等作戰任務，確保從偽滿通往朝鮮和日本本土的航路安全。1941 年太平洋戰爭爆發後，日本海軍為充實護航力量，與偽滿洲國協商將本艦借走，重由日本海軍使用，本艦遂於 1942 年 6 月 24 日從旅順返回日本，艦種定為特設驅潛艇，作為運輸船隊的護航艦，並保留"海威"艦名。1944 年 10 月 10 日，本艦在沖繩那霸附近海域被美軍飛機炸沉。

航行中的"海威"艦，在軍艦的首樓之後可以看到搭載了編制隸屬海警航空部隊的"九〇式一號"水上飛機，這架飛機在偽滿海警的編號为"海警 16"。

海龍　海鳳
Hai Lung　Hai Feng

艦　　種：警備船

建造時間：1933 年 3 月 24 日開工，6 月 12 日下
　　　　　水

製 造 廠：日本川崎造船所

排 水 量：184 噸

主 尺 度：45.27 米 ×6.2 米 ×1.38 米（水線長、
　　　　　寬、最大吃水）

動　　力：2 座柴油機，雙軸

航　　速：14 節

武　　備：三年式 76mm 高射炮 ×2，九二式 7.7mm 機槍 ×2

警備船 "海龍" 號

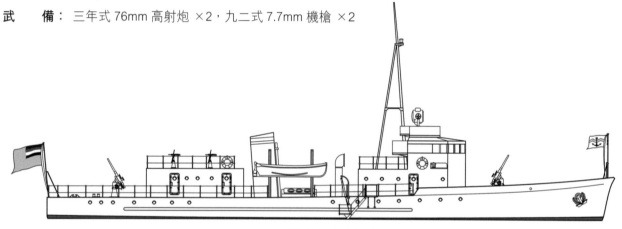

"海龍" 號線圖

艦　史

　　本級 2 艦是 1933 年偽滿海上警察 "第一期充實計劃" 中列入的主力型警備船，因偏重
於反潛作戰，故有深水炸彈投放軌道等設計，實際上相當於日本海軍的驅潛艇。2 艦是日
本建造的第一型此類軍艦，在川崎造船所的生產編號為 578、577。在本級軍艦設計完成
開始建造時，日本海軍的第一型專用反潛軍艦 "第一號" 型驅潛艇也投入建造，二者有頗
多相似之處。

　　本級軍艦建成後由日本直接駛至偽滿洲國海警基地營口交付，主要用於黃、渤海的護
航、反潛。1933 年 8 月 22 日，海上警察隊對所屬軍艦進行分區佈署，"海龍" 配置在旅順
基地，"海鳳" 配置在營口基地，分別負責渤海和黃海海域巡弋，是這兩個方向上的主力
艦。1945 年 8 月 22 日蘇軍接收旅順時，2 艦都停泊在旅順，立即被蘇軍俘虜，後編入蘇
聯海軍，"海龍" 定舷號 701，"海鳳" 定舷號 702。1965 年，2 艦曾在千島群島附近被拍
攝到照片。

海光　海瑞　海華　海榮

Hai Kuang　Hai Jui　Hai Hua　Hai Jung

艦　　　種：警備船
建 造 時 間：1933 年 3 月 24 日開工
　　　　　　"海光"4 月 13 日下水，4 月 26 日竣工
　　　　　　"海瑞"5 月 29 日下水，7 月 4 日竣工
　　　　　　"海華"、"海榮"6 月 24 日下水，7 月 6 日
　　　　　　竣工
製 造 廠：日本川崎造船所
排 水 量：42 噸
主 尺 度：25.81 米 ×3.85 米 ×0.9 米（水線長、寬、最
　　　　　　大吃水）
動　　　力：不詳
航　　　速：15 節
武　　　備：50mm 炮 ×1，九二式 7.7mm 機槍 ×2

"海光"號警備船

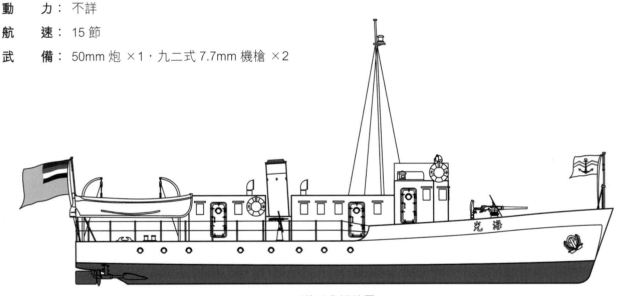

"海光"艦線圖

艦　史

　　本級 4 艇是偽滿海警"第一期充實計劃"中編列的炮艇型警備船，用於配合"海龍"級
執行護航、巡緝等任務，艇體設計和"海龍"級相仿。4 艇在川崎造船所的生產編號分別
是 579、580、581、582，建成後直接駛抵偽滿交付。1933 年 8 月 22 日，偽滿海警對所
屬軍艦進行分區佈置，"海瑞"、"海華"配置在旅順基地，參與渤海海域的巡弋，"海光"、
"海榮"佈置在營口基地，負責黃海海域巡防。1945 年蘇軍出兵東北時，"海榮"、"海華"
在旅順，"海光"、"海瑞"在營口，均被蘇軍俘虜，其後歷史不詳。

第一海邊—第五海邊
Hai Pien1　　　　Hai Pien 5

艦　　　種：警備船

建造時間：1933 年竣工

製 造 廠："第一海邊"、"第二海邊"，日本橫濱ヨツト工作所

　　　　　"第三海邊"，日本墨田川工作所

　　　　　"第四海邊"、"第五海邊"，日本大連船渠工場

排 水 量：9.4/12 噸（標準 / 滿載）

主 尺 度：15 米 ×14.7 米 ×3 米 ×0.69 米（全長、水線長、
　　　　　寬、吃水）

動　　　力：1 台發動機，單軸，80 馬力

航　　　速：9.5 節

武　　　備：機槍 ×1

偽滿海警"第三海邊"號警備船，造型和日本海軍的內火艇酷似。

艦　史

　　本級是偽滿洲國海警"第一期充實計劃"中列入建造的小型炮艇，其用途近似於交通艇。本級艇的設計是直接在日本海軍 15 米型內火艇基礎上進行改動，建成後曾用於搭載偽滿警察進行掃蕩反日遊擊隊的作戰。1945 年蘇聯出兵進攻偽滿洲國後，本級軍艦大多被蘇軍俘虜，之後的歷史不詳。

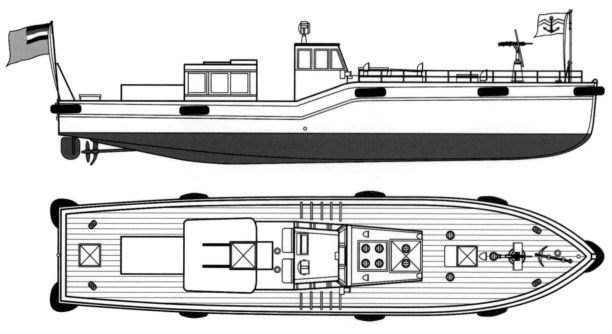

"第一海邊"線圖

海王
Hai Huang

艦　　種：警備船
建造時間：1906 年竣工
製　造　廠：不詳
排　水　量：758.8 噸
主　尺　度：55 米 ×8.2 米 ×4.6 米(水線長、寬、吃水)
動　　力：不詳
航　　速：不詳
武　　備：三年式 76mm 高射炮 ×2

"海王"號警備船

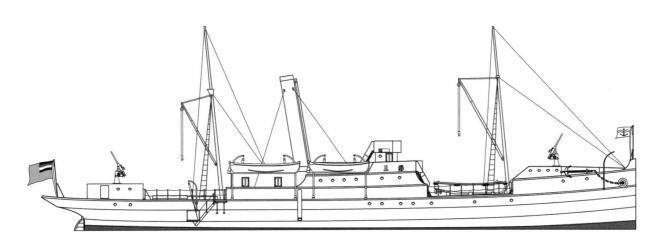

"海王"艦線圖

艦　史

　　本艦原為日籍商船，1933 年被偽滿海警購得，改造為警備船使用，更名"海王"號，是偽滿海警中除"海威"艦外噸位最大的警備船，武裝成軍後主要用於執行運輸任務。1945 年 8 月 7 日，本艦在向旅順運輸糧食過程中，在旅順外海突遭魚雷擊沉，推測是受到蘇聯海軍潛艇的攻擊。

靖海　快馬
Ching Hai　Kuai Ma

偽滿海警時期的"靖海"號警備船

艦　　種：警備船

建造時間：1907 年訂造

製 造 廠：江南製造局

排 水 量：150 噸

主 尺 度：32.3 米 ×30.48 米 ×6.09 米 ×1.71 米（全長、柱間長、寬、吃水）

動　　力：320 馬力

航　　速："靖海"航試測得 11.25 節；"快馬"航試測得 11.365 節

武　　備：50mm 炮 ×1，九二式 7.7mm 機槍 ×3（"快馬"的機槍只裝備 1 門）

艦　史

　　本級 2 艇原是中國奉天漁業商船保護總局的炮艇"安海"、"瑞遼"，建造於清朝末年。1931 年"九·一八"事變後的第二天，日本關東軍在營口截獲本級 2 艇，後編入偽滿海警部隊，更名"靖海"、"快馬"。1933 年 8 月 22 日，偽滿海警對所轄警備船進行分區佈置，本級 2 艇被派以旅順為基地，和"海龍"等警備船一起負責渤海巡弋。1945 年 8 月蘇軍佔領旅順時，本級 2 艇被俘，此後歷史不詳。

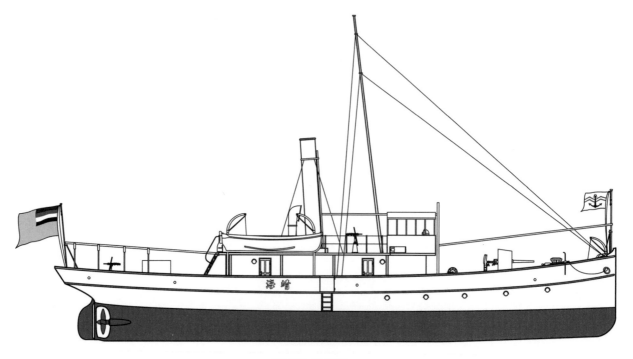

"靖海"艦線圖

榮安
Jung An

艦　　種：警備船
建造時間：1907 年 6 月建成
製 造 廠：不詳
排 水 量：126 噸
主 尺 度：28.04 米 ×5.79 米 ×3.14 米（長、寬、吃水）
動　　力：不詳
航　　速：不詳
武　　備：50mm 炮 ×1，九二式 7.7mm 機槍 ×1

艦　史

本艦原是南滿洲鐵道株式會社（日俄戰爭後，日本在中國東北設立的殖民機構，簡稱滿鐵）鐵道部的拖輪"宗谷丸"，船體木製，後移交給偽滿海警，武裝為警備船，更名"榮安"號。1933 年 8 月 22 日偽滿海警實施分區巡防時，本艦被安排在營口基地，負責黃海方向的巡弋。1945 年 8 月 24 日，蘇軍第 39 集團軍一部進佔營口，本艦被俘，此後歷史不詳。

駿通
Chün Tung

艦　　種：警備船
建造時間：1920 年建成
製 造 廠：不詳
排 水 量：60 噸
主 尺 度：不詳
動　　力：不詳
航　　速：不詳
武　　備：35mm 炮 ×1，九二式 7.7mm 機槍 ×3

艦　史

本艦原是中國奉天鹽務署所轄的小輪船，偽滿海警成立時編入。1933 年偽滿海警將警備船分區設防，本艦配置在旅順基地，參與渤海巡防。1944 年在遼東半島的復州灣遭遇風暴，觸礁損毀。

九重
Chiu Chung

艦　　種：警備船

建造時間：1910 年建成

製 造 廠：不詳

排 水 量：45 噸

主 尺 度：不詳

動　　力：不詳

航　　速：不詳

武　　備：九二式 7.7mm 機槍 ×1

艦　史

　　本艦原是日本朝鮮總督府轄下木浦水上警察隊的警備船，偽滿洲國海警成立後，朝鮮沿海的巡防也主要由偽滿負責，本船即被移交給偽滿海警，1932 年由朝鮮木浦駛抵營口入列。當年 8 月 22 日偽滿海警施行分區設防，本艇配置在營口基地，承擔黃海巡弋工作，此後歷史不詳。

第一遼河—第七遼河
Liao Ho 1　　　　Liao Ho 7

艦　　種：警備船

建造時間：不詳

製 造 廠：不詳

排 水 量："第一遼河"32.77 噸；"第七遼河"35 噸

主 尺 度："第一遼河"：21 米 ×4.5 米 ×2 米（水線長、寬、吃水）

　　　　　"第七遼河"：15 米 ×3.7 米 ×1.2 米（水線長、寬、吃水）

動　　力：不詳

航　　速：不詳

武　　備：不詳

艦　史

　　本級軍艦原是偽滿洲國奉天省遼河水上警察局水警船，其排水量、主尺度略有差異，造型則大致相同，屬於木製內河小艇。1934 年 7 月，遼河警局被併入海警系統，本級軍艦遂編入海警序列（"第二遼河"在此前的 1933 年 10 月加油時發生火災焚毀），仍然在遼河執行巡防，曾參與配合偽滿軍警進攻抗日遊擊隊的作戰。此後歷史不詳。

停泊在營口的警備船"第七遼河"，其後方的軍艦是警備船"榮安"。

汪偽海軍艦艇

1940年，汪精衛偽國民政府在南京成立，下設海軍部。汪偽海軍的艦艇構成主要分為兩個部分，一是由日本佔領軍修復或移交的中國海軍戰損艦艇、被俘艦艇，二是由日軍佔領下的江南造船所專門建造的炮艇。前者的體量較大，多為炮艦一類，但武裝較弱，艦況不佳；後者則體型渺小，主要用於執行長江中下游、珠江三角洲等河網地區的巡邏任務。

汪偽政府海軍部。其部址設在原南京政府海軍部內，但將原南京國民政府海軍部大門上橫排的"海軍部"三字改為豎排。2013年，南京市政府文物保護門將位於下關的南京國民政府海軍部舊址修改成了汪偽海軍部的外貌。

海興
Hai Hsing

艦　　　種：炮艦

建造時間：1918 年建成，1940 年重修竣工

製 造 廠：中國海軍江南造船所建造，日本三菱重工江南造船所重修

排 水 量：860 噸

主 尺 度：65.7 米 ×9 米 ×3.5 米（全長、寬、吃水）

動　　　力：2 座 3 脹往復式蒸汽機，2 座水管鍋爐，雙軸，1350 馬力

航　　　速：13.5 節

武　　　備：100mm 炮 ×1，90mm 炮 ×1，機槍 ×6

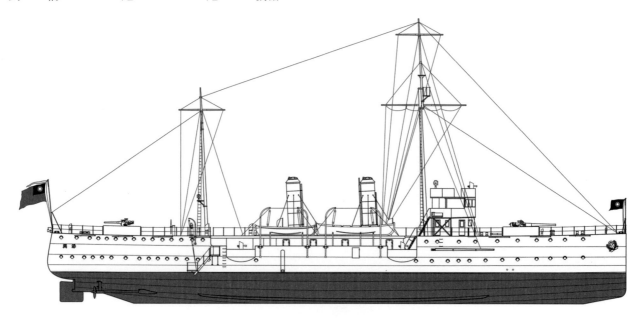

“海興”艦線圖（汪偽海軍入役時狀態）

艦　史

　　本艦原為中國海軍“永績”號炮艦，1938 年 10 月 21 日遭日軍飛機轟炸受傷，因當時無力修理，被迫棄置在湖北新堤。日軍佔領該地後，將其送入三菱重工江南造船所修理和重裝武備，1940 年竣工後正值汪偽政府成立，遂移交給汪偽海軍，編在南京要港司令部充當旗艦，同時還作為汪偽中央海軍學校的練習艦。抗日戰爭勝利後，本艦被中國海軍重新接收，恢復“永績”原名，後在 1949 年 4 月 23 日參加林遵海防第二艦隊起義，加入人民解放軍海軍，11 月 8 日編入華東軍區海軍第二艦大隊，1950 年 4 月 23 日更名“延安”號，編入華東軍區海軍第七艦隊，1960 年 6 月 19 日充當實驗靶艦被導彈擊毀。

| 1 | 2 |
| 3 | |

1. 汪偽海軍人員在"海興"艦上操演火炮的情景

2. "海興"艦後主炮操演情形

3. 汪偽海軍的主力艦"海興"號

海祥
Hai Hsiang

艦　　　種：炮艦

建造時間：1912 年建成，1941 年 8 月 21 日重修竣工

製 造 廠：日本川崎造船所建造，日本浦賀船塢青島工場重修

排 水 量：836 噸

主 尺 度：65.8 米 ×62.5 米 ×9 米 ×2.4 米（全長、垂線長、寬、
　　　　　　吃水）

動　　　力：2 座 3 脹往復式蒸汽機，2 座水管鍋爐，雙軸，1350 馬力

航　　　速：13.5 節

武　　　備：76mm 炮 ×2

汪偽海軍接收"海祥"艦時在
艦上舉行升旗儀式的情景

艦　史

　　本艦原是中國海軍炮艦"永翔"號，於 1937 年 12 月 18 日拆除武備自沉於青島大港。
日軍佔領青島後將其打撈出水，就近在浦賀船塢青島工場修理、重新武裝，而後移交給汪
偽海軍威海衛基地部，更名"海祥"，長期駐泊威海劉公島，是汪偽海軍在華北地區的主力
艦。抗戰勝利後，本艦由中國海軍收回，恢復"永翔"原名。1949 年之後在台灣地區海軍
繼續服役，1953 年 8 月 16 日除役，1957 年 12 月 31 日拆解。

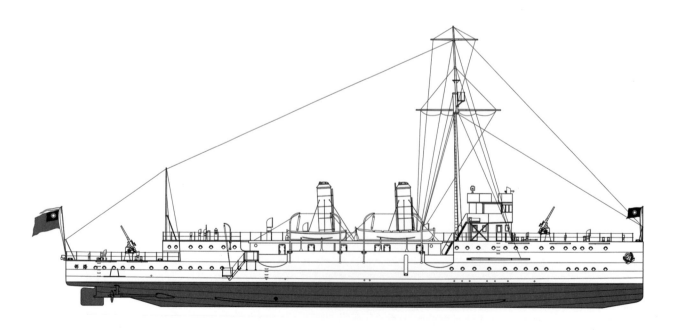

"海祥"艦線圖（汪偽海軍入役時狀態）

海綏
Hai Sui

艦　　種：炮艦

建造時間：1912 年建成，1938 年重修

製 造 廠：德國希肖船廠建造，日本三菱重工江南造船所重修

排 水 量：390 噸

主 尺 度：60.35 米 ×6.5 米 ×1.8 米（總長、寬、吃水）

動　　力：2 座雙脹蒸汽機，4 座水管鍋爐，雙軸，6500 馬力

航　　速：32 節

煤艙容量：60 噸

武　　備：47mm 炮 ×1

艦　史

　　本艦原是中國海軍的"建康"號驅逐艦，1937 年 9 月 25 日在長江龍梢港江段被日軍飛機炸傷而棄艦，日軍在 1938 年將本艦修復，更名"翠"，編入在華日本海軍當作交通船使用。1939 年 12 月 21 日，侵華日軍將本艦移交給漢奸梁鴻志領導的偽中華民國維新政府，隸屬維新政府水巡司，更名"海綏"號，視為炮艦。1940 年汪精衛偽政府成立後，本艦改隸屬於汪偽海軍南京要港司令部。抗戰勝利後，本艦由中國海軍收回，恢復"建康"原名，1947 年 7 月退役。

汪精衛視察偽海軍時的情景，照片中的軍艦就是"海綏"號。

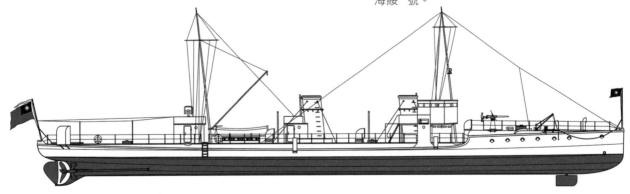

"海綏"艦線圖（汪偽時期狀態）

海靖
Hai Ching

艦　　　種：炮艇
建造時間：1906 年建成，1938 年重修
製 造 廠：日本川崎造船所建造，日本
　　　　　三菱重工江南造船所重修
排 水 量：96 噸
主 尺 度：41.1 米 ×4.94 米 ×1.1 米（全
　　　　　長、寬、吃水）
動　　　力：1200 馬力
航　　　速：23 節
武　　　備：40mm 維炮 ×1，7.7mm 機槍 ×2

照片中遠景的軍艦就是偽維新政府時期的
"海靖"號，近景的軍艦則是"海綏"號。

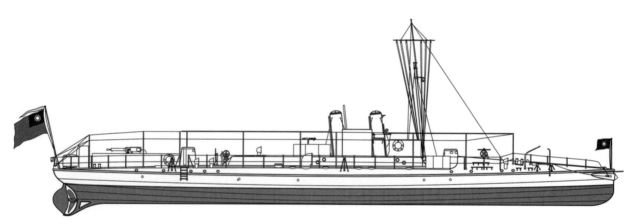

"海靖"號線圖（汪偽時期狀態）

艦　史

　　本艇原是中國海軍魚雷艇"湖鶚"，1937 年 10 月 8 日在長江下游六圩港江段被日軍飛
機炸傷，被迫拆卸武裝棄艇。日軍佔領後，於 1938 年將其送入江南造船所重修，改造為
炮艇，編入侵華日本海軍，更名"翡"。1939 年 12 月 21 日，日本海軍將其移交給梁鴻志
偽維新政府水巡司，改名"海靖"，汪偽政府成立後又編入汪偽海軍南京要港司令部。抗
戰勝利後，本艇被中國海軍收回，但中國海軍在考證本艇的原始身份時失察，錯將其名改
為"湖鷹"。1947 年，本艇從中國海軍退役，1948 年 6 月撥給內政部供充當水警船，此後
歷史不詳。

江綏
Chiang Sui

艦　　種：炮艦
建造時間：不詳
製　造　廠：不詳
排　水　量：約 300 噸
主　尺　度：不詳
動　　力：不詳
航　　速：不詳
武　　備：不詳

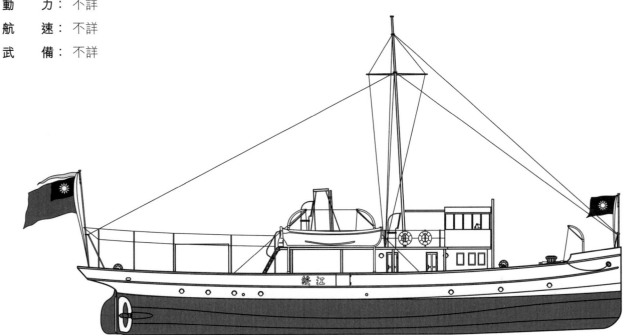

"江綏"號線

艦　史

　　本艦的前身推測是中國海關緝私艇，抗戰中被日軍俘獲，後在 1939 年 12 月 1 日移交給偽維新政府水巡司，更名"江綏"，同批移交的另有一艘"江靖"號，歷史情況不詳。汪偽政府成立後，本艦編列在南京要港司令部，抗戰勝利之後被中國海軍接收，更名"炮101"號，其後歷史不詳。

"江平"級
Chiang Pin

艦　　種：特種炮艇

建造時間："江平"1940 年 4 月 1 日下水；"江安"1940 年 6 月 1 日下水；

　　　　　"江澄"1940 年 7 月 16 日下水；"江清"1940 年 8 月 1 日下水；

　　　　　"江寧"1940 年 9 月 1 日下水；"江康"1940 年 10 月 21 日下水；

　　　　　"江通"1940 年 10 月 21 日下水；"江達"1940 年 11 月 1 日下水；

　　　　　"江豐"1940 年 11 月 21 日下水；"江裕"1940 年 12 月 1 日下水；

　　　　　"江榮"1941 年 5 月 1 日下水；"江華"1941 年 5 月 1 日下水；

　　　　　其餘艇建造時間不明

製造廠：日本三菱重工江南造船所

排水量：17 噸

主尺度：長 16.5 米

動　　力：內燃機

航　　速：不詳

武　　備：7.7mm 機槍 ×1

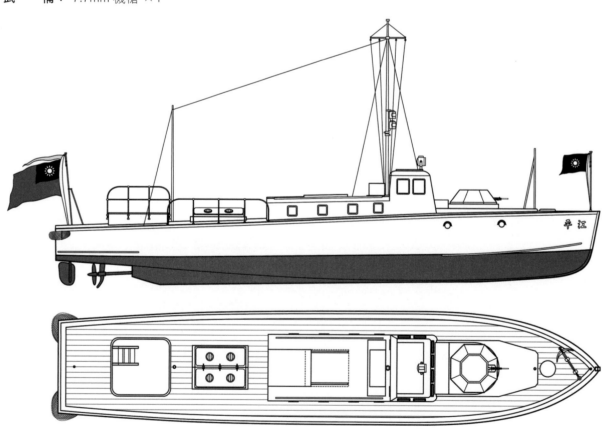

"江平"級線圖

艦　史

　　本級艇是汪偽政府成立之後新造的炮艇，艇體木製，在汪偽海軍的新艦建造計劃中稱為 D 級炮艇，又稱特種炮艇，按照首製艇的名字，又可稱作"江平"級炮艇。其設計參考了日本海軍的內火艇，屬於一種適合在江河活動的載人武裝艇，主要用途為配合日軍和汪偽軍警在河網地區實施"清鄉"等軍事行動。

　　本級艇均以帶有"江"字頭的名字命名，建造總數不明，推測不少於 30 艘。抗戰勝利時，本級艇大多被中國海軍接收，部分改為巡邏艇，以"巡"字頭加上阿拉伯數字編號命名，具體更名情況為：

江平 / 巡 12　江澄 / 巡 70　江清 / 巡 11　江寧 / 巡 1　江康 / 巡 103　江通 / 巡 83

江達 / 巡 69　江豐 / 巡 16　江裕 / 巡 2　江榮 / 巡 18　江華 / 巡 17

停泊在長江上的 2 艘汪偽海軍"江平"級炮艇，背景中的三煙囪軍艦是侵華日軍的"出雲"號。

"江一"級
Chiang 1

艦　　種： 炮艇

建造時間： "江一號"1940 年 8 月 28 日建成；"江二號"1940 年 9 月 1 日建成；

"江三號"1940 年 9 月 1 日建成；"江四號"1940 年 10 月 21 日建成；

"江五號"1940 年 10 月 21 日建成；"江六號"1940 年 10 月 16 日建成；

"江七號"1941 年 1 月 1 日建成；"江八號"1941 年 2 月 1 日建成；

"江九號"1941 年 1 月 1 日建成；"江十號"1941 年 2 月 1 日建成；

"江十一號"1941 年 2 月 1 日建成；"江十二號"1941 年 4 月 26 日建成；

"江十三號"1941 年 7 月 1 日建成；"江十四號"1941 年 7 月 1 日建成；

"江十五號"1941 年 7 月 21 日建成；"江十六號"1941 年 7 月 21 日建成；

"江十七號"1941 年 8 月 1 日建成；"江十八號"1941 年 8 月 1 日建成；

其餘艇建造時間不明

製 造 廠： 日本三菱重工江南造船所

排 水 量： 10 噸

主 尺 度： 長 11 米

動　　力： 內燃機

航　　速： 不詳

武　　備： 機槍 ×1

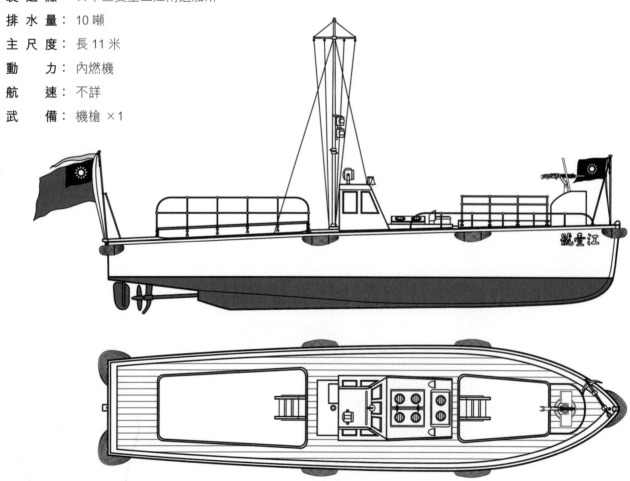

"江一"級線圖

艦　史

本級炮艇在汪偽海軍新造艇計劃中又稱為 E 級艇，艇體木製，相當於是"江平"級的縮小、簡化型，設計上和日本海軍的 12 米型內火艇十分相似，用途上也是可以搭載步兵的武裝艇。

本級艇因為建造數量較大，艇名採取了"江"字頭加上漢字數字編號的組合模式。推測建造總數約 28 艘，在服役過程中，"江一"艇在 1941 年 6 月 23 日因操作不慎發生火災焚毀。抗日戰爭勝利時，殘存的本級艇大多被中國海軍接收，和"江平"級一樣都改為"巡"字頭艇名，當作巡邏艇使用。其更名情況為：

江二／巡 3	江三／巡 19	江四／巡四	江五／巡 20	江六／巡 21
江七／巡 22	江八／巡 25	江九／巡 105	江十／巡 106	江十二／巡 23
江十三／巡 101	江十四／巡 71	江十五／巡 72	江十七／巡 108	江十八／巡 107
江十九／巡 115	江二十／巡 24	江二十一／巡 73	江二十二／巡 74	江二十五／巡 5
江二十七／巡 6	江二十八／巡 102			

航行中的汪偽海軍南京
要港司令部"江一"級炮
艇編隊

"量一"級
Liang 1

艦　　種： 測量艇

建造時間： "量一"1941 年 5 月 1 日建成；"量二"1941 年 6 月 16 日建成；

　　　　　　"量三"1941 年 7 月 21 日建成；"量四"1941 年 7 月 21 日建成；

　　　　　　"量五"1941 年 10 月 1 日建成；"量六"1941 年 10 月 1 日建成；

　　　　　　其餘艇時間不詳

製 造 廠： 日本三菱重工江南造船所

排 水 量： 2.5 噸

主 尺 度： 長 8 米

動　　力： 內燃機

航　　速： 不詳

武　　備： 無

艦　史

　　本級是汪偽海軍和"江平"、"江一"級同時建造的小艇，因屬於測量艇，艇名是以"量"字頭加上漢字編號的組合，推測共建造 12 艘。艇為木質，設計上可能完全採用了日本海軍 8 米型內火艇的方案。抗戰勝利後，本級殘存艇大部分被中國海軍接管，以"巡"字頭命名，改作巡邏艇。其具體的更名情況為：

　　　量二 / 巡 109　　　量六 / 巡 110　　　量八 / 巡 111

　　　量十 / 巡 112　　　量十一 / 巡 113　　　量十二 / 巡 114

抗戰後期在英國接受訓練的中國海軍接艦官兵

第四章

中華民國南京政府後期

（1945—1949）

1945 年第二次世界大戰結束，中國人民的抗日戰爭也獲得最終勝利，此後至 1949 年，中國海軍艦船呈現出爆發式的猛增。除了繳獲數百艘日、偽軍遺留在中國戰區的艦艇外，中國海軍還獲得大量的日本賠償艦，以及大批的英援、美援軍艦。這些新增艦船雖然數量巨大，但是品質並不高，在中國海軍接收前多屬於拆除武裝的封存保管艦，或是已經除役的廢艦，又或是受傷未修復的殘艦。其中意義較為重大的是美援艦，不僅數量多、型級整齊、裝備現代，且有配套的培訓、後勤保障支撐，使得中國海軍的艦艇裝備乃至作戰訓練逐漸走上美式化道路。另值得一提的是，在這一時期的末尾，中華人民共和國誕生，新生的人民解放軍華東軍區海軍通過接管起義船艦和改造商船，為中國海軍艦船裝備的發展做出了新的探索和努力。

抗戰期間的盟國間贈艦

從 1937 年全面抗日戰爭爆發至 1945 年日本投降，八年之間，中國海軍為了抗禦強敵，艦船裝備損失慘重。這一時期中國海軍所得到的僅有的艦船補充，是 1941 年太平洋戰爭爆發後，英、美、法等國贈送的 5 艘長江炮艦。這類軍艦原本是列強佈署在中國長江，用以維護其海外利益、實施炮艦外交的先鋒，是列強在華特權的象徵，因此，這些軍艦被贈予中國，其政治上的象徵意義遠遠高於實際軍事價值。

抗戰之前停泊在重慶王家沱江面的法國炮艦"柏年"，後來成為中國海軍的"法庫"艦。照片背景中右側白色的西式建築是法國海軍揚子江艦隊司令部，該建築至今仍然保存完好。

英德 / 嫩江
Ying The   Nen Jiang

艦　　種：淺水炮艦

建造時間：1931 年 5 月 18 日下水

製 造 廠：英國亞羅船廠（Yarrow）

排 水 量：372 噸

主 尺 度：45.72 米 ×8.76 米 ×1.83 米（長、寬、吃水）

動　　力：2 座齒輪式透平蒸汽機（Geared Turbine），2 座海軍部型水管鍋爐，雙軸，2250 馬力

航　　速：15 節（設計航速）

燃料載量：84 噸燃油

武　　備：3.7in 炮 ×1，57mm 哈炮 ×2，機槍 ×10（英國海軍移交時狀態）

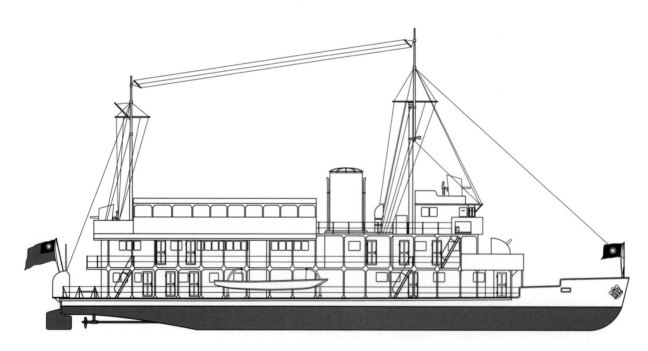

"英德"艦線圖（中國海軍 1942 年接收後狀態）

艦　史：

　　本艦原是英國海軍揚子江艦隊（Yangtze Flotilla）的長江炮艦"獵鷹"號（Falcon），因為不適合海上航行，本艦在英國建造完成後拆成散件運抵中國，委托中國海軍江南造船所組裝。太平洋戰爭爆發後，本艦退往長江中游的重慶一帶躲避戰火，英國政府考慮難以對深處長江中游的軍艦提供補給和支持，遂決定將其贈送給民國政府。1942 年 3 月 17 日雙方在重慶附近舉行贈送儀式，將本艦移交給中國海軍。中國海軍按照傳統，用廣東英德縣為本艦命名，以表示感謝英國政府之德，《簡氏年鑑》曾對其含義作過詮釋，稱是"British Virtue"。

　　1942 年 12 月，本艦正式編入中國海軍，編列在第二艦隊名下，停泊於重慶附近隱蔽待機。1945 年抗戰勝利後，中國海軍調整艦隊編制，本艦編在江防艦隊。國共內戰中，本艦於 1948 年調防湖北沙市至宜昌江段。1949 年人民解放軍發動渡江戰役，突破長江防線之後，本艦和江防艦隊其他軍艦駛至重慶附近停泊，當年 11 月 30 日參加江防艦隊起義，加入解放軍。

　　1950 年 5 月 18 日，本艦從重慶駛抵南京，編入華東軍區海軍第六艦隊，更名"嫩江"。後其編制改至吳淞要塞區吳淞水警處，1952 年改為淞滬基地水雷大隊，1955 年調整至海軍掃雷艦第 4 大隊。由於中華人民共和國成立後，徹底廢除了列強海軍在長江上航泊的特權，長江防務的重要性降低，長江炮艦這一特殊時代背景下出現的特殊艦種漸漸失去存在的意義，本艦也於 1958 年 10 月 8 日退役。

英國海軍時期的"獵鷹"號炮艦

英山 / 怒江
Ying Shan　Nu Jiang

艦　　種： 淺水炮艦

建造時間： 1907 年訂造，1908 年建成

製 造 廠： 英國亞羅船廠（Yarrow）

排 水 量： 310 噸

主 尺 度： 56.39 米 ×53.94×8.84 米 ×1.3 米（全長、水線長、寬、吃水）

動　　力： 2 座齒輪式透平機，2 座亞羅水管鍋爐，雙軸，2250 馬力

航　　速： 16 節（設計航速）

燃料載量： 60 噸燃油

武　　備： 3in 炮 ×2，機槍 ×8

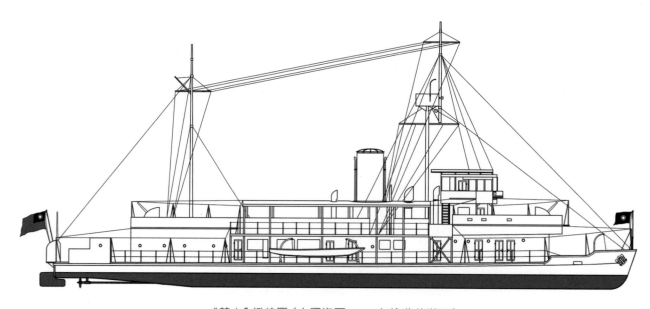

"英山" 艦線圖（中國海軍 1942 年接收後狀態）

艦　史：

　　本艦原是英國海軍長江艦隊炮艦"塘鵝"（Gannet），在英國完工後拆解運抵中國，由江南造船所組裝完成。1941 年末太平洋戰爭爆發後，本艦和"獵鷹"等艦一起被英國政府贈送給中國，中國海軍將其更名為"英山"號，艦名取自安徽省英山縣（現屬湖北省），《簡氏年鑑》詮釋其寓意為"British Mountain"。

　　本艦於 1942 年 12 月正式編入中國海軍第二艦隊，因當時長江上日軍佔據空中優勢，本艦在抗戰期間始終隱蔽停泊於重慶一帶，並未參加多少軍事行動。抗日戰爭勝利時，本艦可能因為長期缺乏保養而暫時失去自航能力，一度被當作運輸躉船使用，曾由拖輪拖曳，運載國民政府人員和海軍學校師生從大後方返回長江下游。此後，本艦和"英德"一起被佈置在長江防線，承擔湖北沙市至宜昌段江面警備。1949 年解放軍突破長江防線後，本艦和"英德"等退往重慶，同年 11 月 30 日參將江防艦隊起義，加入解放軍。

　　1950 年 5 月 18 日本艦從重慶抵達南京，編列在華東軍區海軍第五艦隊，更名"怒江"，1950 年代末退役。

英國海軍時期的"塘鵝"號炮艦

英豪 / 贛江
Ying Hao　　Gan Jiang

艦　　種： 淺水炮艦

建造時間： 1933 年 6 月 6 日下水

製 造 廠： 英國桑尼克羅夫特公司（Thornycroft）

排 水 量： 185 噸

主 尺 度： 51 米 ×9.35 米 ×0.63 米（長、寬、吃水）

動　　力： 2 座往復式蒸汽機，1 座海軍部型水管鍋爐，雙軸，600 馬力

航　　速： 11.25 節

武　　備： 3.7in 炮 ×1，57mm 炮 ×1，機槍 ×9

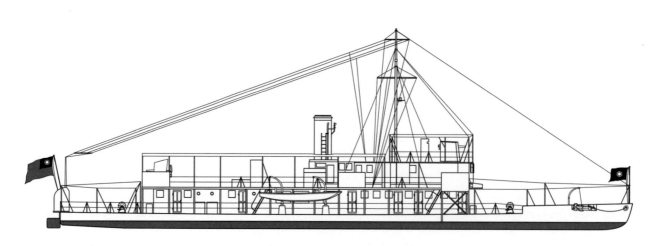

"英豪" 艦線圖（中國海軍 1942 年接收後狀態）

艦　史：

　　本艦原是英國海軍揚子江艦隊炮艦"磯鷸"(Sandpiper)，在英國建成後拆解運抵中國，由上海江南造船所組裝完成。1942年，本艦和"獵鷹"、"塘鵝"被英國政府一併贈送給國民政府，有所不同的是，當年3月17日在重慶附近舉行軍艦交接儀式時，本艦尚在湖南長沙，未能趕到現場。中國海軍接收後，將其更名為"英豪"，艦名取自河南澠池縣英豪鎮，《簡氏年鑑》詮釋其寓意為"British Hero"。

　　1942年12月本艦正式編入海軍第二艦隊，抗戰期間隱蔽停泊在重慶周邊，沒有直接參與戰事。1946年，第二艦隊改編為江防艦隊，本艦列在江防艦隊名下。1948年長江防線調整防區時，本艦被佈署在長江下游江段。1949年4月23日林遵率海防第二艦隊部分軍艦起義時，本艦可能因機器動力故障拋錨在鎮江附近江面，後被解放軍俘虜，編入華東軍區海軍第一縱隊。

　　1950年4月23日，華東軍區海軍成立第五艦隊，本艦在編，更名"贛江"，推測因為動力情況不佳，不久即退出人民海軍序列。

在江南造船所組裝完畢，下水後的"英豪"艦。

美原
Mei Yuan

艦　　　種：淺水炮艦

建造時間：1926 年 10 月 17 日開工，1927 年 6 月 14 日下水

製　造　廠：海軍江南造船所

排　水　量：370 噸

主　尺　度：48.59 米 ×45.72×8.25 米 ×1.55 米（全長、水線長、寬、尾吃水）

動　　　力：2 座往復式蒸汽機，2 座桑尼克羅夫特（Thornycroft）水管鍋爐，雙軸，1950 馬力

航　　　速：14.5 節

燃料載量：75 噸燃油

武　　　備：3in 炮 ×2，機槍 ×10

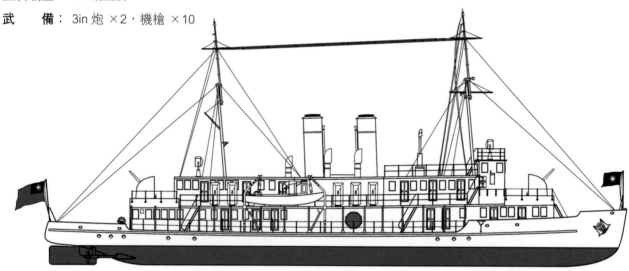

"美原"艦線圖（中國海軍 1942 年接收後狀態）

艦　史：

　　本艦原為美國海軍揚子江巡邏隊（Yangtze Patrol）的炮艦"圖圖依拉"（Tutuila），是美國海軍 1926 年在中國海軍江南造船所訂造的 6 艘長江炮艦之一。考慮到長江炮艦不適合做外海航行，美國沒有採取在本土建成後拆散運到中國組裝的辦法，而是就近直接在中國訂造。1937 年日本發動全面侵華戰爭後，美國收縮在華海軍力量，長江上僅留下 2 艘炮艦駐防，本艦被派駐長江中游，另有"威克"號駐防長江口的上海。1941 年底太平洋戰爭爆發後，"威克"號向日軍投降，本艦遂成為美國在華僅存的 1 艘駐防軍艦。出於和當時英國相同的考慮，美國政府將本艦贈送給中國，於 1942 年 3 月 17 日和英國贈送的 3 艦一起舉行交接儀式。本艦被中國海軍更名為"美原"號，與"美援"諧音，艦名取自陝西省富平縣美原鎮，《簡氏年鑑》詮釋其含義為"American Origin"。當年年末，本艦編在海軍第二艦隊，此後長期駐泊在重慶附近江面，抗戰勝利前除役。

"美原"的同型艦，美國海軍炮艦"瓦胡"號。

法庫
Fa Ku

艦　　種：炮艇

建造時間：1914 年 6 月開工，1920 年建成

製 造 廠：法國布列塔尼船廠（Chantiers de Bretagne）

排 水 量：201/226 噸（正常 / 滿載）

主 尺 度：51 米 ×7.01 米 ×1.37 米（長、寬、吃水）

動　　力：2 座往復式蒸汽機，2 座鍋爐，雙軸，920 馬力

航　　速：14 節

煤艙容量：45 噸

武　　備：M1897 型 75mm 炮 ×1，M1885 型 37mm 炮 ×2，機槍 ×4

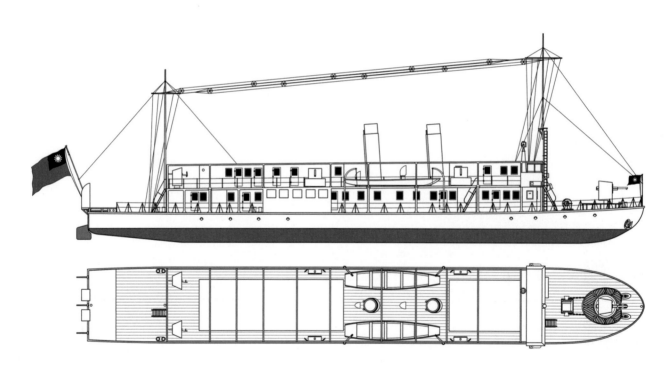

"法庫"號線圖（中國海軍接收後狀態）

艦　史：

　　本艦原是法國海軍揚子江艦隊炮艦"柏年"（Balny），在法國建成後拆解運至中國，在上海組裝完成。1937 年日本發動全面侵華戰爭後，本艦奉命駛往長江中游，在法國揚子江艦隊司令部所在地重慶附近停泊。1939 年本艦艦員大部從重慶取道雲南撤往法國殖民地越南，艦上僅留下少數人員值守。1940 年法國被納粹德國擊敗投降，成立了維希傀儡政府，本艦因擔心被中國海軍接管，預先在艦內載滿石塊，做好隨時自沉的準備。

　　1944 年盟軍實施諾曼底登陸，維希政府垮台，當年 6 月 3 日由戴高樂將軍（Charles André Joseph Marie de Gaulle）領導的法國臨時政府成立，決定將本艦贈送給同盟國中國，當年 9 月 28 日在重慶王家沱舉行了交接儀式，本艦更名"法庫"，取自遼寧省法庫縣縣名，編制列在第二艦隊名下。本艦交給中國海軍時，因為連年荒置在長江上，艦況較差，已經沒有自航能力，後於 1945 年 12 月 14 日從重慶拖往上海，最終或因無法修復而廢棄。

停泊在重慶江面的法國炮艦"柏年"號

戰利艦

1945 年抗戰勝利後，原日本海軍在華艦艇以及汪偽海軍艦艇成為中國海軍的戰利品；另根據盟軍總部安排，在香港的日本海軍艦船也由中國海軍接收。此後，中國海軍在南京、上海、武漢、九江、舟山、廈門、廣州、海南、台灣澎湖以及香港接收了數百艘各型敵偽艦艇。這些戰利艦以數量多、噸位小的小型炮艇為主，隨着國內局勢的發展，它們大量起義，加入解放軍，成為人民解放軍海軍初創時期的重要艦種。

1948 年 10 月 10 日停泊在沙市慶祝國慶的中國海軍淺水炮艦群，照片裏的軍艦幾乎都是抗日戰爭勝利後中國海軍獲得的戰利艦，其中前排從碼頭旁向外的軍艦依次是"太原"、"江犀"、"郝穴"。

長治 / 南昌
Chang Chi　Nan Chang

艦　　種： 炮艦

建造時間： 1940 年 1 月 20 日開工，同年 9 月 26 日下水，1941 年 4 月 30 日竣工

製 造 廠： 日本大阪鐵工所櫻島工場

排 水 量： 993/1205.8 噸（標準 / 公試）

主 尺 度： 80.5 米 ×78.5 米 ×76 米 ×9.7 米 ×2.62 米（全長、水線長、垂線間長、寬、平均吃水）

動　　力： 2 座艦本式齒輪透平蒸汽機（Geared Turbine），2 座ホ號艦本式重油專燒水管鍋爐，雙軸，4654 馬力

航　　速： 19.5/20.09 節（設計 / 最大）

燃料載量： 170 噸重油

續 航 力： 3460 海里 /14 節

武　　備： 十年式 120mm 雙聯炮 ×1，十年式 120mm 單管炮 ×1，博福斯 40mm 高射炮 ×2，九五式 25mm 雙聯高射炮 ×2，九二式 7.7mm 機槍 ×3

抗戰勝利後已經編入中國海軍的 "長治" 艦，可以看到此時艦上的武備基本還沿用的是日本時期的狀態。

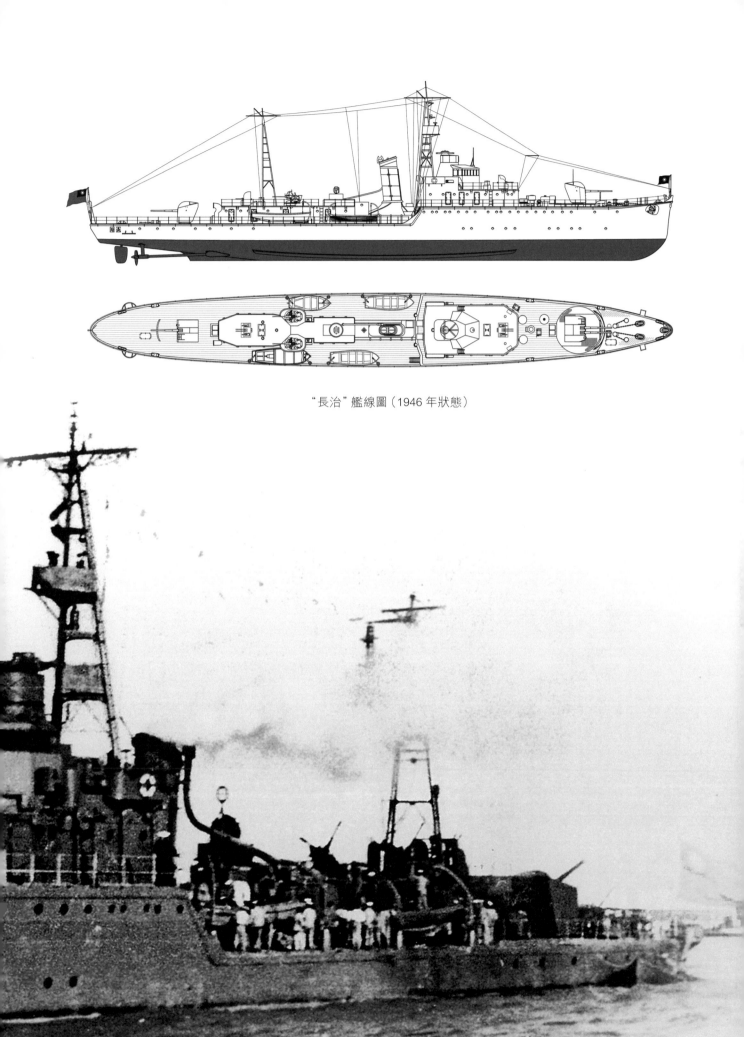

"長治"艦線圖（1946 年狀態）

艦　史：

　　本艦原是日本海軍"橋立"級炮艦"宇治"號，專為在中國長江和近海航行作戰而設計建造，長期佈署在中國執行任務，先後隸屬日本海軍第一遣支艦隊、揚子江特別根據地隊、上海方面根據地隊，是日本侵華海軍的主力艦之一。1945年抗日戰爭勝利時，本艦於9月13日下午1時在上海江南造船所被中國海軍接管，海軍總司令陳紹寬親自參加受降儀式。接管後，本艦改名"長治"，艦名取自山西長治地名，寓意為長江上的統治者。本艦一度是中國海軍序列中體量最大、戰鬥力最強的軍艦，被編入第二艦隊作為旗艦，首任艦長鄧兆祥。

　　國共內戰爆發後，本艦於1946年被派往華北巡航，配合國民黨陸軍作戰。1947年6月，國民政府海軍調整編制，本艦編在海防第一艦隊第三分隊，仍然部署在華北沿海。1949年國軍在華北潰敗後，本艦返回上海。同年9月19日，在長江口外執行封鎖任務時，艦上受中共地下黨策反的水兵李春官等發動起義，槍殺了艦長胡敬瑞等軍官，駕駛

1950 年打撈出水後在江南造船廠修理中的"長治"艦

本艦返回長江，於 21 日抵達南京燕子磯江面錨泊，參加人民解放軍。9 月 23 日，國民黨空軍 B-25 轟炸機開始對本艦實施轟炸，在缺乏可靠防空手段的情況下，為保全軍艦，解放軍將本艦自沉。

1950 年 2 月 24 日，本艦經解放軍華東軍區海軍設法打撈起浮，送入江南造船廠維修，改臨時艦名為"八一"，當年 4 月 23 日正式命名為"南昌"，編制列入華東軍區海軍第六艦隊，7 月修復入役，定為護衛艦，並作為第六艦隊指揮艦。本艦後來換裝蘇聯製武器，參加了東磯列島海戰、解放一江山島等作戰行動，還曾作為道具艦參加了以本艦起義故事為原型改編的電影《海魂》的拍攝。1955 年華東軍區改編為中國人民解放軍東海艦隊，本艦編列在東海艦隊某護衛艦支隊，仍然充當艦隊主力，於 1961 年定舷號"210"。為紀念本艦曾在 1953 年 2 月 24 日被毛澤東檢閱，從 1968 年 2 月 15 日起改用"53-224"紀念舷號。1979 年，本艦從人民解放軍海軍中退役。

1

2

1. 修理完工後在黃浦江上試航中的"南昌"艦

2. 1970 年代拍攝到的"南昌"艦，艦上裝備的已是全蘇式火炮。

安東
An Tung

艦　　種：炮艦

建造時間：1921 年 8 月 15 日開工，1922 年 4 月 11 日下
水，1923 年 8 月 12 日竣工

製 造 廠：日本橫濱船塢

排 水 量：725 / 850 / 956 噸（標準 / 正常 / 滿載）

主 尺 度：71.7 米 ×67.67×9.75 米 ×2.29 米（全長、垂
線間長、寬、吃水）

動　　力：2 座 3 缸 3 脹立式蒸汽機，2 座口號艦本式煤、
油混燒水管鍋爐，雙軸，1700 馬力

航　　速：16 節

煤艙容量：235 噸

續 航 力：2500 海里 /12 節

武　　備：76mm 三年式高射炮 ×2，九六式 25mm 高射炮 ×5，機槍 ×6

十分罕見的加入人民解放軍後的“安東”艦照片

1945 年 10 月被美軍扣押在上海的“安宅”艦

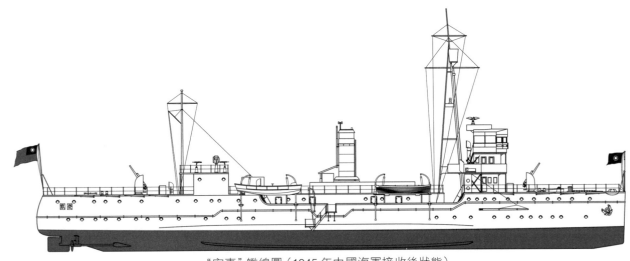

"安東"艦線圖（1945 年中國海軍接收後狀態）

艦　史：

　　本艦原為日本海軍炮艦"安宅"號，專為在中國長江上充當炮艦艦隊的指揮艦而設計建造，先後隸屬於日本海軍第一遣支艦隊、第三艦隊、支那方面艦隊、揚子江部隊等。1945 年 8 月 15 日日本宣佈無條件投降，本艦於 9 月搭載艦員和家眷從上海逃離，後被美國海軍第七艦隊軍艦發現並截返。 10月 9 日，本艦被美軍暫行接管，同月 19 日移交給中國海軍，以遼寧安東的名字命名為"安東"號，亦有震懾日本之意，其編制列在海軍第二艦隊／江防艦隊，一度充當江防艦隊的旗艦。

　　1948 年國民政府調整長江防線佈署時，本艦被派在第四指揮區，駐防蕪湖充當旗艦。 1949 年解放軍發動渡江戰役後，本艦先是根據海軍部的命令向長江下游突圍，後參加了海防第二艦隊在南京笆斗山江面的起義，加入解放軍。此後，為防國民黨空軍轟炸，本艦被轉移到安徽當塗東梁山附近江面隱蔽停泊。1949 年 9 月，國民黨空軍轟炸機在尋找起義的"長治"艦時，將本艦誤判為"長治"炸沉。

七號 / 南寧
NO.7　Nan Ning

在人民解放軍海軍南海艦隊序列中的"南寧"艦（照片中居中者）

艦　　種：未定

建造時間：1943 年 11 月 30 日竣工

製造廠：日本三井造船玉野工場

排水量：870 / 1020 噸（標準 / 公試）

主尺度：77.7 米 ×76.2×9.1 米 ×3 米（全長、水線長、寬、吃水）

動　　力：2 座艦本式 22 號 10 型 10 缸柴油機，雙軸，4200 馬力

航　　速：19.7 節

燃料載量：207 噸燃油

續航力：8000 海里 /16 節

武　　備：無

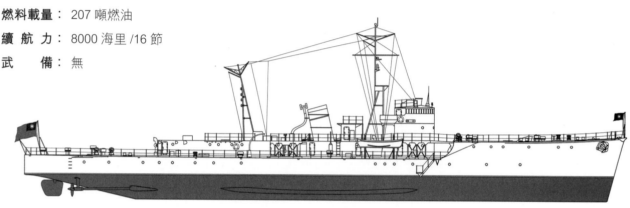

"七號"艦線圖（中國海軍接收時狀態）

艦　史：

　　本艦原為日本海軍"擇捉"級海防艦"滿珠"號，竣工後用於海上護航。1945 年 1 月 31 日在越南金蘭灣被盟軍潛艇擊傷，艦首受損嚴重，草草修復後，當年 4 月 3 日執行護航任務途經香港時，又被盟軍飛機炸成重傷，遂放棄修理，在 5 月 3 日除籍。抗戰勝利後，南京政府派員接收日軍遺留在香港的裝備，本艦被列入接收名單，1946 年 5 月 27 日正式接管，暫定名為"七號"艦，後送入黃埔造船所修理，因艦體受損過重，修復工程進展十分緩慢。

　　1949 年解放軍進駐廣州後，在黃埔造船所接管了尚未修復的本艦，並於 1952 年開始制定維修計劃，從 1953 年起由江南造船廠配合黃埔造船廠開始大修，至 1955 年 4 月修理完成，編入解放軍中南軍區海軍第一艦艇大隊，命名為"南寧"號，艦種定為護衛艦，後來定舷號"3-172"。1955 年中南軍區海軍改編為南海艦隊，本艦長期作為南海艦隊一號主力艦。1959 年針對南越海軍在中國西沙群島海域攔截中國漁船的挑釁舉動，南海艦隊組織西沙巡邏，本艦曾多次率領巡邏編隊前往西沙。1975 年，人民海軍護衛艦改用新舷號，本艦獲得護衛艦中排序第一的"500"舷號。1979 年前後，本艦正式退役。

江鯤（二代）
Kiang Kun II

艦　　　種：淺水炮艦

建造時間：1914 年 3 月開工，1918 年 6 月 19 日下水

製 造 廠：上海耶松船廠

排 水 量：247/318 噸（標準 / 滿載）

主 尺 度：48.8 米 ×7.5 米 ×0.91 米（長、寬、吃水）

動　　　力：2 座立式 3 脹蒸汽機，2 座亞羅（Yarrow）重油
專燒水管鍋爐，雙軸，1100 馬力

航　　　速：13.5-14 節

燃料載量：56 噸重油

武　　　備：無

意大利炮艦 "埃爾瑪諾·卡洛托"，抗戰勝利時成為中國海軍的 "江鯤" 號。

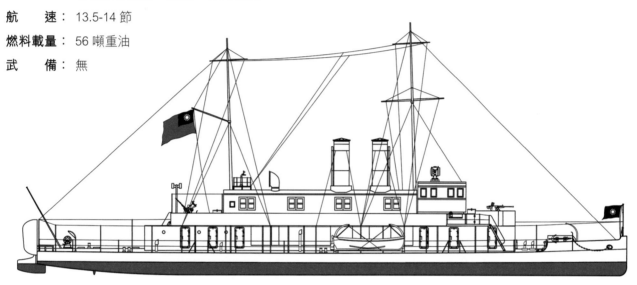

"江鯤" 艦線圖（1945 年中國海軍接收後狀態）

艦　史：

　　本艦原為意大利遠東海軍支隊（Italian Naval Forces in The Far East）的長江炮艦 "埃爾瑪諾·卡洛托"（Ermanno Carlotto），日本發動侵華戰爭後，意大利法西斯政府因和日本是盟友關係，本艦得以一直停泊於上海。1943 年意大利法西斯政府垮台，9 月 3 日新政府和盟軍簽訂停戰協定，意、日變為敵對關係，意政府於 9 月 9 日指令在華軍艦設法撤往中立港口，本艦因不具備出海航行能力，由艦員放水半沉於黃浦江中。同年 10 月 5 日，被日本海軍拖曳至三菱江南造船所修理，11 月 1 日編入日本海軍，更名 "鳴海"。

　　本艦此後被佈署在江西、安徽一帶長江江面，1944 年因多次遭到中國空軍和盟軍空軍的轟炸而受傷。1945 年抗戰勝利時，本艦在上海處於無武裝的廢艦狀態，於 9 月 15 日被中國海軍接收，更名為 "江鯤"，以紀念抗戰中被日軍炸沉的原中國海軍長江炮艦 "江鯤"。由於艦況太差，本艦沒有列入正式編制，很快廢置。

江犀（二代）/ 涪江
Kiang His II　　Fu Jiang

艦　　種：淺水炮艦

建造時間：1940 年 5 月 31 日竣工

製 造 廠：日本藤永田造船所

排 水 量：304 噸

主 尺 度：48.5 米 ×9.8 米 ×1.2 米（垂線間長、寬、吃水）

動　　力：2 座艦本式齒輪透平機，2 座ホ號艦本式重油專燒水管鍋爐，雙軸，2200 馬力

航　　速：17 節

燃料載量：54 噸重油

續 航 力：1400 海里 / 10 節

武　　備：九三式 13mm 機槍 ×1，九二式 7.7mm 機槍 ×2

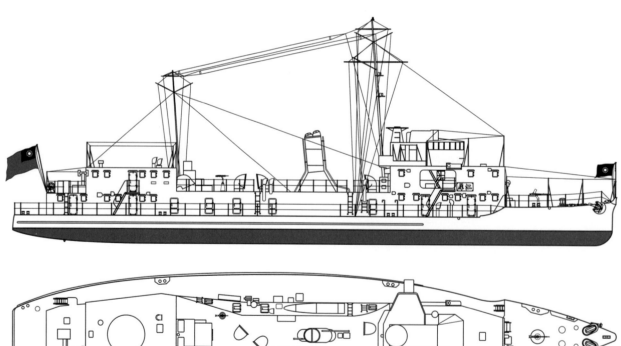

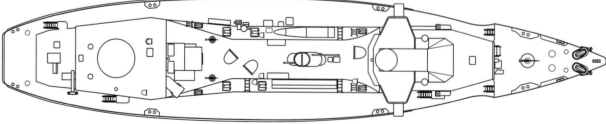

"江犀"艦線圖（1945 年中國海軍接收時狀態）

艦　史：

　　本艦原是日本海軍長江炮艦"隅田"，是二戰期間日本設計建造的最新式、戰鬥力最強的長江炮艦。日本戰敗投降時，本艦停泊在上海，1945 年 9 月被中國海軍接收，更名為"江犀"，以紀念被日軍炸沉的原中國海軍長江炮艦"江犀"。

　　本艦最初列在第二艦隊，後第二艦隊改編為江防艦隊時亦在其內。1949 年初，為加強長江防線的兵力配置，本艦被暫時調撥給海防第二艦隊，佈置在江西湖口以下的長江下游地區。當年 4 月 23 日，海防第二艦隊部分軍艦在南京起義，參加解放軍，本艦隨同起義，編入華東軍區海軍第一縱隊，9 月 19 日被尋找起義軍艦"長治"的國民黨空軍飛機炸傷於荻港江面。1950 年 4 月 23 日，本艦被命名為"涪江"，先是編在人民解放軍華東軍區吳淞獨立水警區，後編入人民解放軍華東軍區海軍淞滬水警區護衛艇二十一大隊，1961 年改舷號"228"，可能在 1960 年代末退役。

日本海軍時期的"隅田"艦

咸寧（二代）
Hsien Ning II

艦　　種：炮艦

建造時間：1925 年 6 月開工，1927 年 5 月 22 日下水

製 造 廠：意大利安科納海軍工廠（Cantiere Navale Riuniti Ancoan，C.N.R）

排 水 量：625/850 噸（標準 / 滿載）

主 尺 度：62.18 米 ×8.69 米 ×2.59 米（長、寬、吃水）

動　　力：2 座亞羅（Yarrow)3 脹往復式蒸汽機，2 座桑尼克羅夫特（Thornycroft）重油專燒水管鍋爐，雙軸，
1500 馬力

航　　速：15 節

燃料載量：75 噸重油

武　　備：三年式 76mm 高射炮 ×2，九六式 25mm 三聯高射炮 ×2 座，九六式 25mm 高射炮 ×2，九四式深
水炸彈投射炮 ×2

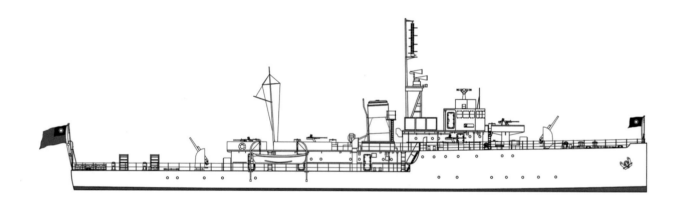

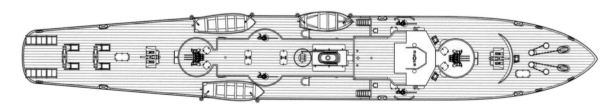

"咸寧"（二代）號線圖

艦　史：

　　本艦原是意大利遠東海軍支隊 "阿茲歐" 級（Azio）佈雷艦 "勒班托"（Lepanto）號，長期駐泊於上海。1943 年意大利法西斯政府倒台，日本和意大利變成敵對關係，為防被日軍俘獲，本艦於 9 月 9 日在黃浦江自沉，同年 11 月 8 日被日軍上海第一工作部打撈出水，在江南造船所修理、武裝，編入日本海軍作為炮艦，更名 "興津"，1944 年 5 月修理完畢。此後，本艦被編列在日本海軍支那方面艦隊上海根據地隊，執行中國沿海的運輸護航任務。

　　日本戰敗後，本艦於 1945 年 9 月在南京被中國海軍接收，更名 "咸寧"，以紀念抗戰中損失的同名炮艦。因本艦艦體較大，被列在海軍第一艦隊／海防艦隊編制內。國共內戰期間，本艦曾被派往華北配合國軍作戰，又曾參加防衛上海的戰鬥，1949 年末退往台灣。1950 年 6 月 1 日，本艦編列在海防第一艦隊第四分隊，定舷號 "79"，1952 年改隸第四艦隊，1955 年 8 月 31 日在台灣退役拆解。

台灣時期的 "咸寧" 艦（二代），艦首側面已經塗刷 "79" 舷號。

永濟 / 郝穴 / 湘江
Yung Chi　Ho Hseuh　Xiang Jiang

艦　　種：淺水炮艦
建造時間：1911 年 7 月 7 日開工，11 月 7 日下水，11 月 17 日竣工
製 造 廠：日本佐世保海軍工廠
排 水 量：250 噸（正常排水量）
主 尺 度：56.4 米 ×54.86 米 ×8.23 米 ×0.79 米（全長、垂線間長、寬、平均吃水）
動　　力：3 座立式雙缸雙脹往復蒸汽機，2 座イ號艦本式燃煤水管鍋爐，三軸，1400 馬力
航　　速：15 節
煤艙容量：81 噸
武　　備：九六式 25mm 高射炮 ×3，九三式 13mm 機槍 ×3，九二式 7.7mm 機槍 ×2

艦　史：

　　本艦原是日本海軍炮艦"鳥羽"，1941 年 12 月 8 日太平洋戰爭爆發時，本艦在上海參與擊沉了英國海軍炮艦"海燕"（Petrel），並俘虜了美國海軍炮艦"威克"（Wake）。1945 年日本戰敗後，中國海軍在南京接收本艦，取山西省永濟縣的縣名更名為"永濟"，編列在海軍第二艦隊 / 江防艦隊。國共內戰中，本艦於 1948 年在湖北江陵郝穴鎮成功阻擊了意圖渡江的解放軍，也因此更名"郝穴"。

　　1949 年解放軍發起渡江戰役後，本艦隨江防艦隊西撤至四川萬縣，11 月 28 日奉命和"永安"艦一起護衛民生公司商船運輸陸軍前往忠縣時，艦長李世魯發動起義，經與沿岸國民黨軍隊交火，平安到達鄂西解放區巴東，加入解放軍，後被編入華東軍區海軍第一縱隊。1950 年 4 月 23 日正式命名"湘江"，推測在 1950 年代末退役。

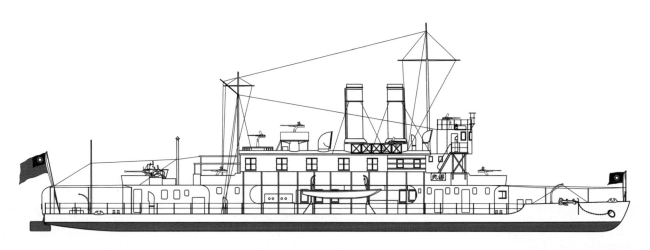

永濟 / 郝穴艦線圖（在中國海軍成軍時狀態）

加入人民解放軍後的"郝穴"艦

常德 / 閩江
Chang The　Min Jiang

艦　　　種：淺水炮艦

建造時間：1922 年 4 月 29 日開工，1923 年 6 月 30 日下水

製　造　廠：日本播磨造船所、上海東華造船廠

排　水　量：338 噸（正常排水量）

主　尺　度：57.9 米 ×54.86 米 ×8.23 米 ×1.02 米（全長、垂線間長、寬、吃水）

動　　　力：2 座立式 3 缸 3 脹往復蒸汽機，2 座口號艦本式煤油混燒鍋爐，雙軸，2100 馬力

航　　　速：16 節

燃料載量：20 噸煤、74 噸重油

武　　　備：九六式 25mm 高射炮 ×3，九三式 13mm 機槍 ×3，九二式 7.7mm 機槍 ×2

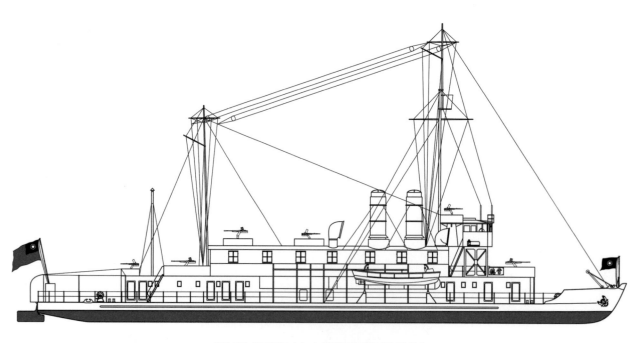

"常德"號線圖（在中國海軍成軍時狀態）

艦　史：

　　本艦原是日本海軍炮艦"勢多"，建成後被佈署在中國長江。1938 年 12 月 10 日在長江岳州段被中國海軍佈設的水雷炸成重傷，艦首被徹底炸斷，是為抗戰時期中國海軍長江佈雷作戰的重要戰果之一。此後，本艦曾經江南造船所修復，並於 1945 年 9 月日在南京被中國海軍接收，以湖南常德縣命名，編入海軍第二艦隊 / 江防艦隊。

　　1949 年 4 月人民解放軍發動渡江戰役，本艦隨江防艦隊大部分軍艦退往重慶，11 月 30 日解放軍進駐重慶，本艦和其他江防艦隊軍艦遂於 12 月 1 日起義加入解放軍，被編入華東軍區海軍第一縱隊。1950 年 4 月 23 日，本艦更名為"閩江"，編列在吳淞水警區，1952 年編入淞滬基地水雷大隊，1955 年水雷大隊改編為海軍掃雷艦第四大隊，本艦亦在內。推測於 1950 年代末退役。

日本海軍時期的"勢多"艦

永安 / 珠江　永平 / 烏江
Yung An　Zhu Jiang　Yung Pin　Wu Jiang

艦　　種： 淺水炮艦

建造時間： "永安"，1928 年 11 月 6 日開工，1929 年 3 月 30 日下水，同年 6 月 30 日竣工；"永平"，1930 年
　　　　　 2 月 28 日竣工

製 造 廠： "永安"，日本三井玉野造船所；"永平"，日本藤永田造船所

排 水 量： 205 噸

主 尺 度： 45.3 米 ×6.79 米 ×1.13 米（垂線間長、寬、吃水）

動　　力： 2 座立式雙缸雙脹往復蒸汽機，2 座口號艦本式煤油混燒鍋爐，雙軸，1200 馬力

航　　速： 16 節

燃料載量： 31 噸煤，26 噸重油

續 航 力： 1000 海里 /10 節

武　　備： 九六式 25mm 高射炮 ×3，九三式 13mm 機槍 ×3，九二式 7.7mm 機槍 ×2

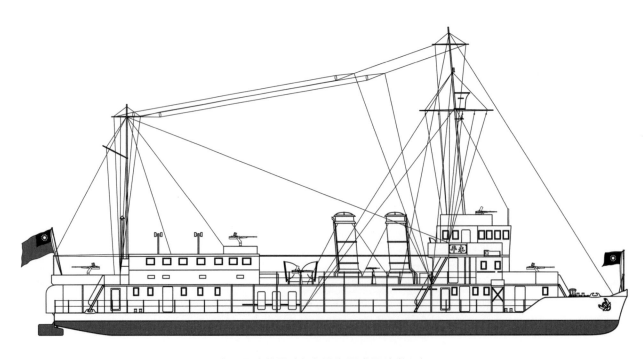

"永平"號線圖（在中國海軍成軍時狀態）

艦　史：

　　2 艦原是日本海軍"熱海"級長江炮艦"熱海"和"二見"號，1945 年日本戰敗後被命令集中到長江下游，由中國海軍受降。當年 9 月，2 艦在南京被中國海軍接收，分別更名"永安"、"永平"，艦名取自福建永安和雲南永平，編列入海軍第二艦隊 / 江防艦隊。

　　1949 年，解放軍發動渡江戰役後，"永安"艦被派和"郝穴"一起留防四川萬縣，"永平"則和江防艦隊其他軍艦一起避往重慶。"永安"於當年 11 月 29 日和"郝穴"艦一起起義，由忠縣下駛，經與沿岸的國民黨軍隊激烈交火後抵達巴東解放區加入解放軍，"永平"艦則隨同在重慶的江防艦隊各艦於 12 月 1 日起義加入解放軍。2 艦隨後都被編入華東軍區海軍第一縱隊，1950 年 4 月 23 日被分別命名為"珠江"、"烏江"，其中"珠江"編制後列在人民解放軍海軍淞滬水警區護衛艇二十一大隊，定舷號"229"。2 艦推測在 1960 年代末退役。

剛竣工時的"熱海"艦

太原
Tai Yuan

艦　　種： 淺水炮艦

建造時間： 1927 年 12 月 28 日竣工

製 造 廠： 海軍江南造船所

排 水 量： 370 噸

主 尺 度： 48.59 米 ×45.72 米 ×8.25 米 ×1.55 米（全長、水線長、寬、吃水）

動　　力： 2 座立式 3 缸 3 脹往復式蒸汽機，2 座桑尼克羅夫特（Thornycroft）重油專燒水管鍋爐，雙軸，1950 馬力

航　　速： 12.5 節

燃料載量： 75 噸重油

武　　備： 九六式 25mm 高射炮 ×3，九三式 13mm 機槍 ×3，九二式 7.7mm 機槍 ×2

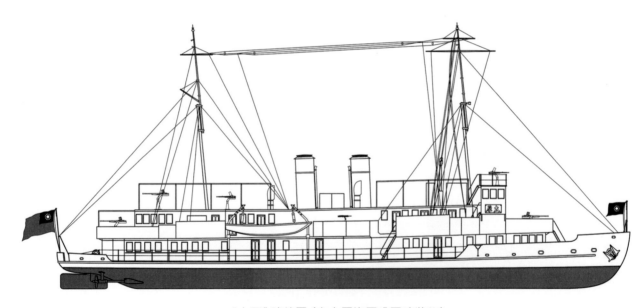

"太原"號線圖（在中國海軍成軍時狀態）

艦　史：

　　本艦原是美國海軍揚子江巡邏隊的炮艦"威克"（Wake），1941 年 12 月 8 日太平洋戰爭爆發時在上海投降日軍，同月 15 日編入日本海軍支那方面艦隊上海根據地隊，改名"多多良"，因艦內居住條件較好，曾一度充當過支那方面艦隊的臨時旗艦。日本戰敗時，本艦停泊在上海，1945 年 9 月在南京被中國海軍接收，以山西省太原市的名字命名，編列在海軍第二艦隊 / 江防艦隊。1949 年南京國民政府調整長江防務時，本艦和"江犀"一起被暫時調撥給海防第二艦隊，佈署在長江下游，參加了 4 月 23 日海防第二艦隊部分軍艦的起義，5 月 4 日在南京采石磯江面被國軍飛機炸沉。

日本海軍時期的"多多良"號

舞鳳（二代）
Wu Feng II

艦　　種：淺水炮艦
建造時間：1910 年竣工
製 造 廠：英國亞羅船廠（Yarrow）
排 水 量：133 噸
主 尺 度：36.5 米 ×6 米 ×0.6 米（長、寬、吃水）
動　　力：2 座立式 3 缸 3 脹往復式蒸汽機，2 座亞羅水管
　　　　　鍋爐，雙軸，250 馬力
航　　速：11.8 節
武　　備：57mm 炮 ×2，機槍 ×3

葡萄牙海軍時期的 "澳門" 號

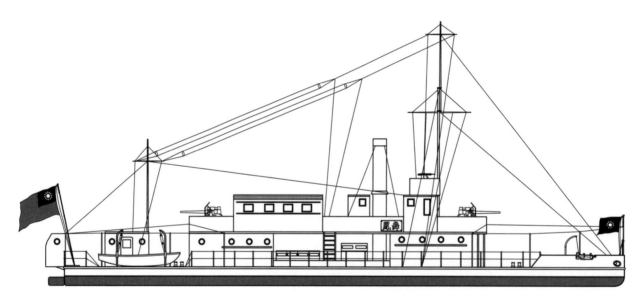

"舞鳳" 艦線圖（1945 年編入中國海軍時狀態）

艦　史：

　　本艦原為葡萄牙海軍炮艦 "澳門"（Maco），建成後一直佈署在澳門地區。日本發動太平洋戰爭後，為了加強在廣東、香港地區的內河巡防力量，經與葡萄牙政府協商，於 1943 年轉購本艦，更名為 "舞子"，隸屬日本海軍第二遣支艦隊。

　　1945 年日本投降時，本艦在廣州區被中國海軍接收，更名 "舞鳳"，以紀念抗戰期間在廣東被日機炸沉的原 "舞鳳" 艦，編制列入廣東江防炮艇隊，後改編隸屬於海岸巡防第四艇隊。1949 年 10 月 14 日，因解放軍逼近，第四巡防艇隊奉命撤離廣州，艦長李皋等人於 10 月 20 日發動起義，10 月 22 日加入解放軍，更名為 "舞鳳 3-522" 艇，後編入廣東軍區江防司令部，其後歷史不詳。

巡 43 - 巡 50　　巡 64 - 巡 68

Xun43　　Xun50　　Xun64　　Xun68

艦　　種：炮艇

建造時間：不詳

製造廠：不詳

排水量：20 噸

主尺度：17 米 ×2 米 ×1.3 米（長、寬、吃水）

動　　力：1 座單動式發動機，單軸，150 馬力

航　　速：12 節

武　　備：九二式 7.7mm 機槍 ×1-2

日本海軍的"艦水"型炮艇

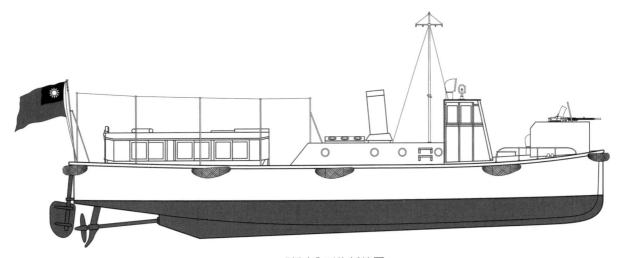

"艦水"型炮艇線圖

艦　史：

　　本型炮艇原是日本海軍利用 17 米型艦載機動艇改造而成的"艦水"型炮艇，即艦載水雷艇型炮艇，可以搭載登陸兵員，侵華戰爭中在內河大量使用。1945 年日本戰敗時，殘留在華的此類炮艇主要聚集在九江區和武漢區。被中國海軍接收後，艇況較好的被編入中國海軍，以"巡"字頭命名。

　　武漢區接收：艦水 1 號 / 巡 64、艦水 4 號 / 巡 65、艦水 8 號 / 巡 66、艦水 10 號 / 巡 67、艦水 11 號 / 巡 68

　　九江區接收：艦水 5 號 / 巡 43、艦水 6 號 / 巡 44、艦水 8 號 / 巡 45、艦水 9 號 / 巡 46、艦水 12 號 / 巡 47、艦水 7 號 / 巡 48、艦水 21/ 巡 49、艦水 22/ 巡 50

　　1949 年解放軍渡江戰役後，"巡 46"隨所在的第 5 巡防艇隊在南京附近江面起義，加入解放軍。5 月 24 日，"巡 50"、"巡 66"隨漢口巡防處巡防艇隊在武漢起義。其餘各艇的歷史不詳。

巡51　巡54　炮57　炮58
Xun51　　Xun54　　Pao57　　Pao58

艦　　種：炮艇

建造時間：不詳

製 造 廠：不詳

排 水 量：20 噸

主 尺 度：17 米 ×3.3 米 ×1.33 米（長、寬、吃水）

動　　力：1 座蒸汽機，單軸，200 馬力

航　　速：11-12 節

武　　備：九二式 7.7mm 機槍 ×2

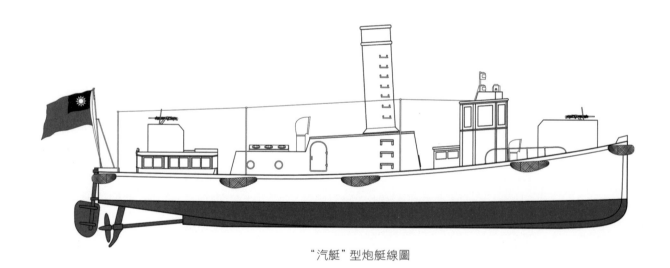

"汽艇"型炮艇線圖

艦　史：

　　本型炮艇原屬於日本海軍的“汽艇”型炮艇，艇型和“艦水”型炮艇相仿，但動力系統採用了傳統的蒸汽機，故而得名。本艇的設計和“艦水”型類似，也可以搭載兵員，日本侵華戰爭期間，主要在長江上用作武裝拖輪和交通艇。日本戰敗時，殘留在華的這類小艇全部在九江區由中國海軍接收，被改成“巡”字頭新名，當作巡邏艇使用。計有：汽 43 號 /巡 51、汽 41 號 / 巡 52、汽 44 號 / 巡 53、汽 46 號 / 巡 54。

　　另有 2 艘噸位較大的“汽艇”型炮艇“汽 61 號”(50 噸)、“汽 47 號”(25 噸)，接收後改作炮艇使用，更名為“炮 57”、“炮 58”，該型艇的主尺度等數據不詳。

　　“汽艇”型炮艇後被編入機動艇隊、巡防艇隊等單位，其中“巡 53”號在 1949 年 11 月25 日解放軍進駐廣西柳州時，隨同所屬的第 2 機動艇隊向解放軍投降。而“炮 57”、“炮58”則可能被南京政府海軍佈署在大陸沿海島嶼使用，未撤至台灣，其他巡字汽艇型炮艇的歷史不詳。

日本海軍時期的“汽艇”型炮艇

"內火艇" 型炮艇

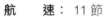

巡60　巡61　巡62
Xun60　　Xun61　　Xun62

艦　　　種：	炮艇
建造時間：	1939 年竣工
製　造　廠：	日本横浜ヨツト工作所
排　水　量：	13 噸
主　尺　度：	15 米 ×3.3 米 ×1.2 米（長、寬、吃水）
動　　　力：	1 座海軍型汽油發動機，單軸，80 馬力（部分艇裝備的是 2 座 60 馬力汽油發動機，或 1 座 120 馬力汽油發動機）
航　　　速：	11 節
武　　　備：	九二式 7.7mm 機槍 ×1

抗日戰爭時期在長江上航行的 1 艘日軍 "內火艇" 型炮艇，和普通的交通用 "內火艇" 的最大區別就是艇首帶有用鋼板環護的機槍戰位。

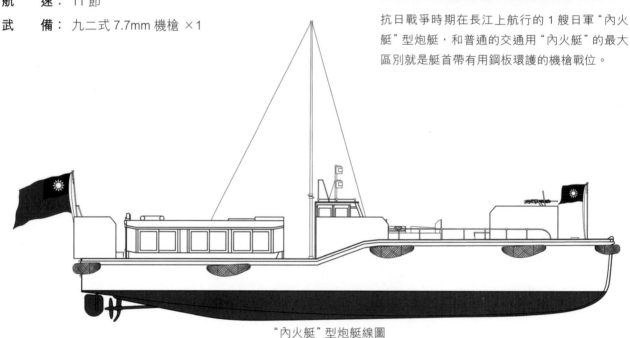

"內火艇" 型炮艇線圖

艦　史：

　　本型艇在日本海軍中歸類為 "內火艇" 型炮艇，以 15 米型艦載艇為設計基礎，可以搭載兵員。抗戰勝利時，有 3 艘本型艇在九江區被中國海軍接收，即 "內火 31 號"、"內火 32 號"、"內火 33 號"，更名為 "巡 60"、"巡 61"、"巡 62"，最初被編入第二炮艇隊，其後歷史不詳。

　　此外，1945 年日本投降時，另有一批排水量非常小的交通艇型內火艇也被中國海軍接收，並改以 "巡" 字頭的艇名，因此類小艇的體量過小，細節難考，本書不再詳介。

"大發"型炮艇

巡 36　巡 55　巡 56　巡 57
Xun36　　Xun55　　Xun56　　Xun57

艦　　種：炮艇

建造時間：不詳

製 造 廠：不詳

排 水 量：9.5噸

主 尺 度：14.88米 ×3.4米（長、寬）

動　　力：1座海軍型汽油發動機，單軸，120
　　　　　馬力

航　　速：16.7節

武　　備：九二式 7.7mm 機槍 ×1

1941 年 4 月 19 日在浙江鎮海拍攝到的日軍"大發"型炮艇，照片中可以看到艇上的全部 3 處機槍戰位。

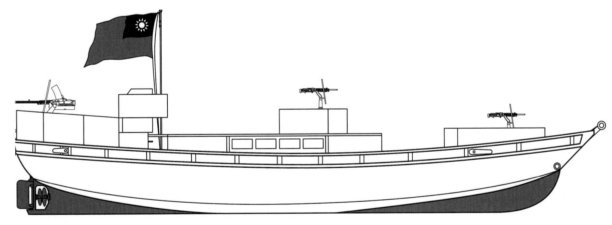

"大發"型炮艇線圖

艦　史：

　　本型炮艇是以日本侵華戰爭中大量使用的"大發"登陸艇臨時武裝而成。日本投降時，共有 4 艘"大發"型炮艇被中國海軍接收後仍然當作武裝艇使用，即在九江區接收的 3 艘："大發 14 號"、"大發 12 號"、"大發 13 號"，後更名"巡 55"、"巡 56"、"巡 57"，最初編在第二炮艇隊。另在廣州區接收 1 艘，原編號不詳，後更名為"巡 36"，編列在第六炮艇隊。這些小艇之後的歷史情況不明。其餘被中國海軍接收的"大發"艇，大多直接當作登陸艇使用。

巡58　巡59　巡76　巡77
Xun58　Xun59　Xun76　Xun77

艦　　　種：炮艇

建造時間：不詳

製造廠：不詳

排水量：3.75 噸

主尺度：10.6 米 ×2.6 米（長、寬）

動　　　力：1 座汽油發動機，單軸，60 馬力

航　　　速：18.5 節

武　　　備：九二式 7.7mm 機槍 ×1

艦　史：

　　本型炮艇是侵華戰爭時日軍用"小發"型登陸艇武裝而成的臨時炮艇。1945 年日本戰敗時，中國海軍在九江區和武漢區各接收 2 艘，即"小發 18 號"、"小發 19 號"、"小發 4 號"、"小發 6 號"，分別更名"巡 58"、"巡 59"、"巡 76"、"巡 77"。在九江區接收的"巡 58"、"巡 59"最初編在第二炮艇隊，在武漢區接收的"巡 76"、"巡 77"最初編在第五炮艇隊，其中"巡 59"後參加起義加入解放軍。

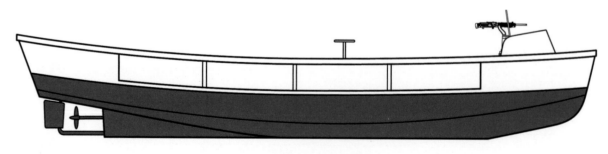

"小發"型炮艇線圖

中型炮艇

炮2 - 炮4   炮15 - 炮18   炮20 - 炮24

炮35 - 炮38   炮48 - 炮50   炮52 - 炮54

炮56   炮64 - 炮69   炮103 - 炮108

艦　　種：炮艇

建造時間：不詳

製造廠：日本橫須賀海軍工廠；日本佐世保海軍工廠；日本宇品造船所（"炮23"、"炮24"）；日本石川島造船所（"炮20"）；日本三菱長崎造船所（"炮21"、"炮22"）

陳列在北京中國人民革命軍事博物館的"414"號日式中型炮艇

排水量：25 噸

主尺度：18 米 ×3.6 米 ×1.2 米（長、寬、吃水）

動　　力：2 座海軍型柴油機，雙軸，300 馬力

航　　速：11 節

武　　備：九三式 13mm 機槍 ×1（部分艇安裝的是九二式 7.7mm 機槍）

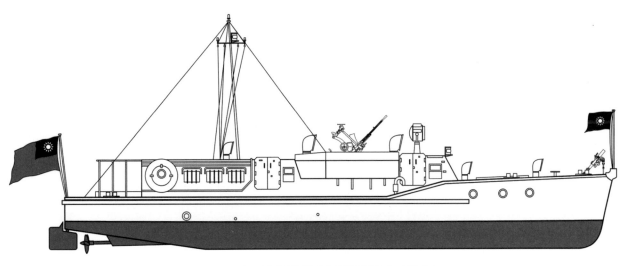

中型炮艇線圖（中國海軍接收時狀態）

艦　史：

本型炮艇是侵華戰爭期間日本海軍為了在中國內河和近海作戰而專門設計建造的摩托化炮艇，日本海軍稱為“中型炮艇”，是日軍在華使用的主力型炮艇，大量佈署在長江中游、珠江流域以及舟山、廈門等地，其設計較為優良，又具有一定的裝甲防護（駕駛室、兵員室外壁採用5毫米厚防彈鋼板）。本型炮艇1939年設計建造，1940年起開始佈署到中國，總計建造77艘，艦籍均隸屬佐世保防備隊，因其排水量為25噸，又被稱作25噸型炮艇。

抗戰勝利時，中國海軍在上海、廈門、九江、武漢、舟山、廣州等受降區共接收35艘此型炮艇，分別以“炮”字頭命名。根據接收地區不同，最初分別就近編入第二（南京區和九江區）、第四（舟山區）、第五（武漢區）、第六（廣州區）、第八（廈門區）、第九（上海區）炮艇隊。1949年海軍對炮艇隊進行改編，成立5個巡防艇隊和3個機動艇隊，本型炮艇分散編入。（註：該資料依據國民政府海軍檔案整理，原檔中存在日軍艦艇重名的現象，推測可能是日軍這種小型炮艇有重複命名的情況。）

南京區：“7號”更名“炮2”；番號不明1艘更名“炮3”；“4號”更名“炮4”。

廈門區：“1號炮艇”更名“炮15”；“2號炮艇”更名“炮16”；“3號炮艇”更名“炮17”；“4號炮艇”更名“炮18”。

舟山區：“1321號”更名“炮20”；“1362號”更名“炮21”；“1363號”更名“炮22”；“1284號”更名“炮23”；“1285號”更名“炮24”。

廣州區：“特11”更名“炮35”；“特12”更名“炮36”；“特13”更名“炮37”；“特14”更名“炮38”。

九江區：“中型2號”更名“炮48”；“中型3號”更名“炮49”；“中型7號”更名“炮50”；“中型91號”更名“炮52”；“中型92號”更名“炮53”；“中型94號”更名“炮54”；“中型96號”更名“炮56”。

武漢區：“中型3號”更名“炮64”；“中型6號”更名“炮65”；“中型7號”更名“炮66”；“中型8號”更名“炮67”；“中型11號”更名“炮68”；“中型14號”更名“炮69”。

上海區：“中型2號”更名“炮103”；“中型3號”更名“炮104”；“中型4號”更名“炮105”；“中型5號”更名“炮106”；“中型6號”更名“炮107”；“中型1號”更名“炮108”。

1949年解放軍發動渡江戰役前夕，經中共地下組織策反，國民黨海軍第三機動艇隊在鎮江起義，其中含有本型炮艇4艘（“炮52”、“炮53”、“炮68”、“炮104”）。同年4月23日，國民黨海防第二艦隊部分軍艦在南京附近江面起義，同時起義的還有第一機動艇隊和第五巡防艇隊，其中包括本型炮艇8艘（“炮2”、“炮3”、“炮4”、“炮54”、“炮56”、“炮103”、“炮105”、“炮106”）。同年5月24日，漢口巡防處巡防艇隊部分官兵發動起義，巡防處處長被擊斃，共有5艘炮艇脫離艇隊前往武漢加入解放軍，其中包括本型炮艇2艘，即"炮 64"、"炮 65"。同年年末"舞鳳"號炮艦在廣州拖帶 2 艘炮艇一併起義，其中包括 1 艘本型炮艇"炮 38"，總計共有 15 艘本型炮艇加入解放軍。

　　隸屬解放軍的日式中型炮艇主要集中在華東軍區海軍，1950 年 2 月 1 日華東軍區海軍成立江防炮艇大隊後，主要編在這一單位，各艇長期沿用起義之前的原艇名，成為人民解放軍海軍在東南沿海作戰的最初主力。1950 年 4 月 23 日，華東軍區海軍調整編制，本型炮艇被分散隸屬於第四艦隊和第五艦隊。次年，第五艦隊炮艇大隊改編為舟山基地溫台巡防大隊，第四艦隊的炮艇部隊改編為舟山巡防大隊，本型炮艇遂一併改隸，同時原艇名廢棄不用，改為"4"字頭的 3 位數編號艇名（同年 7 月 10 日，"炮 3"在浙江披山島海域被國民黨軍擊沉）。1951 年 6 月 24 日，溫台巡防大隊的 4 艘本型炮艇取得頭門山海戰勝利，其中的"414"艇被授予"頭門山英雄艇"稱號，退役後被中國人民革命軍事博物館收藏。除華東軍區海軍外，人民解放軍廣東軍區江防部隊也列有 2 艘本型炮艇，曾參加過萬山海戰。1952 年，人民海軍換裝新式炮艇，本型炮艇遂逐漸退役。

　　1949 年國民黨退守台灣，仍隸屬於國民黨海軍的本型炮艇被大量佈署在大陸沿海島嶼，最後在 1955 年從外島撤回台灣的共有 7 艘，均被改作港口勤務艇。

1
2

1. 日本侵華時期在珠江上航行的日軍中型炮艇

2. 1950 年代初在巡護漁場的華東軍區海軍日式中型炮艇。

海鷹 南安 高明 高要 光中 光華
Hai Yin　Nan An　Kao Ming　Kao Yao　Kuang Chong　Kuang Hwa

光民 光國 光富 光強 光康
Kuang Min　Kuang Kuo　Kuang Foo　Kuang Kiang　Kuang Kang

艦　　種： 炮艇

建造時間： "海鷹"1944 年 7 月 28 日開工，12 月 28 日竣工

　　　　　 "光富"1944 年 9 月 28 日開工，1945 年 1 月 9 日竣工

　　　　　 "南安"1944 年 5 月 24 日開工，1944 年 9 月 18 日竣工

　　　　　 "高明"1942 年 1 月 5 日開工，1943 年 3 月 12 日竣工

　　　　　 "高要"1943 年 12 月 29 日開工，1944 年 7 月 28 日竣工

　　　　　 "光中"1943 年 5 月 31 日開工，11 月 17 日竣工

　　　　　 "光華"1943 年 5 月 8 日開工，1944 年 2 月 8 日竣工

　　　　　 "光民"1943 年 11 月 16 日開工，1944 年 7 月 25 日竣工

　　　　　 "光國"1944 年 2 月 15 日開工，11 月 25 日竣工

　　　　　 "光強"1944 年 7 月 6 日開工，11 月 1 日竣工

　　　　　 "光康"1942 年 1 月 22 日開工，1943 年 3 月 2 日竣工

製 造 廠： 日本市川造船所（"海鷹"）；日本米子造船所（"南安"、"光富"）；日本四國船渠工業所（"高明"）；
　　　　　 日本佐賀造船鐵工所（"光康"）；日本福岡造船鐵工株式會社（"高要"、"光華"、"光強"）；日本林
　　　　　 兼商店彥島鐵工所（"光中"）；日本自念組造船鐵工所（"光民"、"光國"）

排 水 量： 130 噸（標準）

主 尺 度： 29.2 米 ×26 米 ×25.85 米 ×5.65×1.97 米（全長、垂線間長、水線長、寬、吃水）

動　　力： 1 座中速柴油發動機，單軸，400 馬力

航　　速： 11 節

續 航 力： 1850 海里 /10 節

武　　備： 九三式 13mm 機槍 ×1-2

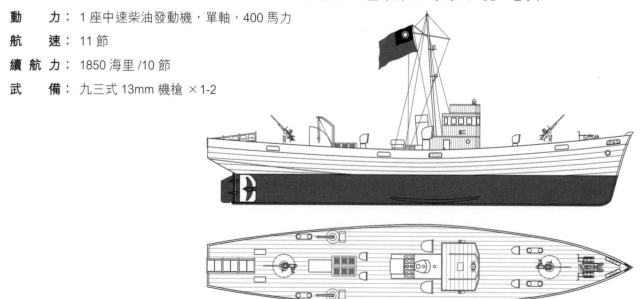

"海鷹"艇線圖（中國海軍接收入役後狀態）

艦　史：

　　本型軍艦原是日本海軍在太平洋戰爭爆發後大量建造裝備的"第 1 號"型驅潛特務艇，
屬於一種小型的反潛軍艦，艦體木質，艦型模仿當時日本的近海拖網漁船。由於本艇的火
力相對較強，在二戰末期也被用來參加近海護航行動，並在中國戰場有所佈置，主要當作
大型炮艇使用。1945 年日本戰敗後，中國海軍在上海、廈門、香港、台灣等受降區共接收
11 艘該類軍艦，均作為炮艇使用。

　　各受降區統計如下：上海區接收"第 220 號"，更名"海鷹"；廈門區接收"第 204 號"，
更名"南安"；在香港接收"第 11 號"、"第 191 號"，更名"高明"、"高要"；在台灣接收"第
74 號"、"第 75 號"、"第 190 號"、"第 223 號"、"第 238 號"、"第 243 號"、"第 3 號"，更
名為"光中"、"光華"、"光民"、"光國"、"光富"、"光強"、"光康"。其中"光康"因為艇
況不佳，旋即廢棄，實際在中國海軍服役的日製驅潛特務艇共有 10 艘。

　　1949 年 10 月 4 日，人民解放軍攻佔廣州，獲得了在廣州黃埔船塢修理未竣的"高明"
艇，後編入廣東江防部隊，更名"先鋒"。同年 11 月 9 日，"光國"號在奉命從南澳島撤往
台灣時，艇上水兵發動起義，將上尉艇長袁福厚投海戕殺後駕艇返回汕頭，向解放軍投誠，
被編入潮汕軍分區海防巡邏大隊，艇名改為"十月"，後也編入了廣東江防部隊作為炮艇。
"先鋒"艇在人民解放軍中參加了 1950 年 5 月 25 日爆發的垃圾尾海戰，因作戰英勇，成為
著名的英雄艦，被授予"海上先鋒艇"稱號，服役至 1965 年退役。"十月"艇則參加了解放
南澳島的作戰，最後的退役時間不詳。

　　另 8 艘本級炮艇一直在國軍服役，但命運各異。"光華"號在台灣海峽損失，"光強"
號在國軍撤離海南島時因無法遠涉重洋，於 1950 年 1 月 27 日被自沉在榆林港堵塞航道。
"海鷹"號的表現十分活躍，曾在 1947 年 9 月 20 日參加了國、共兩黨軍隊在江蘇江陰、靖
江的作戰，1949 年 11 月 3 日參加了舟山登步島作戰，1950 年 5 月 12 日參加撤離舟山軍民
行動。同年 7 月 10 日，"海鷹"號在浙江沿海的披山島附近海域與解放軍的日製中型炮艇
交火，擊沉了單艇出擊的解放軍"炮 3"號炮艇，7 月 12 日華東海軍多艇出擊發起披山海
戰，"海鷹"號僥倖逃脫。"南安"號參加了隊防守廈門的戰役，後退至金門島，在 1949 年
10 月 24 日的金門古寧頭戰役中表現活躍，其後還曾在 1954 年 1 月參加了在一江山外海巡
邏和襲擾大陸船隻的作戰。

　　本級各艇撤退至台灣後整體更換成"炮"字頭艇名，"海
鷹"、"高要"、"南安"、"光中"、"光民"、"光富"分別改名
"炮 103"、"炮 106"、"炮 107"、"炮 108"、"炮 109"、"炮
110"，分別採用舷號"583、586、587、588、589、590"。
1955 年 10 月 1 日，"海鷹"、"高要"、"南安"、"光民"、"光
富"集中退役，"光中"號則在 1958 年 10 月 1 日退役。

編入解放軍更名"先鋒"號的原"高明"艇

海豐
Hai Feng

艦　　　種：炮艇

建 造 時 間：不詳

製 造 廠：不詳

排 水 量：238 噸

主 尺 度：29.8 米 ×6.1（長、寬）

動　　　力：1 座中速柴油發動機，單軸，400 馬力

航　　　速：9 節

武　　　備：20mm 厄利孔高射炮 ×2

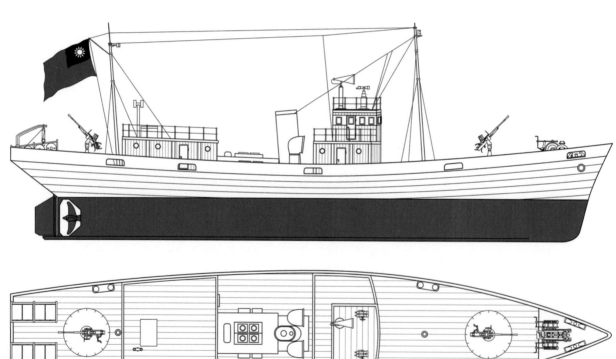

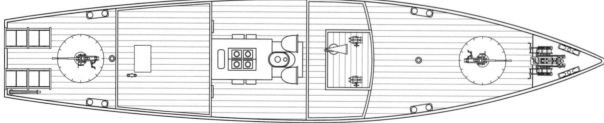

"海豐"號線圖

艦　史：

　　本艇屬於日本在挑起太平洋戰爭後建造的小型護衛艇——乙型哨戒特務艇，從 1944 年開始投入建造，至日本戰敗時共開工 57 艘，建成 27 艘。1945 年日本投降時，中國海軍在青島接收日本的"100號"哨戒特務艇，是為中國戰區接收的唯一一艘哨戒特務艇，當年 10 月 1 日正式成軍，更名"海豐"號，最初編列在海軍第一炮艇隊。1948 年 10 月上旬，本艇參加了掩護駐煙台的國軍第 39 軍海運葫蘆島的行動，隨後還參加掩護煙台軍政人員海運撤退至長山島，以及掩護劉公島守軍海運撤至青島等行動。1949 年 6 月 2 日，本艇參加掩護青島軍政人員撤退的行動，此後該艇隨艇隊一路撤退南下，並參加了 1950 年 5 月 18 日撤運舟山軍民赴台的行動。隨着局勢的發展，國民黨軍隊放棄了浙江沿海島嶼，將海軍艦艇陸續集中向台灣，本艇亦退至台灣，改名"江豐"，定舷號"548"，後於 1958 年 10 月 1日退役。

日本哨戒特務艇"第 65 號"，該照片曾被台灣出版物誤當作"海豐"艇前身的照片。

同安（二代） 中條 / 美同
Tung An II　　Chong Tiao　　Mei Tung

艦　　種：登陸艦

建造時間："同安"，1944 年 8 月 20 日開工，10 月 20 日下水，12 月 1 日竣工

　　　　　　"中條"，1944 年 4 月 28 日開工，5 月 25 日下水，7 月 31 日竣工

製 造 廠："同安"，日本川南工業浦崎造船所；"中條"，日本大阪造船所

排 水 量：950 噸（標準）

主 尺 度：80.5 米 ×72 米 ×75.5 米 ×9.1 米 ×2.94 米（全長、垂線間長、水線長、寬、吃水）

動　　力：1 座艦本式甲 25 型透平蒸汽機，2 座艦本式木號重油專燒水管鍋爐，單軸，2500 馬力

航　　速：16 節

續 航 力：去程 1000 海里 /16 節，歸程 1700 海里 /14 節

武　　備：三年式 76mm 高射炮 ×1，九六式 3 聯裝 25mm 高射炮 ×2

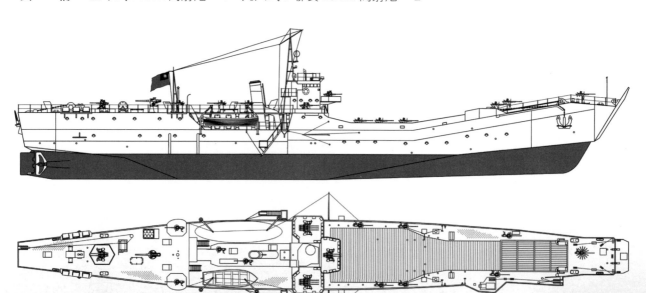

"同安"號線圖（在中國海軍成軍時狀態）

日本海軍的二等輸送艦

艦　史：

　　本型軍艦屬於日本海軍的二等輸送艦，是日本海軍在二戰期間大量建造使用的坦克登陸艦。艦上可搭載九七式中戰車 9 輛，或特二式內火艇 7 艘，或九五式輕戰車 14 輛，或兵員 320 人。由於設計師缺乏經驗，本型軍艦的設計較差，適航性能低劣，較難操控。

　　1945 年日本投降時，中國海軍在上海接收“第 144 號”二等輸送艦，更名為“同安”，列為登陸艦。此外，中國海軍還在香港接收到同型艦“第 108 號”，更名為“中條”。“同安”號由中國海軍接收後，編制直接隸屬海軍總司令部，後可能因為航行性能太差而廢棄。“中條”號被接收時，在香港處於無法航行狀態（1945 年 1 月 16 日被美軍飛機炸傷），由中國海軍設法拖航至廣州黃埔船塢維修，1949 年 10 月 1 日國軍撤離廣州時，又被拖曳至海南島榆林港。由於當時國民黨海軍已經採用“中、美、聯、合”字頭來分別命名登陸艦艇，“中條”艦的“中”字頭與其軍艦規模等級不符，遂於 1950 年 1 月 1 日更名“美同”。及至從海南島撤退時，本艦仍然無法自航，被迫於 1950 年 5 月 20 日自沉在榆林港阻塞航道。1955 年 6 月 1 日，榆林港清理航道時本艦被打撈拆解。

備 註：

　　1945 年日本投降時，中國海軍接收的戰利艦艇除上述外，還包括有大量的雜項艦艇，其中很多的艦型歸屬難以甄別，附表為中國海軍總司令部 1947 年 2 月編製的"接收日偽艦艇清單"，供讀者參考。

上海區接收艦艇

接收後名稱	日偽原名	艦艇種類	排水量（噸）	編隊情形	備註
"長治"	"宇治"	炮艦	1350	海防艦隊	後起義加入解放軍
"永績"	偽"海興"	炮艦	860	海防艦隊	後加入解放軍
"永翔"	偽"海祥"	炮艦	837	海防艦隊	
"安東"	"安宅"	炮艦	1000	江防艦隊	後起義加入解放軍
"江犀"	"隅田"	炮艦	350	江防艦隊	後起義加入解放軍
"海鷹"	"220 號"	炮艇	120	江防艦隊	
"淮安"	"宏生丸"	炮艇	117	江防艦隊	
"炮 101"	偽"江綏"	炮艇	60	第九炮艇隊	後起義加入解放軍
"炮 102"	偽"開明"	炮艇	34	第九炮艇隊	後起義加入解放軍
"炮 103"	"中型 2 號"	炮艇	25	第九炮艇隊	後起義加入解放軍
"炮 104"	"中型 3 號"	炮艇	25	第九炮艇隊	後起義加入解放軍
"炮 105"	"中型 4 號"	炮艇	25	第九炮艇隊	後起義加入解放軍
"炮 106"	"中型 5 號"	炮艇	25	第九炮艇隊	後起義加入解放軍
"炮 107"	"中型 6 號"	炮艇	25	第九炮艇隊	
"炮 108"	"中型 1 號"	炮艇	25	第九炮艇隊	
"巡 101"	偽"江 13"	巡艇	8	第九炮艇隊	
"巡 102"	偽"江 28"	巡艇	8	第九炮艇隊	
"巡 103"	偽"江康"	巡艇	17	第九炮艇隊	
"巡 119"	"巡甲"	巡艇	12	第九炮艇隊	
"巡 120"	"11 號"	巡艇	15	第九炮艇隊	
"巡 121"	"2 號"	巡艇	8	第九炮艇隊	後起義加入解放軍
"巡 122"	"10 號"	巡艇	15	第九炮艇隊	
"登 460"	"6 號登陸艇"	登陸艇	19	第二炮艇隊	
"登 461"	"7 號登陸艇"	登陸艇	18	第二炮艇隊	

南京區接收艦艇

接收後名稱	日偽原名	艦艇種類	排水量（噸）	編隊情形	備註
"咸寧"	"興津"	炮艦	848	海防艦隊	
"常德"	"勢多"	炮艦	486	江防艦隊	起義後改名"閩江"
"太原"	"多多良"	炮艦	390	江防艦隊	起義後被炸沉
"永平"	"熱海"	炮艦	370	江防艦隊	起義後改名"烏江"
"永安"	"二見"	炮艦	370	江防艦隊	起義後改名"珠江"
"永濟"	"鳥羽"	炮艦	370	江防艦隊	起義後改名"湘江"
"建康"	偽"海綏"	驅逐艦	390	江防艦隊	
"湖鷹"	偽"海靖"	雷艇	96	江防艦隊	
"江泰"	"二吳"	炮艦	292	江防艦隊	
"江鳳"	"一號差船"	炮艇	220	江防艦隊	
"福鼎"	"二號差船"	拖船	153	江防艦隊	
"炮1"	偽"江和"	炮艇	80	第二炮艇隊	後起義加入解放軍
"炮2"	"7號"	炮艇	25	第二炮艇隊	後起義加入解放軍
"炮3"	——	炮艇	25	第二炮艇隊	後起義加入解放軍
"炮4"	"4號"	炮艇	25	第二炮艇隊	後起義加入解放軍
"巡1"	偽"江寧"	巡艇	17	第二炮艇隊	後起義加入解放軍
"巡2"	偽"江裕"	巡艇	17	第二炮艇隊	
"巡3"	偽"江2"	巡艇	10	第二炮艇隊	後起義加入解放軍
"巡4"	偽"江4"	巡艇	10	第二炮艇隊	後起義加入解放軍
"巡5"	偽"江25"	巡艇	10	第二炮艇隊	
"巡6"	偽"江27"	巡艇	10	第二炮艇隊	
"巡7"	"13號"	巡艇	10	第二炮艇隊	
"巡8"	"8號"	巡艇	10	第二炮艇隊	
"巡9"	"9號"	巡艇	10	第二炮艇隊	
"巡10"	"14號"	巡艇	10	第二炮艇隊	後起義加入解放軍
"巡21"	偽"江6"	巡艇	10	第二炮艇隊	後起義加入解放軍
"巡22"	偽"江7"	巡艇	10	第二炮艇隊	後起義加入解放軍
"巡23"	偽"江12"	巡艇	10	第二炮艇隊	後起義加入解放軍
"巡25"	偽"江8"	巡艇	10	第二炮艇隊	
"巡83"	偽"江通"	巡艇	10	第二炮艇隊	
"登450"	"13號"	登陸艇	9	第二炮艇隊	

青島區接收艦艇

接收後名稱	日偽原名	艦艇種類	排水量（噸）	編隊情形	備註
"海寧"	"若丸"	炮艦	370	第一炮艇隊	
"海康"	"海鷗"	炮艦	240	第一炮艇隊	
"海豐"	"100 號"	炮艇	220	第一炮艇隊	
"海倫"	"第二大洋丸"	炮艇	200	第一炮艇隊	
"海澄"	"姬神丸"	炮艇	170	第一炮艇隊	
"海城"	"青平"	炮艇	150	第一炮艇隊	
"炮 5"	"天生丸"	炮艇	90	第一炮艇隊	後起義加入解放軍
"炮 6"	"森山丸"	炮艇	74	第一炮艇隊	
"炮 7"	"山櫻丸"	炮艇	60	第一炮艇隊	
"炮 8"	"廣鳩丸"	炮艇	50	第一炮艇隊	
"炮 9"	"木星"	炮艇	46	第一炮艇隊	
"炮 10"	"青根"	炮艇	45	第一炮艇隊	
"炮 11"	"白鷺丸"	炮艇	45	第一炮艇隊	
"炮 12"	"島丸"	炮艇	33	第一炮艇隊	
"炮 13"	"宇治丸"	炮艇	29	第一炮艇隊	
"炮 14"	"飛龍丸"	炮艇	29	第一炮艇隊	
"炮 109"	"環球 7 號"	炮艇	50	第一炮艇隊	
"巡 14"	偽"江 24"	巡艇	11	第一炮艇隊	

九江區接收艦艇

接收後名稱	日偽原名	艦艇種類	排水量（噸）	編隊情形	備註
"炮 48"	"中型 2 號"	炮艇	25	第二炮艇隊	
"炮 49"	"中型 3 號"	炮艇	25	第二炮艇隊	
"炮 50"	"中型 7 號"	炮艇	25	第二炮艇隊	
"炮 52"	"中型 91 號"	炮艇	25	第二炮艇隊	後起義加入解放軍
"炮 53"	"中型 92 號"	炮艇	25	第二炮艇隊	後起義加入解放軍
"炮 54"	"中型 94 號"	炮艇	25	第二炮艇隊	後起義加入解放軍
"炮 56"	"中型 96 號"	炮艇	25	第二炮艇隊	後起義加入解放軍

"炮 57"	"汽 61 號"	炮艇	50	第二炮艇隊	
"炮 58"	"汽 47 號"	炮艇	25	第二炮艇隊	
"巡 43"	"艦水 5 號"	炮艇	20	第二炮艇隊	
"巡 44"	"艦水 6 號"	拖船	20	第二炮艇隊	
"巡 45"	"艦水 8 號"	炮艇	20	第二炮艇隊	
"巡 46"	"艦水 9 號"	炮艇	20	第二炮艇隊	後起義加入解放軍
"巡 47"	"艦水 12 號"	炮艇	20	第二炮艇隊	
"巡 48"	"艦水 7 號"	炮艇	20	第二炮艇隊	
"巡 49"	"艦水 21 號"	巡艇	20	第二炮艇隊	
"巡 50"	"艦水 22 號"	巡艇	20	第二炮艇隊	後起義加入解放軍
"巡 51"	"汽 43 號"	巡艇	20	第二炮艇隊	
"巡 52"	"汽 41 號"	巡艇	20	第二炮艇隊	
"巡 53"	"汽 44 號"	巡艇	20	第二炮艇隊	後起義加入解放軍
"巡 54"	"汽 46 號"	巡艇	24	第二炮艇隊	
"巡 55"	"大發 14"	巡艇	18	第二炮艇隊	
"巡 56"	"大發 12"	巡艇	18	第二炮艇隊	
"巡 57"	"大發 13"	巡艇	18	第二炮艇隊	
"巡 58"	"小發 18"	巡艇	4.5	第二炮艇隊	
"巡 59"	"小發 19"	巡艇	4.5	第二炮艇隊	
"巡 60"	"內火 31"	巡艇	20	第二炮艇隊	
"巡 61"	"內火 32"	巡艇	15	第二炮艇隊	
"巡 62"	"內火 33"	巡艇	21	第二炮艇隊	

台澎區接收艦艇

接收後名稱	日偽原名	艦艇種類	排水量（噸）	編隊情形	備註
"公利"	"日香丸"	炮艦	550	第三炮艇隊	
"成功"	"1089 號"	炮艦	200	第三炮艇隊	
"光中"	"74 號"	炮艇	100	第三炮艇隊	
"光華"	"75 號"	炮艇	100	第三炮艇隊	
"光民"	"190 號"	炮艇	100	第三炮艇隊	

接收後名稱	日偽原名	艦艇種類	排水量（噸）	編隊情形	備註
"光國"	"223 號"	炮艇	95	第三炮艇隊	
"光富"	"238 號"	炮艇	95	第三炮艇隊	
"光強"	"243 號"	炮艇	95	第三炮艇隊	
"光康"	"3"	炮艇	100	第三炮艇隊	
"安平"	"530 號"	魚雷艇	25	第三炮艇隊	
"安寧"	"531 號"	魚雷艇	25	第三炮艇隊	
"安康"	"534 號"	魚雷艇	25	第三炮艇隊	
"安慶"	"538 號"	魚雷艇	15	第三炮艇隊	
"安仁"	"539 號"	魚雷艇	15	第三炮艇隊	
"安澤"	"540 號"	魚雷艇	15	第三炮艇隊	
"恒春"	"旗浚丸"	拖船	220	第三炮艇隊	
"台南"	"1349 號"	拖船	150	第三炮艇隊	
"岡山"	"1270 號"	拖船	150	第三炮艇隊	
"新竹"	"1499 號"	拖船	150	第三炮艇隊	
"彰化"	"1469 號"	拖船	150	第三炮艇隊	
"壽山"	——	拖船	100	第三炮艇隊	
"旗山"	——	拖船	100	第三炮艇隊	
"澎湖"	"工 6"	拖船	150	第三炮艇隊	
"差 51"	"1505 號"	差船	60	第三炮艇隊	
"差 53"	"765 號"	差船	60	第三炮艇隊	
"差 54"	"10 號"	差船	70	第三炮艇隊	
"差 55"	"7 號"	差船	60	第三炮艇隊	
"差 56"	"8 號"	差船	60	第三炮艇隊	
"差 57"	"9 號"	差船	60	第三炮艇隊	
"差 58"	——	差船	20	第三炮艇隊	
"差 59"	——	差船	15	第三炮艇隊	
"差 60"	——	差船	9	第三炮艇隊	
"差 61"	——	差船	8	第三炮艇隊	
"差 65"	——	差船	20	第三炮艇隊	
"差 66"	——	差船	20	第三炮艇隊	

接收後名稱	日偽原名	艦艇種類	排水量（噸）	編隊情形	備註
"差 67"	——	差船	20	第三炮艇隊	
"差 68"	——	差船	20	第三炮艇隊	
"升 3"	——	起重船	50	第三炮艇隊	
"升 4"	——	起重船	20	第三炮艇隊	
"登 413"	"登 1380"	登陸艇	17	第三炮艇隊	
"登 414"	"登 1389"	登陸艇	17	第三炮艇隊	
"登 415"	"登 3898"	登陸艇	17	第三炮艇隊	
"登 416"	"登 3899"	登陸艇	16	第三炮艇隊	
"登 417"	"登 3715"	登陸艇	16	第三炮艇隊	
"登 418"	"登 1392"	登陸艇	12	第三炮艇隊	
"登 419"	——	登陸艇	18	第三炮艇隊	
"登 420"	——	登陸艇	18	第三炮艇隊	
"登 421"	——	登陸艇	18	第三炮艇隊	
"登 422"	——	登陸艇	18	第三炮艇隊	
"登 423"	——	登陸艇	18	第三炮艇隊	
"登 424"	"1 號登陸艇"	登陸艇	15	第三炮艇隊	
"登 425"	"2 號登陸艇"	登陸艇	15	第三炮艇隊	
"登 426"	"3 號登陸艇"	登陸艇	15	第三炮艇隊	
"登 427"	"5 號登陸艇"	登陸艇	10	第三炮艇隊	
"登 428"	"6 號登陸艇"	登陸艇	10	第三炮艇隊	
"登 429"	"7 號登陸艇"	登陸艇	10	第三炮艇隊	
"登 430"	"8 號登陸艇"	登陸艇	10	第三炮艇隊	
"登 431"	"9 號登陸艇"	登陸艇	10	第三炮艇隊	
"登 432"	"10 號登陸艇"	登陸艇	15	第三炮艇隊	
"登 433"	"11 號登陸艇"	登陸艇	15	第三炮艇隊	
"登 434"	"12 號登陸艇"	登陸艇	15	第三炮艇隊	
"登 435"	"13 號登陸艇"	登陸艇	15	第三炮艇隊	
"登 436"	"14 號登陸艇"	登陸艇	15	第三炮艇隊	
"登 437"	"15 號登陸艇"	登陸艇	15	第三炮艇隊	
"登 438"	"16 號登陸艇"	登陸艇	15	第三炮艇隊	

接收後名稱	日偽原名	艦艇種類	排水量（噸）	編隊情形	備註
"登439"	"17號登陸艇"	登陸艇	15	第三炮艇隊	
"登440"	"18號登陸艇"	登陸艇	15	第三炮艇隊	
"登441"	"19號登陸艇"	登陸艇	15	第三炮艇隊	
"登442"	"20號登陸艇"	登陸艇	15	第三炮艇隊	
"登443"	"21號登陸艇"	登陸艇	15	第三炮艇隊	
"登444"	"22號登陸艇"	登陸艇	10	第三炮艇隊	

舟山區接收艦艇

接收後名稱	日偽原名	艦艇種類	排水量（噸）	編隊情形	備註
"定海"	"海清"	炮艦	489	第四炮艇隊	原為被俘的中國海關巡船
"象山"	"測1"	炮艇	171	第四炮艇隊	
"炮19"	偽"平治"	炮艇	38	第四炮艇隊	
"炮20"	"1321號"	炮艇	25	第四炮艇隊	
"炮21"	"1362號"	炮艇	25	第四炮艇隊	
"炮22"	"1363號"	炮艇	25	第四炮艇隊	
"炮23"	"1284號"	炮艇	25	第四炮艇隊	
"炮24"	"1285號"	炮艇	25	第四炮艇隊	
"巡16"	偽"江豐"	巡艇	17	第四炮艇隊	
"登412"	"628號"	登陸艇	17	第四炮艇隊	
"登413"	"1380號"	登陸艇	17	第四炮艇隊	
"登414"	"1389號"	登陸艇	17	第四炮艇隊	
"登415"	"3898號"	登陸艇	15.8	第四炮艇隊	
"登416"	"3899號"	登陸艇	15.8	第四炮艇隊	
"登417"	"3715號"	登陸艇	15.8	第四炮艇隊	
"登418"	"1392號"	登陸艇	12	第四炮艇隊	
"登419"	——	登陸艇	18	第四炮艇隊	
"登420"	——	登陸艇	18	第四炮艇隊	
"登421"	——	登陸艇	18	第四炮艇隊	
"登422"	——	登陸艇	18	第四炮艇隊	

接收後名稱	日偽原名	艦艇種類	排水量（噸）	編隊情形	備註
"登 423"	——	登陸艇	18	第四炮艇隊	
"差 18"	"1 號水船"	差艇	45	第四炮艇隊	
"差 19"	"1254 號"	內火艇	7.3	第四炮艇隊	

武漢區接收艦艇

接收後名稱	日偽原名	艦艇種類	排水量（噸）	編隊情形	備註
"炮 61"	偽"江靖"	炮艇	30	第五炮艇隊	
"炮 64"	"中型 3 號"	炮艇	25	第五炮艇隊	後起義加入解放軍
"炮 65"	"中型 6 號"	炮艇	25	第五炮艇隊	後起義加入解放軍
"炮 66"	"中型 7 號"	炮艇	25	第五炮艇隊	
"炮 67"	"中型 8 號"	炮艇	25	第五炮艇隊	
"炮 68"	"中型 11 號"	炮艇	25	第五炮艇隊	後起義加入解放軍
"炮 69"	"中型 14 號"	炮艇	25	第五炮艇隊	
"巡 64"	"艦水 1 號"	巡艇	18	第五炮艇隊	
"巡 65"	"艦水 4 號"	巡艇	18	第五炮艇隊	
"巡 66"	"艦水 8 號"	巡艇	18	第五炮艇隊	後起義加入解放軍
"巡 67"	"艦水 10 號"	巡艇	18	第五炮艇隊	
"巡 68"	"艦水 11 號"	巡艇	18	第五炮艇隊	
"巡 69"	偽"江達"	巡艇	17	第五炮艇隊	後起義加入解放軍
"巡 70"	偽"江澄"	巡艇	17	第五炮艇隊	後起義加入解放軍
"巡 71"	偽"江 14"	巡艇	17	第五炮艇隊	
"巡 72"	偽"江 15"	巡艇	10	第五炮艇隊	
"巡 73"	偽"江 21"	巡艇	10	第五炮艇隊	
"巡 74"	偽"江 22"	巡艇	10	第五炮艇隊	後起義加入解放軍
"巡 76"	"小發 4 號"	巡艇	3.5	第五炮艇隊	
"巡 77"	"小發 6 號"	巡艇	3.5	第五炮艇隊	
"巡 78"	"內火 1 號"	巡艇	2	第五炮艇隊	
"巡 79"	"內火 2 號"	巡艇	2	第五炮艇隊	後起義加入解放軍
"巡 80"	"內火 6 號"	巡艇	2	第五炮艇隊	
"巡 81"	"內火長官艇"	巡艇	2	第五炮艇隊	

"巡82"	"內火交通船3號"	巡艇	4	第五炮艇隊	
"巡90"	"中山"汽艇	巡艇	5	第五炮艇隊	
"差1"	"竹丸"	差船	90	第五炮艇隊	
"差12"	"4曳"	差船	75	第五炮艇隊	
"差13"	"菖蒲丸"	差船	63	第五炮艇隊	
"駁59"	——	駁船	320	第五炮艇隊	
"漢川"	"8曳"	拖輪	157	第五炮艇隊	

廣州區接收艦艇

接收後名稱	日偽原名	艦艇種類	排水量（噸）	編隊情形	備註
"防城"	"梅丸"	炮艦	290	第六炮艇隊	
"清遠"	"香昭丸"	炮艦	220	第六炮艇隊	
"海籌"	"布引丸"	炮艦	220	第六炮艇隊	
"海碩"	"芙蓉丸"	炮艦	220	第六炮艇隊	
"海雄"	"楓丸"	炮艦	197	第六炮艇隊	
"舞鳳"	"舞子"	炮艇	105	第六炮艇隊	起義後更名"3-522"
"炮25"	警備艇	炮艇	40	第六炮艇隊	起義加入解放軍
"炮30"	偽"江亞"	炮艇	55	第六炮艇隊	
"炮31"	偽"江宣"	炮艇	50	第六炮艇隊	
"炮34"	偽"江威"	炮艇	35	第六炮艇隊	
"炮35"	"特字11號"	炮艇	25	第六炮艇隊	
"炮36"	"特字12號"	炮艇	25	第六炮艇隊	
"炮37"	"特字13號"	炮艇	25	第六炮艇隊	
"炮38"	"特字14號"	炮艇	25	第六炮艇隊	後起義加入解放軍
"巡28"	"金城"電船	巡艇	5	第六炮艇隊	
"巡29"	"普字11號"	巡艇	10	第六炮艇隊	
"巡30"	"普字12號"	巡艇	10	第六炮艇隊	
"巡31"	"普字14號"	巡艇	8	第六炮艇隊	
"巡32"	"普字13號"	巡艇	10	第六炮艇隊	
"巡33"	"普字15號"	巡艇	10	第六炮艇隊	
"巡34"	"普字16號"	巡艇	10	第六炮艇隊	

"巡35"	"普字17號"	巡艇	8	第六炮艇隊	
"巡36"	大發	巡艇	10	第六炮艇隊	
"巡40"	——	巡艇	6	第六炮艇隊	後起義，更名"珠江4"
"巡84"	"普字5號"	巡艇	10	第六炮艇隊	
"巡85"	"永福"電船	巡艇	6	第六炮艇隊	
"巡86"	"安義"電船	巡艇	3	第六炮艇隊	"君山"號
"登453"	"2號登陸艇"	登陸艇	7	第六炮艇隊	
"登454"	"4號登陸艇"	登陸艇	11	第六炮艇隊	

海南區接收艦艇

接收後名稱	日偽原名	艦艇種類	排水量（噸）	編隊情形	備註
"海奇"	"竹丸"	炮艦	255	第七炮艇隊	
"炮26"	"鈴谷丸"	炮艇	86	第七炮艇隊	
"炮70"	"瑞陽丸"	炮艇	91	第七炮艇隊	
"炮76"	"和光丸"	炮艇	35	第七炮艇隊	
"炮77"	"南海289"	炮艇	83	第七炮艇隊	
"炮78"	"公稱1158"	炮艇	60	第七炮艇隊	
"炮81"	"和丸"	炮艇	40	第七炮艇隊	
"巡37"	"秀英1號"	巡艇	7	第七炮艇隊	
"巡38"	"秀英2號"	巡艇	7	第七炮艇隊	
"巡39"	"秀英3號"	巡艇	7	第七炮艇隊	
"差5"	"新興第9"	差船	40	第七炮艇隊	
"差6"	"南海518"	差船	83	第七炮艇隊	
"差7"	"南海297"	差船	80	第七炮艇隊	
"差8"	"南海515"	差船	63	第七炮艇隊	
"差9"	"南海258"	差船	60	第七炮艇隊	
"差10"	"南海1378"	差船	36	第七炮艇隊	
"文昌"	"南海510"	拖船	100	第七炮艇隊	

廈門區接收艦艇

接收後名稱	日偽原名	艦艇種類	排水量（噸）	編隊情形	備註
"南靖"	"海平"	炮艦	450	第八炮艇隊	
"南安"	"204 驅潛"	炮艇	138	第八炮艇隊	
"南平"	"順和"	炮艇	250	第八炮艇隊	
"炮 15"	"1 號炮艇"	炮艇	25	第八炮艇隊	
"炮 16"	"2 號炮艇"	炮艇	25	第八炮艇隊	
"炮 17"	"3 號炮艇"	炮艇	25	第八炮艇隊	
"炮 18"	"4 號炮艇"	炮艇	25	第八炮艇隊	
"巡 15"	"5 號炮艇"	巡艇	10	第八炮艇隊	
"登 401"	"1 號運貨船"	登陸艇	20	第八炮艇隊	
"登 402"	"3 號運貨船"	登陸艇	20	第八炮艇隊	
"登 403"	"4 號運貨船"	登陸艇	20	第八炮艇隊	
"登 404"	"5 號運貨船"	登陸艇	20	第八炮艇隊	
"登 405"	"6 號運貨船"	登陸艇	20	第八炮艇隊	
"登 406"	"7 號運貨船"	登陸艇	16	第八炮艇隊	
"登 407"	"8 號運貨船"	登陸艇	16	第八炮艇隊	後起義加入解放軍
"登 408"	"9 號運貨船"	登陸艇	16	第八炮艇隊	
"登 409"	"10 號運貨船"	登陸艇	16	第八炮艇隊	
"登 410"	"11 號運貨船"	登陸艇	16	第八炮艇隊	
"登 411"	"12 號運貨船"	登陸艇	16	第八炮艇隊	
"1 號聯絡艇"	15 米內火艇	內火艇	12	第八炮艇隊	
"2 號聯絡艇"	12 米內火艇	內火艇	7	第八炮艇隊	

日本賠償艦

1945 年日本戰敗後，同盟國對日本海軍殘存的艦艇進行分類處理，其中的潛艇、特攻兵器等進攻性兵器直接拆解，剩餘艦船則解除武裝，當作將日本軍隊和僑民從海外運回日本的特別輸送艦。特別輸送任務結束後，1946 年 9 月盟軍總部決定在原日本海軍驅逐艦及以下級別的艦艇中選擇艦況較好的賠償給中、美、英、蘇四國，作為日本發動侵略戰爭對四國造成損失的先期補償，史稱賠償艦。

賠償艦以抽籤的方式分四次進行分配，中國海軍共計獲得 34 艘，其中前兩批軍艦在上海接收，後兩批於青島接收。這些日本賠償艦以原日本海軍的驅逐艦和海防艦居多，幾乎涵蓋了二次大戰後期日本海軍裝備的主要型級。賠償艦來華時都處於無武裝狀態，後來大部分重新武裝成軍，在 1950 年代海峽兩岸的中國海軍中，這類軍艦都一度擔當過主力艦的角色。

1947 年聚泊在青島的日本賠償艦群

接 1 / 丹陽
Chieh 1　　Tan Yang

艦　　種： 驅逐艦

建造時間： 1940 年 1 月 20 日開工，同年 9 月 26 日下水，1941 年 4 月 30 日竣工

製 造 廠： 日本大阪鐵工所櫻島工場

排 水 量： 2000 噸（標準）

主 尺 度： 118.5 米 ×10.8 米 ×3.8 米（全長、寬、吃水）

動　　力： 2 座艦本式透平蒸汽機，3 座口號艦本式重油專燒鍋爐，雙軸，52000 馬力

航　　速： 27.5 節（1953 年航試最高速度）

燃料載量： 170 噸重油

續 航 力： 5000 海里 /18 節

武　　備： 八九式 127mm 雙聯高射炮 ×1，九八式 100mm 雙聯高射炮 ×1，40mm 博福斯 MK3 高射炮 ×2，
九六式 25mm 雙聯高射炮 ×8（1952 年狀態）

1956 年換裝美式裝備後的 "丹陽" 艦，
可以看到艦首塗刷的 "12" 舷號。

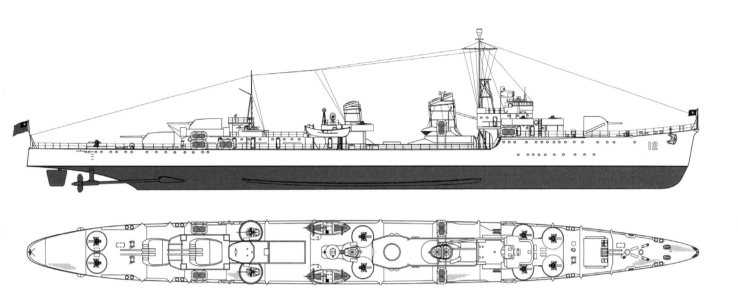

“丹陽”艦線圖（1952 年狀態）

艦　史：

　　1947 年 6 月 28 日上午，四國代表在東京盟軍總部進行首批賠償艦的分配，當批日本賠償艦被分成四組，由四國代表以抽籤方式選取，中國代表馬德建抽得其中的第二組，本艦即在當組之中，是第一批日本賠償艦中最具實力的軍艦之一。

1947 年 7 月 6 日 "雪風" 被中國海軍接收時，中國國旗升上桅桿的歷史性一刻。

　　本艦原為日本海軍 "陽炎" 級驅逐艦 "雪風" 號，曾參加過著名的聖克魯斯海戰（Santa Cruz）、第三次所羅門海戰（Solomon）、俾斯麥海海戰（Bismarck Sea）、科隆班加拉海戰（Kolombangara）以及 "大和" 艦最後的特攻出擊等。雖然歷經惡戰，但每次都能全身而退，在日本海軍被視作是幸運的祥瑞艦。本艦被定作首批賠償艦後，於 1947 年 7 月 1 日和其他賠償給中國的同批軍艦從日本佐世保出發，7 月 3 日到達上海，中國海軍於 7 月 6 日在高昌廟江南造船所碼頭正式接收。根據當批日本賠償艦的噸位大小而編定臨時艦名，本艦因為排水量最大，被定名

為"接字第一號"，簡稱"接1"艦。因為當時的中國海軍人員不敷調用，包括本艦在內的日本賠償艦被集中在吳淞口外，長期拋錨閒置。

　　1948 年 5 月 1 日，中國海軍對日本賠償艦重新命名，本艦以江蘇省丹陽縣名命名為"丹陽"，由此也開創了國民黨海軍以"陽"字命名驅逐艦的傳統。同年 10 月 1 日，本艦暫編在海防第二艦隊第四隊。國共內戰中，本艦於 1949 年被從上海拖曳到澎湖馬公，當年 8 月遭颱風侵襲，在馬公附近的澎湖蒔裏灣海灘擱淺。1950 年 1 月 5 日美國宣佈停止對台灣當局軍事援助後，國民黨海軍失去從外界獲取武備的途徑，為充實軍力而決定自行設法修復本艦。幾經努力之後，本艦於當年 8 月 25 日由拖船"大青"成功拖離擱淺海灘，曳回台灣，由台船公司基隆造船廠承擔維修任務，海軍第一造船所負責安裝武備，1952 年 10 月 16 日正式成軍，被定級為驅逐艦，編入海軍第一艦隊十一戰隊，定舷號"12"，因噸位大、火力強，成為台灣地區海軍的一號主力艦。

　　本艦此後長期在台灣海峽活動，參加封鎖大陸沿海的作戰，以多次在台灣海峽附近抓捕向大陸運輸物資的外籍船隻著名。例如，本艦曾在 1953 年 10 月 4 日抓捕向上海運輸航空煤油的中波輪船公司波蘭籍萬噸油輪"布拉卡"號（Praca），在 1954 年 6 月 22 日抓捕向大陸運輸航空煤油的蘇聯萬噸油輪"陶浦斯"（Touapse）號。經美械化改裝後，本艦於 1955 年編入驅逐艦隊，1958 年 10 月 1 日改隸巡邏艦隊。因艦齡已久，1965 年 12 月 16 日退役，1966 年 11 月 16 日除籍，一度停泊在台灣左營軍港西碼頭，當作海軍官校的泊港訓練艦。1971 年，本艦在風暴中觸底受損，被海軍送往高雄拆船廠拆解。

日本戰敗後，被解除武裝當作保管艦時的"雪風"號。

接 2 / 信陽

Chieh 2　　Hsin Yang

艦　　種： 驅逐艦

建造時間： 1944 年 12 月 8 日開工，1945 年 4 月 25 日下水，6 月 18 日竣工

製 造 廠： 日本舞鶴海軍工廠

排 水 量： 1289 噸（標準）

主 尺 度： 98 米 ×9.35 米 ×3.37 米（水線長、水線寬、吃水）

動　　力： 2 座艦本式齒輪透平機（Geared Turbine），2 座口號艦本式重油專燒水管鍋爐，雙軸，19000 馬力

航　　速： 27.8 節

燃料載量： 370 噸重油

續 航 力： 3500 海里 /18 節

武　　備： 十年式 120mm 高射炮 ×2，40mm 博福斯 MK3 高射炮 ×2，九六式 25mm 雙聯高射炮 ×7(1948 年
在中國海軍成軍時狀態）

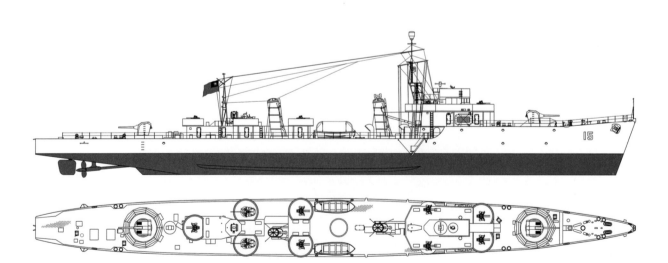

"信陽"艦線圖（在中國海軍成軍時狀態）

艦　史：

　　本艦原為日本海軍驅逐艦“初梅”，屬於二戰末期日本應急建造的“改丁”型驅逐艦。
當時日本國內資源匱乏、需艦日急，本級軍艦選用的艦材質料低劣，建造也多有減省工料
的地方。日本戰敗後，本艦和“雪風”同屬給中國的首批賠償艦，1947 年 7 月 6 日在上海
交付給中國海軍，定臨時艦名“接 2”。由於本艦建成後未久日本即告戰敗，相對而言艦況
較好，1948 年 3 月 1 日即被中國海軍安排武裝、入役，是較早成軍的賠償艦。同年 4 月
16 日，本艦編制被確定在海防第二艦隊第四隊第八分隊，5 月 1 日以河南地名命名為“信
陽”號。

　　本艦成軍入役未久，即於 1948 年末和海防第二艦隊部分軍艦一起被派入長江，參加
長江防務工作，駐防於江陰附近。1949 年 4 月 20 日晚至 21 日，解放軍發起渡江戰役，
本艦在江陰一線曾阻擊渡江的解放軍船隻。當時，江陰要塞宣佈起義，要求本艦和同在該
處江面的“逸仙”等艦投降。時任艦長白樹綿虛與委蛇，在 21 日晚率本艦及“逸仙”、“炮
50”（由本艦拖帶）從江陰突圍，除“炮 50”在拖帶過程中沉沒外，本艦和“逸仙”均成功逃
抵上海。

　　1950 年 2 月 1 日，本艦被編入國軍海防第一艦隊，當年參加萬山海戰，6 月 1 日定舷
號“15”。1952 年 7 月 1 日編制調整至海軍第二艦隊，1954 年 8 月在台灣左營海軍造船廠
進行美械化改裝，此後長期駐防馬祖。1954 年金門炮戰期間，本艦曾參加 9 月 7 日起對廈
門一帶解放軍炮兵陣地的報復性攻擊。1955 年本艦艦種被改列為護航艦，改舷號“82”，
服役至 1961 年報廢除役。

改列為護航艦，採用“82”舷號的“信陽”艦，
此時艦上已換裝美式武備。

接 3 / 衡陽
Chieh 3　　Heng Yang

艦　　種： 驅逐艦

建造時間： 1944 年 3 月 4 日開工，7 月 25 日下水，10 月 30 日竣工

製造廠： 日本橫須賀海軍工廠

排水量： 1260 噸（標準）

主尺度： 98 米 ×9.35 米 ×3.3 米（水線長、寬、吃水）

動　　力： 2 座艦本式齒輪透平蒸汽機，2 座口號艦本式重油專燒水管鍋爐，雙軸，19000 馬力

航　　速： 27.8 節

燃料載量： 370 噸重油

續航力： 3500 海里 /18 節

武　　備： 無

艦　史：

本艦原是日本海軍"丁"型驅逐艦"楓"，在第一批賠償艦分配抽籤時被中國海軍抽得，1947 年 7 月 6 日在上海由中國海軍接收，定臨時艦名"接 3"，隨後即與大多數日本賠償艦一起被安排到吳淞口外停泊封存。1948 年 5 月 1 日中國海軍取消"接"字艦名，本艦按照驅逐艦的規格，取湖南地名命名為"衡陽"號，編列在海防第二艦隊第四隊第九分隊。1949 年 5 月，本艦被拖曳至台灣淡水，當年 10 月 1 日改編入訓練艦隊，1953 年 5 月報廢拆解，1954 年 11 月 11 日除役出售。

接 4 / 惠安
Chieh 4　　Hui An

艦　　種： 護航驅逐艦

建造時間： 1944 年 12 月 15 日竣工

製造廠： 日本日立櫻島造船所

排水量： 940/1020 噸（標準 / 公試）

主尺度： 78.77 米 ×77.5 米 ×72.5 米 ×9.1 米 ×3.05 米（全長、水線長、垂線間長、寬、吃水）

動　　力： 2 座艦本式 22 號 10 型柴油機，雙軸，4200 馬力

航　　速： 19.7 節

武　　備： 十年式 120mm 高射炮 ×2，40mm 博福斯 MK1 高射炮 ×2，九六式 25mm 雙聯高射炮 ×4（1948 年在中國海軍成軍時狀態）

艦　史：

本艦原為日本海軍"御藏"型海防艦"四阪"（或分類為"日振"型），1947 年作為日本首批賠償艦和"雪風"等同時來華，7 月 6 日在上海由中國海軍正式接收，定臨時艦名"接 4"。由於本艦艦況較好，1948 年 3 月 1 日重裝武備後正式成軍，編在海防第二艦隊，艦種定為護航驅逐艦，同年 5 月 1 日根據護航驅逐艦以帶有"安"字的中國地名命名的規則，取福建省縣名，定艦名為"惠安"。1948 年年末，海防第二艦隊調入長江設防，本艦被排在江蘇鎮江至南京一帶，駐防長江期間，艦長吳建安被中共地下黨秘密策反。

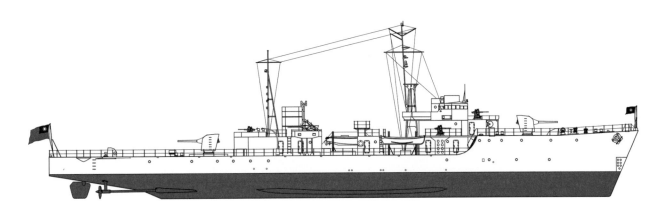

"惠安"艦線圖（1948 年在中國海軍成軍時狀態）

1949 年 4 月 23 日，本艦和海防第二艦隊部分艦船在南京笆斗山江面起義，加入解放軍。因當時各艦的部分官兵對起義心存疑慮，包括本艦在內的起義各艦於 4 月 27 日抵達南京下關，將約三分之二的艦員集中上岸整訓，並將艦上的輕武器拆卸，而後在南京周邊的江面擇地隱蔽。4 月 28 日，國民黨空軍轟炸機在燕子磯附近發現並炸沉本艦。殘存的艦體在 1950 年代被打撈出水，其後歷史記錄不詳，有傳聞稱該艦被修復改造為"瑞金"號。

1947 年繫泊在佐世保，等待前往上海的"雪風"和"四阪"（左）。

接 5 / 武昌
Chieh 5　　Wu Chang

艦　　　種： 未定

建造時間： 1943 年 10 月 5 日開工，1944 年 1 月 25 日下水，3 月 27 日竣工

製 造 廠： 日本橫須賀海軍工廠

排 水 量： 740 噸（標準）

主 尺 度： 69.5 米 ×8.6 米 ×3.05 米（全長、寬、吃水）

動　　　力： 1 座艦本式甲 25 型透平蒸汽機，2 座零號乙 15 改型木號重油專燒水管鍋爐，單軸，2500 馬力

航　　　速： 17.5 節

燃料載量： 240 噸重油

續 航 力： 4500 海里 /14 節

武　　　備： 無

艦　　史：

　　本艦原是日本海軍"丁"型海防艦"第 14 號"，作為首批日本賠償艦於 1947 年 7 月 6 日在上海由中國海軍接收，暫定艦名"接 5"，安排至吳淞口外停泊封存，成為保管艦。1948 年 3 月 23 日行政院會議討論決定，海軍將一批日本賠償艦交由其他需要船隻的政府部門和單位使用。本艦當時決定交由內政部作為水警船，同年 6 月 26 日移交給浙江省外海水上警察局。由於本艦移交時為無武裝狀態，且艦況較差，浙江外海水警局無力整修使用，又自願退還給海軍，1948 年 12 月末移交給上海第一軍區司令部。海軍在接收後未重新命名，1949 年 5 月從上海撤退時也未將本艦拖往台灣。

　　解放軍進駐上海後獲得本艦，經過整修在 1949 年 11 月 8 日編入華東軍區海軍第二艦大隊，沿用"接 5"艦名，1950 年 4 月 23 日更名"武昌"，編在華東軍區海軍第六艦隊，列為護衛艦，曾參加過解放一江山島等作戰。華東軍區海軍改為東海艦隊後，本艦隸屬護衛艦第六支隊 / 護航艦第六支隊。1956 年末，本艦在象山遇颱風受損，後經修復，於 1961 年更換"209"舷號，約在 1970 年代初退役，後改作靶艦。

接6 / 威海 / 濟南
Chieh 6 Wei Hai Chi Nan

艦　　種： 護航驅逐艦

建造時間： 1945 年 2 月 15 日下水，3 月 15 日竣工

製 造 廠： 日本三菱重工長崎造船所

排 水 量： 740 噸（標準）

主 尺 度： 69.5 米 ×8.6 米 ×3.05 米（全長、寬、吃水）

動　　力： 1 座艦本式甲 25 型透平蒸汽機，2 座零號乙 15 改型ホ號重油專燒水管鍋爐，單軸，2500 馬力

航　　速： 17.5 節

燃料載量： 240 噸重油

續 航 力： 4500 海里 /14 節

武　　備： 十年式 120mm 高射炮 ×2，40mm 博福斯 MK1 高射炮 ×4，九六式 25mm 高射炮 ×6（1947 年在中國海軍成軍時狀態）

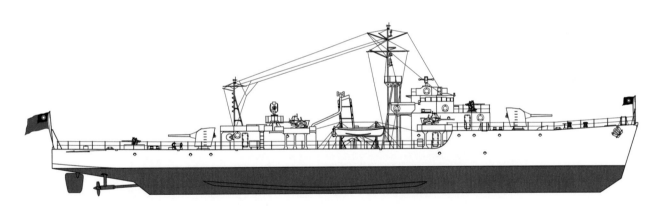

"威海"艦線圖（1947 年在中國海軍成軍時狀態）

艦　史：

　　本艦原為日本海軍"丁"型海防艦"第194號",係第一批日本賠償艦,和同批的"接5"為同型艦。1947年7月6日在上海由中國海軍正式接收,臨時命名"接6",因艦況較佳,奉命"先行裝配,加緊訓練",是首批日償艦中較早安裝武備的軍艦。同年9月3日,本艦曾被調至南京下關向公眾開放參觀,以慶祝抗戰勝利紀念日,隨後即長期在南京一帶巡防。1948年1月,本艦編入海防第二艦隊,同年5月1日更名為"威海"號,編制改列在江防艦隊第十隊二十二分隊,艦種算作護航驅逐艦,以江蘇鎮江為駐泊地。

　　解放軍發動渡江戰役後,駐泊鎮江的軍艦於1949年4月22日晚奉命向長江口突圍。4月23日凌晨,因大霧瀰漫,本艦在江陰附近擱淺,被解放軍繳獲,編入華東軍區海軍第二艦大隊,一度沿用"威海"原名,1950年4月23日更名"濟南",編入華東海軍第六艦隊,列為護衛艦。華東軍區海軍改編為東海艦隊後,本艦列在東海艦隊護衛艦六支隊,1961年更換"217"舷號,1974年改為"525",旋即退役改作靶艦。

編列在華東海軍的"濟南"艦,艦體採用了頗具特點的迷彩塗裝。

接 7 / 營口 / 瑞安

Chieh 7　　Ying Kou　　Jui An

艦　　　種：護航驅逐艦

建造時間：1944 年 11 月 2 日竣工

製 造 廠：日本舞鶴海軍工廠

排 水 量：745 噸（標準）

主 尺 度：67.5 米 ×8.4 米 ×2.9 米（全長、寬、吃水）

動　　　力：2 座 23 號乙型柴油機，雙軸，1900 馬力

航　　　速：16.5 節

燃料載量：106 噸重油

續 航 力：6500 海里 /14 節

武　　　備：十年式 120mm 高射炮 ×2，九六式 25mm 高射炮 ×6（1947 年成軍時狀態）

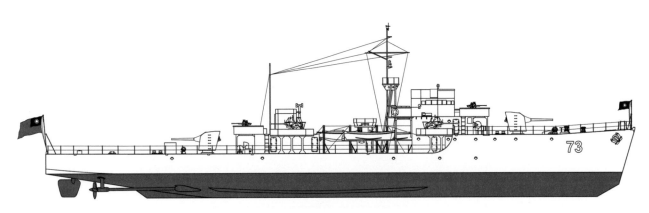

"營口"艦線圖（1950 年狀態）

艦　史：

　　本艦原是日本海軍"丙"型海防艦"第 67 號"，作為首批日本賠償艦於 1947 年 7 月 6 日由中國海軍正式接收，臨時命名"接 7"。本艦和同批的"接 6"因艦況較好，奉命"先行裝配、加緊訓練"，得以儘快整修和武裝成軍，定為護航驅逐艦。1948 年 1 月，本艦編列在海防第二艦隊，5 月 1 日命名為"營口"，此後長期在長江下游江段和內河巡防，同年 10 月 31 日其編制調整至江防艦隊第十隊二十二分隊，駐防鎮江。1949 年解放軍發起渡江戰役時，駐鎮江一帶的國軍軍艦奉命向長江口突圍，各艦艦長曾聚集到本艦會商突圍計劃。突圍抵達上海後，本艦參加了國民黨軍隊防守上海的作戰，上海失守前夕奉命退往浙江鎮海，臨行時還將海關遺棄在上海的緝私艦"和星"拖帶同行。

　　1949 年 6 月 1 日，本艦編制調整至海防第一艦隊五分隊，先後參加對大陸沿海實施封鎖的作戰行動和防守海南島的作戰，1949 年 11 月 16 日編制改至第三艦隊。海南島撤守後，本艦長期在廣東、浙江、福建沿海活動，1950 年 6 月 1 日改隸第三艦隊十二分隊，定舷號"73"，7 月 1 日更名"瑞安"，列為炮艦。1952 年 7 月 1 日編制改至第四艦隊四十二戰隊，1954 年 9 月 3 日解放軍炮擊金門後，本艦曾參加 9 月 7 日起對解放軍炮兵陣地的報復性炮擊。1955 年 1 月 1 日，本艦改隸巡邏艦隊四十二戰隊，同年 8 月 31 日除役。

接 8
Chieh 8

艦　　種： 未定

建造時間： 1944 年 12 月 30 日竣工

製 造 廠： 日本新潟鐵工所

排 水 量： 745 噸（標準）

主 尺 度： 67.5 米 ×8.4 米 ×2.9 米（全長、寬、吃水）

動　　力： 2 座 23 號乙型柴油機，雙軸，1900 馬力

航　　速： 16.5 節

燃料載量： 106 噸重油

續 航 力： 6500 海里 /14 節

武　　備： 無

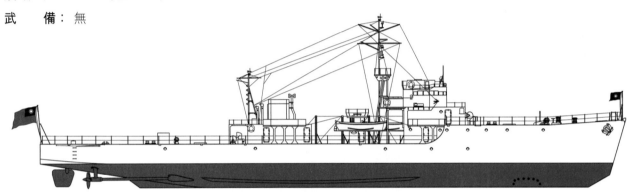

"接 8"艦線圖（1947 年狀態）

艦　史：

　　本艦和"接 7"同型，原為日本海軍的"丙"型驅逐艦"第 215 號"，是日本第一批賠償軍艦中排序最後的一艘，1947 年 7 月 6 日在上海由中國海軍正式接收，定名"接 8"。同年，國民政府指示海軍將部分日本賠償艦退繳政府另行分配，海軍遂將包括本艦在內的一批艦況不佳者退繳行政院。鑒於教育部申請為吳淞、葫蘆島商船學校添置 2 艘實習練習船，行政院便將本艦移交給教育部，於 1948 年 6 月 24 日撥給位於葫蘆島的國立遼海商船專科學校。同年 11 月 1 日，本艦從海軍除籍。

　　另說本艦後來被拖曳回台灣武裝，1960 年拆解，確否待考。

接9 / 華陽

Chieh 9　　Hwah Yang

艦　　種： 驅逐艦

建造時間： 1944 年 7 月 31 日開工，11 月 2 日下
水，1945 年 2 月 8 日竣工

製 造 廠： 日本橫須賀海軍工廠

排 水 量： 1289 噸（標準）

主 尺 度： 98 米 ×9.35 米 ×3.37 米（水線長、
水線寬、吃水）

動　　力： 2 座艦本式齒輪透平機，2 座口號艦
本式重油專燒水管鍋爐，雙軸，19000 馬力

航　　速： 27.8 節

燃料載量： 370 噸重油

續 航 力： 3500 海里 /18 節

武　　備： 無

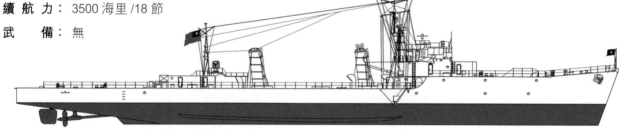

1947 年 7 月 26 日，從佐世保出港來華的 "蔦" 號。

"華陽" 艦線圖（1948 年狀態）

艦　史：

　　本艦原是日本海軍驅逐艦 "蔦"，和第一批賠償艦 "接 2" 同屬於 "改丁" 型驅逐艦，由
於竣工較晚，沒有參加過大的戰事。1947 年 7 月 17 日東京盟軍總部第二次分配日本賠償
艦時，本艦被中國海軍抽得，於 7 月 26 日從日本佐世保出發，28 日抵達吳淞口，30 日在
上海龍華江面由中國海軍舉行儀式接收，定臨時艦名為 "接 9"，旋被安排至吳淞口外封存
停泊。1948 年 5 月 1 日更名 "華陽" 號，艦名選自廣西省華陽縣，定編制於海防第二艦隊
第四隊第八分隊。1949 年解放軍發起渡江戰役後，本艦在 5 月被拖航至澎湖馬公錨泊，
同年 10 月 1 日編制改在訓練艦隊，仍然作為保管艦停泊於馬公，曾一度充當隨南京政府
南逃的東北國立長白師範學院 240 名流亡學生的臨時宿舍。1953 年 5 月本艦被報廢拆解，
1954 年 11 月 11 日除役出售。

接 10 / 惠陽
Chieh 10　　Hui Yang

艦　　種：驅逐艦
建造時間：1944 年 2 月 25 日開工，7 月 3 日下水，8
　　　　　月 25 日竣工
製　造　廠：日本藤永田造船所
排　水　量：1260 噸（標準）
主　尺　度：98 米×9.35 米×3.3 米（水線長、寬、吃水）
動　　力：2 座艦本式齒輪透平蒸汽機，2 座口號艦本
　　　　　式重油專燒水管鍋爐，雙軸，19000 馬力
航　　速：27.8 節
燃料載量：370 噸重油
續　航　力：3500 海里 /18 節
武　　備：無

攔淺在淡水海岸的 "惠陽" 艦

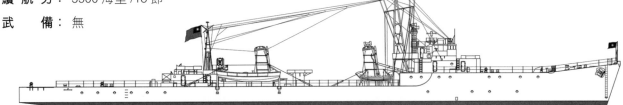

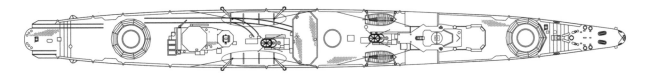

"惠陽" 艦線圖（1948 年狀態）

艦　史：

　　本艦原是日本海軍驅逐艦 "杉"，和 "接 3" 同屬於 "丁" 型驅逐艦。太平洋戰爭期間，曾參加過著名的雷伊泰灣海戰（Leyte Gulf）以及奧爾莫克（Ormoc）輸送戰。1947 年 7 月 26 日作為第二批賠償艦從佐世保出發來華，7 月 30 日在上海龍華江面由中國海軍接收，定臨時艦名 "接 10"，隨後安排到吳淞口外荒泊。1948 年 5 月 1 日，本艦更名為 "惠陽" 號，係取廣東省惠陽縣的縣名，編列在海防第二艦隊第四隊第九分隊。1949 年 4 月解放軍發動渡江戰役，本艦在同年 5 月被國民黨軍拖離上海，原計劃航向基隆，但在淡水附近海岸攔淺，後於 1951 年放棄施救，報廢拆解。

接 11 / 臨安

Chieh 11　　　Lin An

艦　　種： 護航驅逐艦

建造時間： 1943 年 7 月 28 日竣工

製造廠： 日本鋼管鶴見造船所

排水量： 870/1020 噸（標準 / 公試）

主尺度： 77.7 米 ×76.2 米 ×9.1 米 ×3.05 米（全長、水線長、寬、吃水）

動　　力： 2 座艦本式 22 號 10 型柴油機，雙軸，4200 馬力

航　　速： 19.7 節

燃料載量： 207 噸燃油

續航力： 8000 海里 /16 節

武　　備： 十年式 120mm 高射炮 ×1，三年式 76mm 高射炮 ×1，九六式 25mm 雙聯高射炮 ×4（1951 年成軍時狀態）

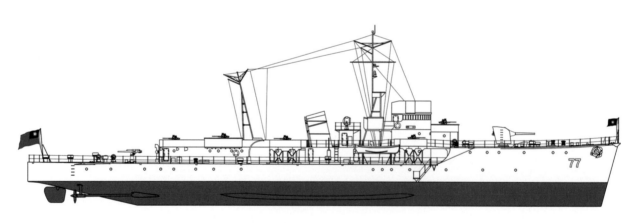

"臨安" 艦線圖（1951 年狀態）

艦　史：

　　本艦原是日本海軍"擇捉"級海防艦"對馬"號，後成為第二批日償艦，1947 年 7 月 31 日在上海由中國海軍接收，臨時命名"接 11"，隨後被安排到吳淞口外停泊封存。1948 年 5 月 1 日，本艦改名"臨安"，編列在海防第二艦隊第五隊十分隊。

　　1949 年 5 月 1 日，本艦被拖航至台灣基隆，編制改在海防第一艦隊五分隊，10 月 1 日又改到訓練艦隊。1950 年 1 月美國宣佈停止對台灣的軍事援助，包括本艦在內的很多處於封存狀態的日償艦重獲重視，被視為加強台灣地區海軍軍力的重要途徑。本艦隨即被送入海軍造船廠維修艦體並加裝武備，1951 年 7 月 1 日正式成軍，編入海軍第三艦隊，艦級改為炮艦，舷號也採用了炮艦的模式，定為"77"。此後，本艦長期在福建、浙江沿海活動，與解放軍艦船多有交火，並於 1954 年前後進行了美械改裝。在解放軍炮擊金門時，本艦參加了對廈門一帶解放軍炮兵陣地的報復性回擊。1955 年 1 月 1 日，本艦編制調整到巡邏艦隊四十一戰隊，1957 年 11 月 1 日退役。

1947 年，停泊在佐世保等待賠償給中國的"對馬"艦。

接 12 / 長沙
Chieh 12　Chang Sha

艦　　　種： 未定

建造時間： 1944 年 6 月 8 日開工，10 月 18 日下水，12 月 27 日竣工

製 造 廠： 日本川崎重工泉州工場

排 水 量： 740 噸（標準）

主 尺 度： 69.5 米 ×8.6 米 ×3.05 米（全長、寬、吃水）

動　　　力： 1 座艦本式甲 25 型透平蒸汽機，2 座零號乙 15 改型ホ號重油專燒水管鍋爐，單軸，2500 馬力

航　　　速： 17.5 節

燃料載量： 240 噸重油

續 航 力： 4500 海里 /14 節

武　　　備： 無

艦　史：

　　本艦原為日本海軍"丁"型海防艦"第118號"，係日本對華第二批賠償艦之一，1947年7月31日在上海由中國海軍接收，臨時命名"接12"。當年，國民政府要求海軍將部分日償艦繳還給政府另行安排，本艦由海軍上繳給行政院。時值教育部向行政院申請2艘賠償艦，作為吳淞和葫蘆島兩地的商船學校的航海練習船，本艦遂於1948年6月26日移交給吳淞國立海事職業學校，同年11月1日從海軍除籍。

　　1949年解放軍進駐上海後獲得本艦，經過整修和武裝，作為護衛艦編入華東軍區海軍，1950年4月23日命名為"長沙"號，列入華東軍區海軍第六艦隊。華東軍區海軍改編為人民解放軍海軍東海艦隊後，本艦列在東海艦隊護衛艦六支隊，1961年改舷號為"216"，1975年6月在潛艇部隊訓練中作為靶艦被擊沉。

1947年7月26日下午1時在佐世保拍攝到的正在出港前往上海的"第118號"海防艦

接 13 / 同安
Chieh 13　　Tung An

艦　　　種： 護航驅逐艦

建造時間： 1945 年 2 月 28 日竣工

製 造 廠： 日本三菱重工長崎造船所

排 水 量： 740 噸（標準）

主 尺 度： 69.5 米 ×8.6 米 ×3.05 米（全長、寬、吃水）

動　　　力： 1 座艦本式甲 25 型透平蒸汽機，2 座零號乙 15 改型木號重油專燒水管鍋爐，單軸，2500 馬力

航　　　速： 17.5 節

燃料載量： 240 噸重油

續 航 力： 4500 海里 /14 節

武　　　備： 無

艦　　　史：

　　本艦原為日本海軍"丁"型海防艦"第
192 號"，係日本對華第二批賠償艦之一，
1947 年 7 月 31 日在上海被中國海軍正式接
收，臨時定名"接 13"，隨後停泊在吳淞口
作為封存保管艦。1948 年 5 月 1 日，定名
"同安"，取自福建同安縣名。1949 年 5 月，
本艦被由上海拖航至台灣基隆，10 月 1 日
編入訓練艦隊。由於本艦艦況較差，且配件
缺乏、維修經費支絀，遂於 1950 年停修，
再度列為封存保管艦，1951 年 3 月 1 日報
廢拆解，拆卸下的尚堪使用的零件則作為海
軍其他同型艦的維修備件。

1947 年 7 月 26 日，離開日本佐世保開往上海的"第
192 號"海防艦。

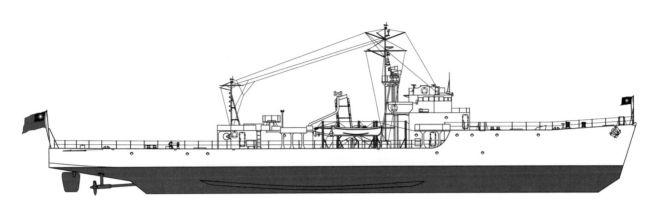

"同安"艦線圖（中國海軍接收後狀態）

接 14 / 西安
Chieh 14　　　Xi An

艦　　種：未定

建造時間：1945 年 1 月 17 日開工，2 月 26 日下水，3 月 31 日竣工

製 造 廠：日本三菱重工長崎造船所

排 水 量：740 噸（標準）

主 尺 度：69.5 米 ×8.6 米 ×3.05 米（全長、寬、吃水）

動　　力：1 座艦本式甲 25 型透平蒸汽機，2 座零號乙 15 改型ホ號重油專燒水管鍋爐，單軸，2500 馬力

航　　速：17.5 節

燃料載量：240 噸重油

續 航 力：4500 海里 /14 節

武　　備：無

艦　史：

　　本艦原為日本海軍"丁"型海防艦"第 198 號"，係日本對華第二批賠償艦之一，1947 年 7 月 26 日從日本佐世保出發，7 月 31 日在上海龍華江面由中國海軍正式接收，暫名"接 14"。當年國民政府要求海軍將部分日償艦繳出，以供其他需要艦船的政府部門和單位調用，本艦被海軍列入繳出名單。1948 年 3 月 23 日行政院召集相關部門會商後，確定將本艦撥給內政部，以加強沿海省份的水警力量，同年 6 月 26 日本艦和"接 5"艦一起移交給浙江省外海水上警察局。後因艦體需要維修，且需加裝武備，浙江外海水警局自覺無力，又在同年年底將 2 艦退還給海軍，移交上海海軍第一軍區司令部，後被廢置。

　　1949 年解放軍進駐上海後獲得本艦，經過整修和安裝武備後成軍，編入華東軍區海軍作為護衛艦，1950 年 4 月 23 日命名"西安"，編列於華東海軍第六艦隊。華東軍區海軍改編為東海艦隊後，本艦編在護衛艦六支隊，1961 年改舷號為"217"，1974 年改舷號為"527"，1975 年前後退役。

1947 年從佐世保出港來華時的"第 198 號"海防艦

接 15 / 吉安
Chieh 15　　Chi An

艦　　種：護航驅逐艦

建造時間：1945 年 5 月 31 日竣工

製 造 廠：日本鋼管鶴見造船所

排 水 量：745 噸（標準）

主 尺 度：67.5 米 ×8.4 米 ×2.9 米（全
　　　　　長、寬、吃水）

動　　力：2 座 23 號乙型柴油機，雙
　　　　　軸，1900 馬力

航　　速：16.5 節

燃料載量：106 噸重油

續 航 力：6500 海里 /14 節

武　　備：十年式 120mm 高射炮 ×2，
　　　　　40mm 博福斯 MK3 高射炮
　　　　　×2，九六式 25mm 高射炮
　　　　　×4(1949 年成軍時狀態)

1947 年 7 月 26 日從佐世保出港，駛往中國的"第 85 號"海防艦。

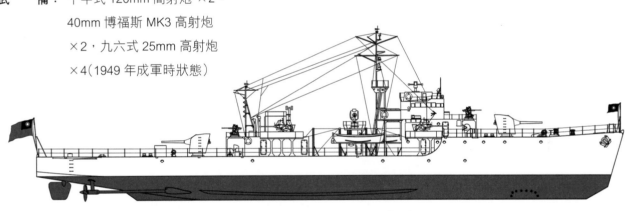

"吉安"艦線圖（1949 年成軍後狀態）

艦　史：

　　本艦原為日本海軍"丙"型海防艦"第 85 號"，係日本對華第二批賠償艦之一，1947 年 7 月 31 日在上海接收，暫定名"接 15"。1948 年 5 月 1 日更名"吉安"號，取江西省吉安縣縣名，艦型定為護航驅逐艦，編制暫列於海防第二艦隊，經海軍江南造船所維修和安裝武備後，於 1949 年 1 月 1 日成軍。

　　本艦入役後，即參加長江防線巡防。1949 年 4 月 20 日晚至 21 日，解放軍發動渡江戰役，國民黨海防第二艦隊司令林遵於 23 日率部分軍艦於南京附近江面起義，本艦亦參與其中，旋即在 4 月 28 日被國民黨空軍炸沉於南京燕子磯附近江面。此後，本艦雖被打撈出水，但因傷損過重未能修復，遂拆解報廢處理。

接 16 / 新安 / 長安
Chieh 16　　Hsin An　　Chang An

艦　　種：護航驅逐艦

建造時間：1944 年 10 月 10 日竣工

製 造 廠：日本新潟鐵工所

排 水 量：745 噸（標準）

主 尺 度：67.5 米 ×8.4 米 ×2.9 米（全長、寬、吃水）

動　　力：2 座 23 號乙型柴油機，雙軸，1900 馬力

航　　速：16.5 節

燃料載量：106 噸重油

續 航 力：6500 海里 /14 節

武　　備：十年式 120mm 高射炮 ×2，40mm 博福斯 MK3 高射炮 ×2，
　　　　　九六式 25mm 高射炮 ×4（1949 年成軍時狀態）

艦　史：

　　本艦原是日本海軍"丙"型海防艦"第205號"，是日本第二批賠償艦中排序最後的軍艦，1947年7月31日在上海由中國海軍接收，命名為"接16"，1948年5月更名為"新安"，取自浙江省縣名，旋於7月改名"長安"，取自陝西省縣名。本艦接收後長期荒泊在吳淞口，事實上屬於封存保管艦。1949年5月被拖航至台灣基隆，列入訓練艦隊，由於艦況差，不堪修復，1950年2月16日除役，3月1日取消編制。

日本海軍時期的"第205號"海防艦，照片拍攝於剛竣工時。

接 17 / 汾陽
Chieh 17　　Fen Yang

艦　　　種：驅逐艦

建造時間：1943 年 8 月 25 日開工，1944 年 9 月 25 日下水，1945 年 1 月 31 日竣工

製　造　廠：日本三菱長崎造船所

排　水　量：2701/3470 噸（標準 / 公試）

主　尺　度：132 米 ×126 米 ×11.6 米 ×4.15 米（水線長、垂線間長、寬、平均吃水）

動　　　力：2 座艦本式透平蒸汽機，3 座口號艦本式重油專燒水管鍋爐，雙軸，52000 馬力

航　　　速：33 節

續　航　力：8000 海里 /18 節

武　　　備：無

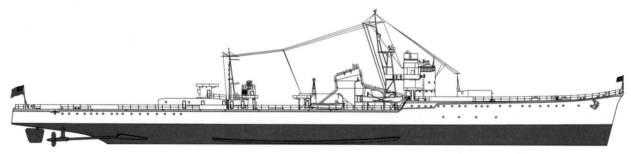

"汾陽"艦線圖（中國海軍接收後狀態）

艦　史：

　　1947 年 8 月 13 日，盟軍總部在日本東京舉行第三批日本賠償艦的分配抽籤，中國代表抽中第三組，本艦是中國獲得的第三批賠償艦中噸位、規模最大的一艘。

　　本艦原為日本海軍"秋月"型驅逐艦"宵月"號，當年 8 月 25 日與同批賠償艦一起離開日本佐世保，27 日到達山東青島，30 日在青島由中國海軍接收，定臨時艦名為"接17"。由於本艦艦體較大，當天的第三批日償艦接收儀式即在艦上舉行。接收之後，本艦和當批的部分日償艦一起在青島處於封存停泊狀態。1948 年中國海軍對日償艦重新定名時，本艦被算作驅逐艦，以帶有"陽"字的地名命名為"汾陽"（山西汾陽縣名），編列在海防第二艦隊第四隊。

　　1949 年 2 月，國民黨軍在華北戰場全面潰敗，青島形勢岌岌可危，本艦被拖航至台灣基隆，10 月編列於訓練艦隊。由於本艦體量大，維修至可用狀態的難度較大，最終被放棄修復，於 1953 年 9 月除役，改在左營充當海軍官校泊港訓練艦。1954 年 7 月 31 日報廢出售，1955 年 3 月 16 日註銷艦籍。

日本戰敗後停泊在吳港的 "宵月" 號，後來成為中國海軍的 "汾陽" 艦。

接 18 / 長白 / 固安
Chieh 18　　Chang Pai　　Ku An

艦　　種： 護航驅逐艦

建造時間： 1942 年 2 月 27 日開工，1943 年 3 月 28 日竣工

製 造 廠： 日本浦賀船渠

排 水 量： 870/1020 噸（標準 / 公試）

主 尺 度： 77.7 米 ×76.2 米 9.1 米 ×3.05 米（全長、水線長、寬、吃水）

動　　力： 2 座艦本式 22 號 10 型柴油機，雙軸，4200 馬力

航　　速： 19.7 節

燃料載量： 207 噸燃油

續 航 力： 8000 海里 /16 節

武　　備： 十年式 120mm 高射炮 ×2，九六式 25mm 高射炮若干（1948 年成軍時狀態）

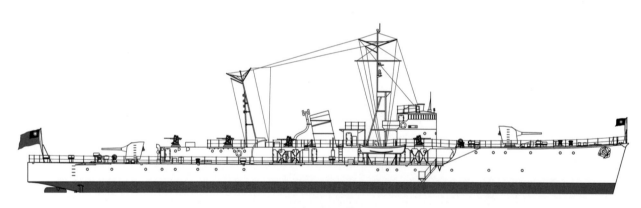

"固安" 艦線圖

艦　史：

　　本艦原是日本海軍"擇捉"型海防艦"隱岐"號，1947年作為第三批日本賠償艦來華，8月30日在青島被中國海軍接收，臨時命名"接18"。行政院要求海軍將部分日償艦交給政府處理時，本艦一度列在交付清單中。但為抵制這一侵害海軍利益的政策，海軍部隨即以北方海域需要破冰船為由，將實際並不適合當作破冰船的本艦定為破冰船留用，並以東北長白山的名字命名"長白"。1948年5月1日，本艦被撤銷破冰船編制，進行整修和安裝武備，恢復為護航驅逐艦，更名"固安"（河北省固安縣縣名），編列在海防第一艦隊第三分隊。

　　1949年5月解放軍迫近上海時，本艦隨海防第一艦隊軍艦參加了保衛上海的作戰，後退往浙江舟山定海。當年7月，本艦在浙江嵊泗列島海域遭颱風侵襲，擱淺在泗礁島東北角，因損壞嚴重而棄艦，9月16日除役。後艦體被解放軍獲得，在江南造船廠修理和重新配置武器後編入解放軍海軍服役，更名"長白"，此後可能又改名"瑞金"，定舷號"218"。

1947年8月25日，在佐世保即將出發前往青島的"隱岐"。

接 19 / 雪峰 / 正安
Chieh 19　　Hsueh Fong　　Cheng An

艦　　種：護航驅逐艦

建造時間：1944 年 5 月 10 日竣工

製 造 廠：日本日立櫻島造船所

排 水 量：940/1020 噸（標準 / 公試）

主 尺 度：78.77 米 ×77.5 米 ×72.5 米 ×9.1 米 ×3.05 米（全長、水線長、垂線間長、寬、吃水）

動　　力：2 座艦本式 22 號 10 型柴油機，雙軸，4200 馬力

航　　速：19.7 節

燃料載量：120 噸重油

續 航 力：5000 海里 /16 節

武　　備：十年式 120mm 高射炮 ×1，三年式 76mm 高射炮 ×1，九六式 25mm 高射炮 ×（不詳）

　　　　　（1951 年成軍時狀態）

艦　　史：

　　本艦是日本海軍"御藏"級海防艦"屋代"號，日本戰敗後殘存，被列入日本第三批對華賠償艦，於 1947 年 8 月 25 日離開佐世保，27 日抵達山東青島，30 日被中國海軍接收，定臨時艦名"接 19"。此後，海軍為抵制國民政府想將部分日償艦調出他用的安排，將本艦和"接 18"都以破冰船的名義留用，編列在海防第一艦隊，為此取湖南雪峰山的山名，將本艦更名為"雪峰"號，不過由於本艦艦況較差，實際上一直處於在青島港閒泊，沒有艦員的狀態。國共內

1947 年 8 月 25 日從佐世保出發前往青島的 "屋代"

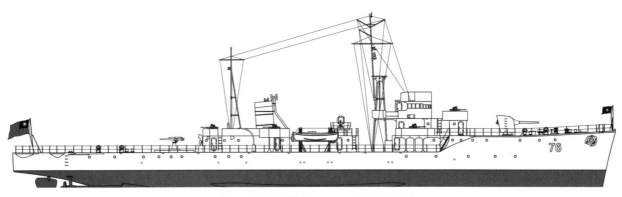

"正安"艦線圖（1951年成軍時狀態）

1954年改換美式裝備後的"正安"艦

戰青島局勢緊張時，本艦於1948年10月1日被拖航到台灣左營，編列在海防第二艦隊第五隊十分隊，1949年10月1日改隸訓練艦隊。1950年，本艦被送入海軍造船廠維修和安裝武備，1951年3月正式成軍，編列在第一艦隊，同時根據護航驅逐艦的艦名規範，更名"正安"（取自貴州省正安縣縣名），定舷號"76"。1952年7月1日，本艦改編至第四艦隊四十二戰隊，1954年進行了美械改裝。1958年8月1日停役，10月1日除役。

接 20 / 成安
Chieh 20   Cheng Chi

採用 "72" 舷號後的 "成安" 艦

艦　　種：護航驅逐艦
建造時間：1944 年 12 月 22 日竣工
製 造 廠：日本藤永田造船所
排 水 量：740 噸（標準）
主 尺 度：69.5 米 ×8.6 米 ×3.05 米（全長、寬、吃水）
動　　力：1 座艦本式甲 25 型透平蒸汽機，2 座零號乙
　　　　　15 改型ホ號重油專燒水管鍋爐，單軸，2500
　　　　　馬力
航　　速：17.5 節
燃料載量：240 噸重油
續 航 力：4500 海里 /14 節
武　　備：十年式 120mm 高射炮 ×2，
　　　　　厄利孔 20mm 高射炮 ×11

1947 年 8 月 25 日，從佐世保開
往中國青島的 "第 40 號" 海防艦。

艦　史：

　　本艦原是日本海軍 "丁" 型海防艦 "第 40 號"，係日本第三批賠償艦之一，1947 年 8 月 30 日在青島被中國海軍接收，定名 "接 20"。1948 年 3 月整修武裝完成，編入海防第一艦隊三分隊，同年 5 月更名 "成安"，取自河北省縣名。本艦成軍後很快被暫編到海軍第二軍區，在黃、渤海區域配合國軍作戰，同年 10 月 1 日改編到海防第二艦隊第五隊十一分隊。隨着國軍在華北戰場節節失利，本艦先後參加了將煙台軍政人員撤運長島，將威海劉公島守軍撤運青島，將塘沽守軍撤運青島、長島，以及最後將青島守軍和軍政人員撤運浙江舟山定海的行動。1949 年 12 月 17 日，本艦改隸屬於海防第三艦隊，參加了撤運廣東湛江國軍至海南島的行動，隨即參與海南島防禦作戰，在此期間，本艦被解放軍炮彈擊中舵葉，12 月 24 日由 "武功" 艦拖往澎湖馬公維修，順路搭載了隨國軍流亡到海南島的東北國立長白師範學院學生 180 人（另有 60 人搭乘 "武功" 艦）。

　　本艦在澎湖馬公維修完畢後重返海南島，1950 年 4 月 22 日參加了撤運海南島國軍的行動，同年 6 月 1 日編制改至第二艦隊八分隊，定舷號 "72"。1951 年 9 月 8 日，本艦和 "炮 8"、"炮 11" 曾在福建沿海的目嶼島附近海面擊沉解放軍武裝輪船 "賽江" 號。1952 年 7 月 1 日，本艦改編至第四艦隊四十三戰隊，後於 1953 年 7 月 16 日參加了支援國軍突襲福建東山島的作戰。1954 年本艦在台灣海軍第二造船廠換裝美式火炮，1955 年 1 月 1 日改隸屬巡邏艦隊四十二戰隊，1958 年 8 月 1 日停役，10 月 1 日除役。

接 21 / 泰安
Chieh 21　　　 Tai An

艦　　種： 護航驅逐艦

建造時間： 1944 年 12 月 16 日下水，1945 年 1 月 31 日竣工

製 造 廠： 日本三菱重工長崎造船所

排 水 量： 740 噸（標準）

主 尺 度： 69.5 米 ×8.6 米 ×3.05 米（全長、寬、吃水）

動　　力： 1 座艦本式甲 25 型透平蒸汽機，2 座零號乙 15 改型木號重油專燒水管鍋爐，單軸，2500 馬力

航　　速： 17.5 節

燃料載量： 240 噸重油

續 航 力： 4500 海里 /14 節

武　　備： 十年式 120mm 高射炮 ×2，40mm 博福斯 MK3 高射炮 ×4，九六式 25mm 高射炮 ×6

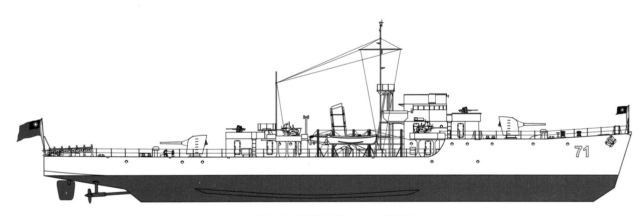

"泰安"艦線圖（1950 年狀態）

1950 年代初期拍攝的"泰安"艦，艦體採用迷彩塗裝，艦首標有醒目的"71"舷號，此時艦上的火炮均為日式。

艦　史：

　　本艦原為日本海軍"丁"型海防艦"第 104 號"，和同在第三批賠償艦中的"接 20"同型，1947 年 8 月 30 日在青島被中國海軍接收，臨時命名"接 21"。1948 年 5 月 1 日更名"泰安"號，艦名取自山東省縣名，經對艦體實施整修並安裝武備，當年 10 月 1 日正式成軍，編入海防第二艦隊第五隊十一分隊，和"成安"同隊。當時國民黨軍隊在華北戰場不斷潰敗，本艦成軍後參加了封鎖華北海岸，撤運山東煙台、威海劉公島、青島等地國軍等行動。隨後，本艦奉命在福建、浙江、廣東一帶沿海活動，參加了撤運福建馬尾國軍的行動。

　　1950 年 5 月，本艦參與了撤運舟山國軍的行動，後又參與了撤運廣東萬山群島國軍的行動。1950 年 6 月 1 日，編制改隸第二艦隊八分隊，定舷號為"71"。當年 6 月 22 日，在廣東外伶仃海面抓捕大陸民生公司商船"太湖"號，1952 年參加突擊南日島的作戰。1955 年 1 月 1 日，本艦調至巡邏艦隊四十二戰隊，1958 年 8 月 1 日停役，10 月 1 日除役。

接 22 / 黃安 / 瀋陽

Chieh 22　　　Huang An　　　Shen Yang

艦　　種：護航驅逐艦

建造時間：1944 年 12 月 15 日下水，1945 年 1 月 25 日竣工

製　造　廠：日本舞鶴海軍工廠

排　水　量：745 噸（標準）

主　尺　度：67.5 米 ×8.4 米 ×2.9 米（全長、寬、吃水）

動　　力：2 座 23 號乙型柴油機，雙軸，1900 馬力

航　　速：16.5 節

燃料載量：106 噸重油

續　航　力：6500 海里 /14 節

武　　備：無

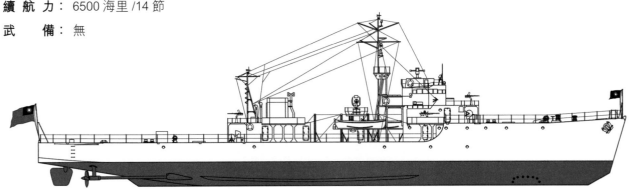

"黃安"艦線圖（1947 年接收時狀態）

艦　　史：

　　本艦原是日本海軍"丙"型海防艦"第 81 號"，係第三批日本對華賠償艦，1947 年 8 月 30 日在青島由中國海軍接收，臨時命名"接 22"。1948 年 5 月 1 日取湖北省縣名更名為"黃安"，編列在海防第一艦隊。此後，本艦一直在青島維修和加裝武備。1949 年 2 月 21 日，艦上官兵鞠慶珍、劉增厚等趁艦長離艦的機會發動起義，駕艦離開青島港南下，於 3 月 13 日到達解放區連雲港，本艦就此成為國共內戰期間第一艘起義參加解放軍的國軍軍艦。3 月 15 日，國軍轟炸機將本艦炸沉於連雲港，後被解放軍組織打撈修復，編入華東軍區海軍第六艦隊，定為護衛艦，更名"瀋陽"號。華東軍區海軍改編為東海艦隊後，本艦編在護衛艦第六支隊，曾參加解放一江山島作戰。1972 年退役，1980 年報廢拆解。

接 23 / 潮安
Chieh 23　　Chao An

日本戰敗後作為特別輸送艦完工的"第 107 號"，艦尾主甲板上加蓋的艙棚是為了從海外運回日本軍隊和僑民臨時設置的住艙。

艦　　　種：護航驅逐艦

建 造 時 間：1945 年 1 月 3 日開工，1946 年 5 月 30 日竣工

製 造 廠：日本鋼管鶴見造船所

排 水 量：745 噸（標準）

主 尺 度：67.5 米 ×8.4 米 ×2.9 米（全長、寬、吃水）

動　　　力：2 座 23 號乙型柴油機，雙軸，1900 馬力

航　　　速：16.5 節

燃 料 載 量：106 噸重油

續 航 力：6500 海里 /14 節

武　　　備：3inMK22 炮 ×2，40mm 博福斯 MK3 高射炮 ×2，
　　　　　　20mm 厄利孔高射炮 ×4

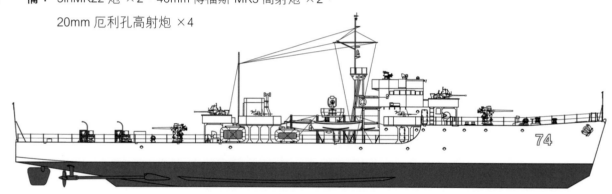

"潮安"艦推測線圖（1950 年狀態）

艦　史：

　　本艦原是日本海軍"丙"型海防艦"第 107 號"，由於開工較晚，日本戰敗時尚未完工，根據盟軍總部的命令，作為將海外日本軍民撤運回國的特別輸送艦繼續施工。完成撤運任務後，本艦列在對華第三批賠償艦中，於 1947 年 8 月 30 日在青島由中國海軍接收，定臨時艦名為"接 23"，1948 年 5 月 1 日以廣東省縣名更名"潮安"。

　　1949 年 2 月，本艦被從青島拖航至台灣基隆，於當年年末完成艦體維護和武備安裝，其武備均為美式，是日本賠償艦中較早裝備美械的軍艦。武裝成軍後，"潮安"在 12 月 1 日首先編列在海防第三艦隊，派往海南島參加戰防。海南島撤守後，本艦於 1950 年 6 月 1 日調歸第一艦隊四分隊，定舷號"74"，此後長期在浙江、福建沿海執行作戰任務。1952 年 7 月 1 日改隸屬第四艦隊四十二戰隊，1954 年 9 月 3 日解放軍炮轟金門後，本艦曾參加對廈門一帶解放軍陣地的報復性炮擊。同年 9 月 25 日，本艦在駛往澎湖馬公途中遇風暴擱淺，因損毀嚴重而放棄，12 月 16 日除役。

接 24 / 武夷

Chieh 24　Wu Yi

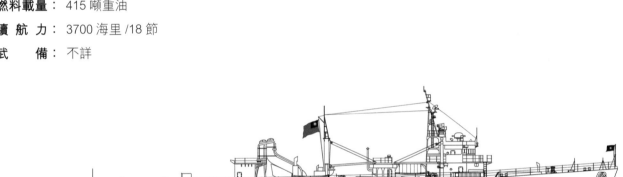

1947 年停泊在佐世保等待前往中國的 "第 16 號"

艦　　種：供應艦

建造時間：1944 年 8 月 12 日開工, 10 月 10 日下水,

　　　　　12 月 31 日竣工

製造廠：日本三菱重工橫濱造船所

排水量：1500/1965 噸（標準 / 滿載）

主尺度：96 米 ×10.2 米 ×3.2 米（全長、寬、吃水）

動　　力：1 座艦本式透平蒸汽機，2 座口號艦本式重油專燒鍋爐，單軸，9500 馬力

航　　速：22 節

燃料載量：415 噸重油

續航力：3700 海里 /18 節

武　　備：不詳

"武夷" 艦線圖（中國海軍接收後狀態）

艦　史：

　　本艦屬於日本海軍 "第一號" 型一等輸送艦。該型艦頗具特點，主甲板向艦尾直接傾斜入水，成為兩棲戰車、小型登陸艇可以直接行駛或施放上陸的坡道甲板，這是日本海軍在太平洋戰爭中為了適應敵前強行登陸運輸而設計的。戰爭末期，曾被日軍用於搭載 "甲標的" 自殺潛艇，戰敗後則一度被當作捕鯨船使用。

　　本艦原名 "第 16 號"，作為日本第三批賠償艦，1947 年 8 月 30 日由中國海軍在青島接收，臨時命名 "接 24"。1948 年 5 月 1 日正式命名 "武夷"，取自福建武夷山的山名，同年 10 月編列為海軍總司令部直屬供應艦，1949 年 5 月 1 日從青島拖航至澎湖馬公維修，當年 10 月 1 日列入訓練艦隊。當時，海軍原想將本艦恢復使用，但由於主機損毀嚴重，僅鍋爐就需要更換 3000 餘根水管，無望在短期內修復，遂於 1950 年 2 月 15 日停役，3 月 1 日改為封存保管艦。1950 年 11 月 10 日，停泊馬公的本艦遭遇颱風，擱淺在四角嶼，艦底破損嚴重，遂於 1951 年 2 月 1 日報廢除役。

接 25 / 瀋陽

Chieh 25　　Shen Yang

艦　　種：驅逐艦

建造時間：1921 年 11 月 7 日開工，1922 年 6 月 24 日下水，
　　　　　11 月 11 日竣工

製 造 廠：日本舞鶴海軍工廠

排 水 量：1215 噸（標準）

主 尺 度：102.6 米 ×8.9 米 ×2.9 米（全長、水線寬、平均
　　　　　吃水）

動　　力：2 座三菱帕森斯式透平蒸汽機，3 座口號艦本式重
　　　　　油專燒水管鍋爐，雙軸，25000 馬力

航　　速：29.5 節

燃料載量：395 噸重油

武　　備：無

編入中國海軍後的 "瀋陽" 艦

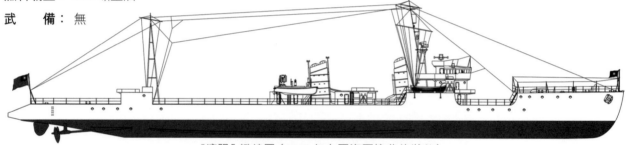

"瀋陽" 艦線圖（1947 年中國海軍接收後狀態）

艦　史：

　　本艦原是日本海軍 "野風" 型驅逐艦 "波風" 號，1944 年 9 月 8 日在護衛運輸船從日本
小樽前往北千島群島時被美軍潛水艇 "海豹"（Seal）用魚雷擊中，艦體後部斷裂，後在修
復時被改造為自殺兵器 "回天" 魚雷的母艦。

　　日本戰敗後，本艦在 1947 年作為第四批日本賠償艦交給中國，是當批中噸位最大的
軍艦，被臨時定名 "接 25"，當年 10 月 4 日在青島由中國海軍接收，接收儀式即在本艦舉
行。1948 年 5 月 1 日，本艦更名 "瀋陽"，當年國民政府要求海軍將部分賠償艦繳出，供
其他政府部門和單位使用，海軍鑒於本艦艦齡較老，即列入上繳名單，由行政院分配給交
通部。交通部原計劃將其撥給青島電信總局，改造為海底電纜船，但因故放棄，後在 8 月
18 日移交給招商局青島分局，11 月 1 日從海軍除籍。同年 12 月 31 日，招商局因無力修
理本艦，又重新退回海軍。1949 年初，本艦從青島拖航至台灣左營，10 月 1 日編入訓練
艦隊，因為艦況太差而列作封存保管艦。1950 年 10 月 1 日，確定不作修理，改作泊港訓
練艦，1953 年 8 月 16 日報廢除籍。

接 26 / 廬山

Chieh 26　　　Lu Shan

艦　　種：供應艦

建造時間：1944 年 11 月 24 日開工，1945 年 1 月 27 日下水，3 月 10 日竣工

製造廠：日本川南浦崎造船所

排水量：950 噸（標準）

主尺度：80.5 米 ×72 米 ×75.5 米 ×9.1 米 ×2.94 米（全長、垂線間長、水線長、寬、吃水）

動　　力：1 座艦本式甲 25 型透平蒸汽機，2 座艦本式木號重油專燒水管鍋爐，單軸，2500 馬力

航　　速：16 節

續航力：去程 1000 海里 /16 節，歸程 1700 海里 /14 節

武　　備：不詳

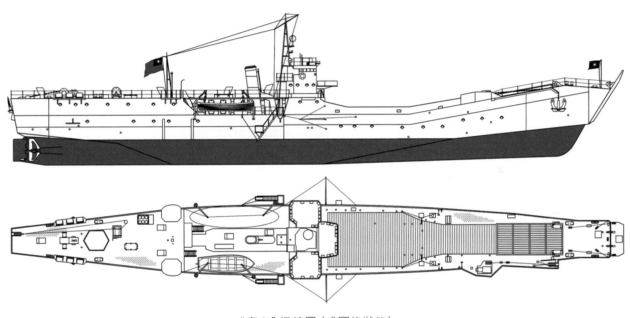

"廬山"艦線圖（成軍後狀態）

艦　史：

　　本艦原為日本海軍二等輸送艦"第 172 號"，作為第四批日本賠償艦，1947 年 10 月 4 日在青島被中國海軍接收，臨時命名"接 26"。1948 年 5 月 1 日正式命名為"廬山"，同年 10 月定作海軍總司令部直屬供應艦，12 月 21 日在黃浦江被美國重巡洋艦"聖保羅"（Saint Paul，CA73）撞傷。1949 年 6 月 1 日，本艦被從青島拖航至台灣左營，同年 10 月 1 日隸屬訓練艦隊，1950 年 10 月 1 日改隸艦艇訓練司令部。本艦在 1953 年修復，編入運輸艦隊，舷號"308"，1955 年在台灣遇風暴擱淺，因受損過重而報廢拆解。

美國重巡洋艦“聖保羅”撞擊“廬山”後的景象，“廬山”艦的艦體已經嚴重傾斜。

1955 年擱淺受損後的 "廬山" 艦

"廬山" 艦被美軍 "聖保羅" 號軍艦衝撞後的情形。

1946 年 12 月 15 日，停泊在佐世保惠比須灣的 "第 172 號"。

接 27 / 武陵
Chieh 27 　　Wu Ling

艦　　種： 供應艦

建造時間： 1942 年 8 月 31 日竣工

製 造 廠： 日本日立櫻島工場

排 水 量： 951 噸（公試）

主 尺 度： 62.29 米 ×59.35 米 ×58 米 ×9.4 米 ×3.1 米（全長、水線長、垂線間長、寬、吃水）

動　　力： 2 座艦本式 23 號甲 8 型柴油機，雙軸，1600 馬力

航　　速： 15 節（設計）

燃料載量： 80 噸重油

續 航 力： 3500 海里 /12 節

武　　備： 3inMK22×1，40mm 博福斯 MK3×1（在中國海軍成軍時狀態）

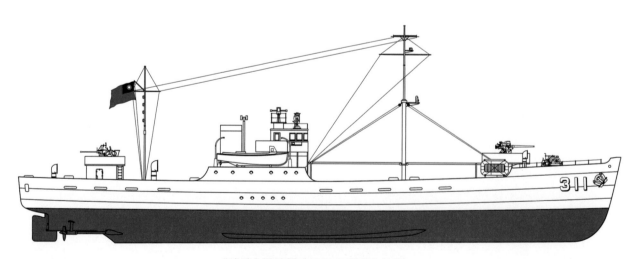

"武陵"艦線圖（1950 年狀態）缺圖

艦　史：

　　本艦原是日本海軍"杵埼"級給糧船"白埼"，艦上設有冷凍儲藏設施。日本戰敗後，本艦作為第四批賠償艦，於 1947 年 10 月 4 日在青島移交給中國海軍，定名"接 27"，是第四批日償艦中來華時艦況最佳者。1948 年 5 月 1 日，本艦更名"武陵"，取自湖南的山名，12 月 1 日正式成軍，編為海軍總司令部直轄勤務艦，調駐南京。

　　1949 年解放軍發動渡江戰役後，海防第二艦隊司令林遵率南京附近江面的部分艦艇起義加入解放軍，本艦則在 4 月 23 日和其他不願起義的軍艦一起突圍出長江。同年 12 月 5 日，本艦改隸屬海防第一艦隊，參加了封鎖長江口的行動，並於 1950 年 1 月 30 日在長江口抓獲 1 艘大陸商船，押回浙江定海。2 月 1 日本艦編入第二艦隊，6 月 1 日調整至第三艦隊十二分隊，定舷號"311"。1952 年 9 月 1 日本艦編入後勤艦隊六十三分隊，擔任台灣離島的運輸補給工作。1965 年調整舷號為"511"，1970 年 5 月 1 日退役。

採用"311"舷號時的"武陵"艦

日本戰敗後充當特別輸送艦時的"白埼"

接 28 / 永靖
Chieh 28　Yung Ching

艦　　種：佈雷艦
建造時間：1942 年 4 月 25 日竣工
製 造 廠：日本日立櫻島造船所
排 水 量：720/750 噸（標準 / 公試）
主 尺 度：74.7 米 ×7.85 米 ×2.60 米（全長、寬、吃水）
動　　力：2 座艦本式柴油機，雙軸，3600 馬力
航　　速：20 節
燃料載量：35 噸重油
續 航 力：2000 海里 /14 節
武　　備：3inMK22 高射炮 ×1，
　　　　　40mm 博福斯 MK3 高射炮 ×1，
　　　　　20mm 厄利孔高射炮 ×5，
　　　　　水雷 ×120（1949 年美械狀態）

日本戰敗後成為特別輸送艦時的"濟州"號

艦　史：

　　本艦原是日本海軍"平島"型敷設艇"濟州"，後作為第四批賠償艦，於 1947 年 10 月 4 日在青島被中國海軍接收，更名"接 28"，1948 年 5 月 1 日，以湖南省地名命名為"永靖"，和當時美援佈雷艦以帶有"永"字的地名命名的情況相同。

　　經武裝和修理後，本艦於 1948 年 10 月 1 日正式成軍，編列在海防第二艦隊第六隊十三分隊。由於當時華北戰事吃緊，本艦被暫時交由位於青島的海軍第二軍區司令部調用，先後參加了海運煙台國軍至葫蘆島登陸，以及撤運華北各地國軍至長島，撤運威海劉公島國軍至青島等行動。1949 年 5 月，本艦參加了防衛上海的作戰，曾在上海月浦以西的八字橋等地以艦炮阻滯解放軍的攻勢。此後，本艦隨第一艦隊撤至浙江舟山定海，編制改隸海防第一艦隊五分隊。

　　1949 年 11 月，本艦赴台灣左營進行大修，更換美式武備。1950 年 6 月 1 日改隸第三艦隊十二分隊，先定舷號"75"，後改為"70"。1952 年 7 月 1 日，編制調整至第三艦隊三十三戰隊。1955 年 1 月 1 日第三艦隊改為掃佈雷艦隊，本艦即隸屬掃佈雷艦隊三十三戰隊。1960 年 5 月 1 日除役。

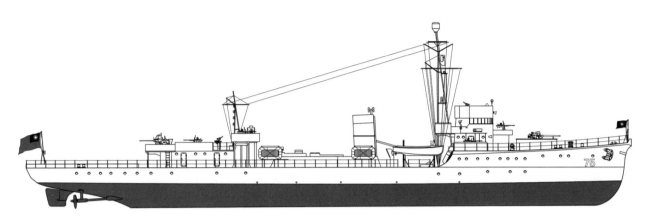

"永靖"艦線圖(1948 年在中國海軍成軍後狀態)

1950 年採用"75"舷號後的"永靖",照片中可以看到艦上已經換裝了美式火炮。

接 29
Chieh 29

艦　　種： 未定

建造時間： 1915 年 5 月 25 日竣工

製 造 廠： 日本舞鶴海軍工廠

排 水 量： 405 噸（標準）

主 尺 度： 45.7 米 ×7.6 米 ×2.3 米（垂線間長、寬、吃水）

動　　力： 2 座立式 3 脹蒸汽機，2 座口號艦本式鍋爐，雙軸，600 馬力

航　　速： 12 節

煤艙容量： 60 噸

武　　備： 無

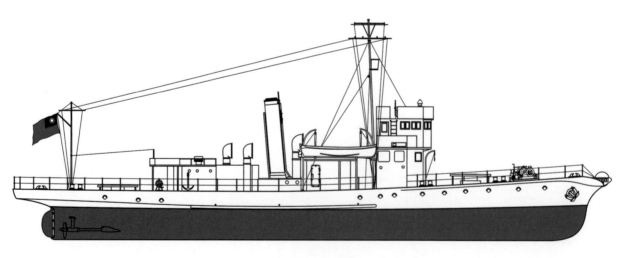

"接 29" 艦線圖

艦　史：

　　本艦原是日本海軍"戶島"型敷設特務艇"黑島"號，建造於第一次世界大戰時期，是第二次世界大戰後日本倖存的古老軍艦之一，也是日本賠償給中國的艦齡最老的軍艦。作為第四批賠償艦之一，本艦於 1947 年 10 月 4 日在青島被中國海軍接收，定名"接 29"。海軍原計劃將本艦修整成運輸艦，但當時國民政府要求海軍將部分日本賠償艦繳出，供需要船艦的其他政府單位調用，海軍遂將本艦移交給行政院，後根據內政部提出的加強各省水警力量的要求，本艦被調撥給內政部，就近分派給山東省警務處水上警察隊。1948 年 5 月 8 日，山東水警隊派員到艦查看，發現艦況很差，未予接收，將其退回海軍。

　　1949 年 2 月 22 日，本艦在青島維修時，代理艦長劉建勝和部分艦員準備駕艦隨同"黃安"艦起義參加解放軍，後被截回，策劃起義的人員被槍決。當年 5 月，因青島防守形勢緊張，本艦被拖航至浙江舟山定海，由定海工廠設法維修，經勘驗發現鍋爐爐管有數百根需要更換，且樣式老舊，難以尋找更換件，遂決定放棄修理，將艦上堪用設備全部拆卸，用於維修"接 30"。本艦則在 1950 年 5 月 1 日除役，5 月 16 日國軍從舟山撤退時將其自沉於長塗港口。

中國海軍接收之後的"黑島"艦

1947 年 9 月 30 日在佐世保拍攝到的"黑島"艦，此時本艦即將前往中國。

接 30 / 驅潛 11 / 海宏 / 雅龍 / 渠江

Chieh 30　　　SC11　　　Hai Hung　　　Ya Lung　　　Chiu Chinag

艦　　　種：炮艦

建造時間：1944 年 1 月 31 日竣工

製　造　廠：日本函館船渠

排　水　量：420 噸（標準）

主　尺　度：51 米 ×6.7 米 ×2.63 米（全長、寬、吃水）

動　　　力：2 座艦本式 23 號 8 型柴油機，雙軸，1700 馬力

航　　　速：16 節

燃料載量：16 噸重油

續　航　力：2000 海里 /14 節

武　　　備：三年式 76mm 高射炮 ×1，九六式 25mm 三聯裝高射炮 ×1，

九三式 13mm 機槍 ×2（改為炮艦時狀態）

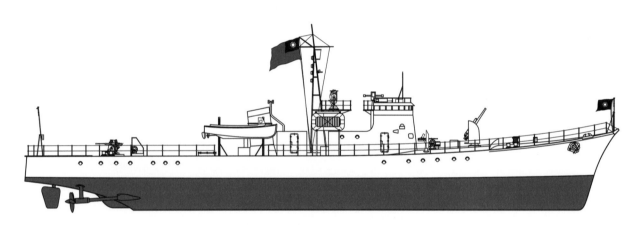

"雅龍"艦線圖（1949 年成軍狀態）

1947 年 6 月在佐世保拍攝到的"第 49 號"，此時艦上的武備已全部拆除。

艦　史：

　　本艦原是日本海軍"第28號"型驅潛艇"第49號"，係日本第四批賠償軍艦，1947年10月4日在青島由中國海軍接收，定名"接30"。根據國民政府要求，本艦被海軍上繳，轉撥給財政部，由財政部指派給下屬的膠海關當作緝私艦。1948年5月13日，膠海關派員登艦檢查後認為修理困難，且船員食宿設施簡陋，不願接收，遂退回海軍，編列在第二巡防艇隊。

　　1949年5月12日，本艦被拖航往浙江舟山定海，編列在溫台巡防處，由海軍定海工廠進行整修和安裝武備，其艦體維修所缺備件大部分從"接29"艦上拆用。同年9月1日修竣，武裝成軍，作為驅潛艇，更名"驅潛11號"。1950年7月1日根據海軍新的命名規則，更名"海宏"，定舷號"401"，旋在1951年1月16日更名"雅龍"，定為炮艦，改舷號"86"，隸屬第二艦隊二十二戰隊。此後，本艦長期在大陸東南沿海活動，與解放軍軍艦多有交火。1954年4月，本艦在台灣基隆進行維修，並加裝美式平面搜索雷達，更名"渠江"號，改舷號"106"。當年5月16至17日，本艦在浙江三門灣一帶海域與解放軍軍艦交火，其中尤以5月17日的鯁門海戰最為激烈。戰後，艦長梁天價獲"青天白日勳章"。1955年1月1日，本艦被調整至巡防艦隊二十一戰隊，當年2月6日編入TF85船團掩護區隊，護衛大陳列島國民黨軍隊的撤退行動。同年10月1日，本艦因艦況不佳除役，1956年出售給唐榮及光華鐵工廠報廢拆解。

更換"106"舷號後的"渠江"艦，主桅桿頂端可以看到雷達天線罩。本艦因鯁門海戰而著名，雖然當時艦名已經改為"渠江"，但在台灣的新聞報道中仍然喜用"雅龍"舊名，並譽之為"浙海之龍"、"自由之龍"。

接 31 / 驅潛 12 / 海達 / 富陵 / 岷江
Chieh 31　　　　SC12　　　　Hai Ta　　　　Fu Ling　　Min Chiang

艦　　種： 炮艦

建造時間： 1938 年 5 月 10 日開工，10 月 15 日下水，1939 年 5 月 9 日竣工

製 造 廠： 日本三菱重工橫濱船渠

排 水 量： 291 噸

主 尺 度： 56.2 米 ×5.6 米 ×2.1 米（長、寬、吃水）

動　　力： 2 座艦本式 22 號 6 型柴油機，雙軸，2600 馬力

航　　速： 20 節

燃料載量： 20 噸重油

續 航 力： 2000 海里 /14 節

武　　備： 40mm 博福斯 MK3 高射炮 ×2，九六式 25mm 高射炮 ×3（成軍後狀態）

艦　史：

　　本艦原是日本海軍"第 4 號"型驅潛艇"第 9 號"，1947 年 10 月 4 日作為第四批日償艦，由中國海軍在青島接收，臨時定名"接 31"。當年，根據國民政府的要求，本艦被調撥給財政部，計劃和"接 30"一起作為膠海關的緝私艦。1948 年 5 月 13 日膠海關派員查看後，認為艦況較差，放棄接收，改交山東省保安司令部，同年 12 月 31 日山東省保安司令部也放棄接收，退回海軍。

　　本艦於 1949 年 1 月 1 日編入第一炮艇隊，同年撤至浙江舟山群島。後作為驅潛艇，於 9 月更名"驅潛 12"，並在台灣左營進行整修。1950 年 4 月 22 日派駐金門，在金門附近海域先後於 4 月 27 日抓獲大陸商船"和樂"號，5 月 1 日抓獲大陸貨船"成興"號，6 月 1 日抓獲大陸商船"捷喜"號，為此受到金門防衛司令部表彰，獲授"金門之鰲"榮譽稱號。當年 7 月 1 日，根據國民黨海軍新頒行的艦船命名規定，更名"海達"，舷號"402"，仍然駐防金門。1951 年 8 月 1 日，本艦艦級改為炮艦，更名"富陵"，改舷號"87"，隸屬第二艦隊二十二戰隊，調往浙江沿海。1954 年，本艦在台灣進行改裝，4 月 1 日更名"岷江"，改舷號"107"。1955 年 1 月 1 日隸屬巡防艦隊二十一戰隊，2 月 8 日列入 TF85 船團掩護區隊，掩護大陳列島國軍撤退，同年 3 月 16 日除役。

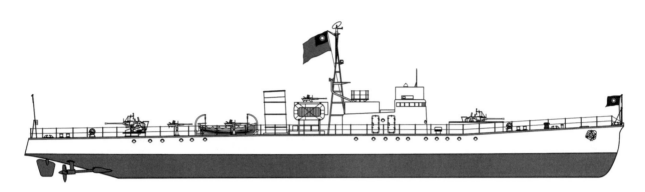

"富陵"艦線圖（1949年中國海軍時期狀態）

日本戰敗後拆除了武備的"第9號"驅潛艇

駐防金門時，採用迷彩塗裝的"富陵"號。

接 32 / 掃雷 201 / 秋風
Chieh 32　　　　　YMS-201　　　　Qiu Feng

艦　　　種：掃雷艇

建 造 時 間：1943 年 4 月 24 日竣工

製 造 廠：日本大阪鐵工所彥島工場

排 水 量：230 噸（滿載）

主 尺 度：33 米 ×28.97 米 ×29.6 米 ×5.916 米 ×2.95 米（全長、水線長、垂線間長、水線寬、吃水）

動　　　力：1 座赤坂式柴油機，單軸，300 馬力

航　　　速：9.5 節

燃 料 載 量：10 噸重油

續 航 力：1500 海里 /9.5 節

武　　　備：40mm 博福斯 MK3 高射炮 ×1，小口徑機槍 ×（不詳）

“掃雷 201” 線圖（1948 年在中國海軍成軍後狀態）

艦　　史：

　　本艇係日本海軍 “第 1 號” 型掃海特務艇 “第 14 號”，因為借鑒了日本漁船的船型設計，在日本又被稱為 “漁船型掃海艇”。作為第四批日本賠償艦，1947 年 10 月 4 日在青島由中國海軍接收，臨時命名 “接 32”。1948 年 1 月 1 日成軍，編入第一炮艇隊，1948 年 5 月 1 日更名 “掃雷 201”，交由長山島巡防處使用。

　　1949 年 2 月 17 日凌晨，本艇士兵李雲修等人利用艇長赴長山島開會未歸的機會發動起義，駕艇從長山島駛往解放區煙台，參加人民解放軍。本艇後參加了解放軍解放長山島的戰鬥，艇名改為 “秋風” 號。1949 年 9 月，膠東軍區海軍教導大隊奉調加入華東軍區海軍時，即由本艇將人員從威海運送到青島搭乘火車。本艇此後也南下編入華東軍區海軍，參加了長江口的掃雷作業以及解放舟山群島的作戰，後改為華東軍區海軍教練艇，1976 年報廢。

接 33 / 掃雷 202 / 江毅
Chieh 33　　　　YMS 202　　　　Chinag Yi

艦　　種：掃雷艇

建造時間：1943 年 6 月 30 日竣工

製造廠：日本佐野安船渠

排水量：230 噸（滿載）

主尺度：33 米 ×28.97 米 ×29.6 米 ×5.916 米 ×2.95
　　　　米（全長、水線長、垂線間長、水線寬、吃水）

動　　力：1 座赤坂式柴油機，單軸，300 馬力

航　　速：9.5 節

燃料載量：10 噸重油

續航力：1500 海里 /9.5 節

武　　備：40mm 博福斯 MK3 高射炮 ×1，小口徑機槍 ×（不詳）

中國海軍接收後的"接 33"，照片上可以看到
標在駕駛室外壁上的阿拉伯數字代號"33"。

艦　史：

　　本艇和"接 32"同型，原是日本海軍的"第 19 號"掃海特務艇，係第四批對華賠償艦，中國海軍接收後臨時命名"接 33"。1948 年 1 月 1 日成軍，編入第一炮艇隊，5 月 1 日更名"掃雷 202"，交由長山島巡防處使用。1949 年南撤福建沿海，9 月 19 日參加了國軍防守廈門的作戰，10 月 25 日參加金門古寧頭反登陸作戰。1950 年 7 月 1 日更名"江毅"，定舷號"401"，1952 年 7 月 1 日改舷號"541"，隸屬第三巡防艇隊，駐紮基隆，擔任近海巡邏和警戒任務。1962 年 3 月 1 日，本艇從海軍停役，移交給台灣"國防部情報局"，1968 年 1 月 1 日除役。

準備賠償給中國的"第 19 號"掃海特務艇，1947 年 9 月攝於日本舞鶴。

接 34 / 掃雷 203 / 江勇

Chieh 34　　　　YMS 203　　　　Chinag Yung

艦　　　種：掃雷艇

建造時間：1943 年 10 月 20 日竣工

製　造　廠：日本名村造船所

排　水　量：230 噸（滿載）

主　尺　度：33 米 ×28.97 米 ×29.6 米 ×5.916 米 ×2.95 米（全長、水線長、垂線間長、水線寬、吃水）

動　　　力：1 座赤坂式柴油機，單軸，300 馬力

航　　　速：9.5 節

燃料載量：10 噸重油

續　航　力：1500 海里 /9.5 節

武　　　備：40mm 博福斯 MK3 高射炮 ×1，小口徑機槍 ×（不詳）

艦　　史：

　　本艇和"接 31"、"接 32"同型，原為日本海軍"第 1 號"型掃海特務艇"第 22 號"，在日本第四批賠償艦中來華，臨時定名"接 34"。1948 年 1 月 1 日武裝成軍，隸屬第一炮艇隊，同年 2 月 1 日調歸塘大巡防處使用，5 月 1 日更名"掃雷 203"，後撥給長山島巡防處使用。

　　1948 年 12 月 8 日，參加撤運劉公島國軍的行動；1949 年 8 月 12 日參加撤運長山島海軍陸戰隊的行動；9 月 4 日參加撤運福建平潭國軍的行動；9 月 19 日和"掃雷 202"一起參加防守廈門的作戰；10 月 25 日參加金門古寧頭反登陸作戰。1950 年 3 月 23 日，本艇曾在金門附近海域捕獲大陸"大中山"號貨輪。同年 7 月 1 日更名"江勇"，定舷號"402"。1952 年 7 月 1 日改舷號"542"，隸屬第三巡防艇隊。1962 年 3 月 1 日，本艇在海軍停役，移交台灣"國防部情報局"使用，1968 年 1 月 1 日除役。

1947 年 9 月在日本橫須賀拍攝到的"第 22 號"掃海特務艇，當時正在準備作為賠償艦開往中國。

英國援助艦

抗戰末期，南京國民政府在 1944 年援引美國租借軍艦援助中國的先例，向英國提出租艦請求。此外，抗戰時曾有部分中國海關緝私艦避入香港，但在香港淪陷時被日軍擄去，國民政府據此認為港英當局負有保管不力的責任，要求英國贈送軍艦給中國作為賠償。最終，英方贈送、租借了"重慶"、"靈甫"等軍艦給中國。這些軍艦儘管數量不多，但是其中包括了排水量近 6000 噸的大型巡洋艦，超出了當時美國援華軍艦的等級，是抗戰後中國海軍獲得的頗具價值的一組艦艇。

接艦回國途中的英援軍艦"重慶"、"靈甫"。

重慶
Chung King

艦　　種： 巡洋艦

建造時間： 1935 年 7 月 23 日開工，1936 年 8 月 20 日下水，1937 年 11 月 12 日竣工

製 造 廠： 英國樸茨茅斯船廠（Portsmouth Dockyard）

排 水 量： 5270 噸（標準）

主 尺 度： 154.2 米 × 152.4 米 × 146.3 米 × 15.54 米 × 4.21 米（全長、垂線間長、水線長、寬、平均吃水）

動　　力： 4 座帕森斯（Parsons）式齒輪透平蒸汽機（Geared Turbine），

　　　　　4 座海軍上將型三點式燃油水管鍋爐，4 軸，64000 馬力

航　　速： 32 節（最大航速）

武　　備： 6in MK-XXIII 雙聯炮 × 3，4in MK-XVI 雙聯高射炮 × 4，40mm 維式 4 聯裝高射炮 × 2，

　　　　　20mm 厄利孔高射炮 × 8，21in3 聯裝魚雷發射管 × 2

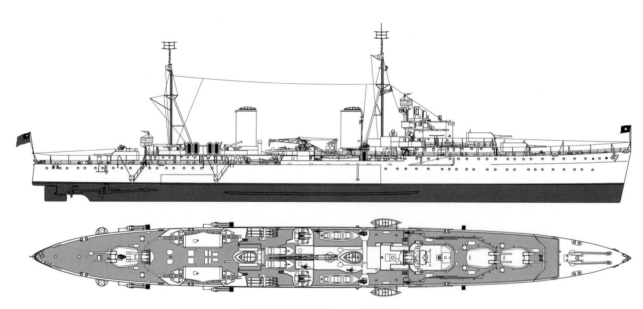

"重慶"艦線圖（1948 年狀態）

艦　史：

　　本艦原是英國海軍"林仙"（Arethusa）級輕巡洋艦"曙光女神"號（Aurora），二戰中曾參加過追擊德國軍艦"俾斯麥"（Bismarck）的戰鬥行動，還曾在北非沿海攻擊意大利運輸船艦，獲得"銀光鬼"的別號。因戰鬥經歷豐富，在同級軍艦中頗為著名。1945 年 8 月，英國政府將本艦贈送給中國，作為對抗戰期間在香港損失的中國海關緝私艦的補償。

　　1948 年 5 月 19 日，本艦在英國樸茨茅斯由中國海軍接艦部隊接收，更名"重慶"號，8 月 13 日駛抵南京，成為當時中國海軍戰鬥力最強的軍艦，首任艦長鄧兆祥。本艦隨後被派赴天津塘沽參加國共內戰，1948 年 10 月 3 日至 7 日，蔣中正由海軍總司令桂永清等陪同乘坐本艦前往葫蘆島視察督戰，期間發現艦務管理混亂，曾在艦上大發雷霆。當年 10 月 11 日，本艦護衛國軍 39 軍從煙台海運葫蘆島，馳援被解放軍圍攻的錦州，13—15 日間，還曾多次以艦炮攻擊塔山附近的解放軍陣地，由於艦體吃水深，難以近岸，無法直接觀測射擊目標，只能根據地圖推定坐標數據盲射，命中率極低。東北戰事結束後，本艦於 11 月 14 日返回上海，實施整修。

　　1945 年海軍組建接艦部隊時，選入的士兵多為抱着抗日救國志向而投身海軍的知識青年，抗戰勝利後很多士兵萌生退伍想法，然而海軍嚴禁退伍，士兵們多心懷不滿，且對政治腐敗、內戰再起的時局感到憤憤，以至於艦上發生了士兵逃離，故意破壞機器設備等事件。此外，在中共地下黨的策動下，士兵中組成"重慶艦士兵解放委員會"（簡稱解委會）等秘密反蔣組織，準備發動奪艦起義。

　　1949 年 2 月 22 日，本艦奉命將一批海軍資金送往台灣，23 日出航後因遇到大霧而折返吳淞口。25 日凌晨 1 時 30 分，"解委會"發動起義，成功控制全艦，並逼迫艦長鄧兆祥等高級軍官駕駛軍艦離開吳淞口，於 26 日順利到達解放區煙台。3 月 3 日，本艦在煙台遭國民黨空軍飛機轟炸，立即轉往解放區葫蘆島隱蔽停泊，又被國民黨空軍偵察發現，在 3 月 18 日、19 日連續遭到猛烈轟炸。因當時解放軍缺乏防空能力，為保全軍艦，決定採取自沉的措施，但由於下沉行動實施倉促，發生了艦體側翻以及主龍骨撞擊海底受損等事故，以至於軍艦倒臥港中，為此後的打撈增添了難度。

　　中華人民共和國成立後，1950 年 10 月與蘇聯簽訂打撈合同，在蘇聯專家指導下開始打撈。1951 年 5 月 16 日艦體打撈出水，6 月 13 日由 1 艘蘇聯驅逐艦護衛拖航至大連船渠工程船塢修理，8 月 7 日出塢，更名"黃河"。海軍原計劃修復該艦，因代價太大，遂改在大連停泊待命。1954 年 11 月，海軍決定暫不修復本艦，1955 年，原為本艦預儲艦員而組建的"黃河"部隊解散。1957 年，本艦被批准報廢，艦上的鍋爐、蒸汽機變賣，艦體在 1959 年 10 月 27 日調撥給上海打撈局使用。上海打撈局曾試圖將打撈獲得的舊巡洋艦"海容"的蒸汽機裝入本艦，將其改造成遠洋救撈船，後因難度太大而放棄。1964 年，國家成立天津 641 工程指揮部（今渤海石油公司），在渤海勘探開採石油，本艦被移交該指揮部當作海上宿舍船，後在文化大革命期間被拆解變賣。

1	1. 接艦歸國時途經馬耳他（Malta）港的 "重慶" 號
2	2. 接艦回國途中在新加坡海域被拍攝到的 "重慶" 艦

1. "重慶"艦起義後停泊在葫蘆島港時被拍攝到的珍貴照片

2. "重慶"艦自沉時原計劃以端正的坐沉姿態下沉,以便將來進行起浮,但是實施過程中發生計算失誤和事故,結果導致艦體側翻,為日後的打撈增加了難度,而且對艦體造成了嚴重損傷。

3. 1949年3月18日"重慶"艦遭到轟炸後,艦上的凌亂景象。

4. 1951年打撈後在旅順船塢維修中的"重慶"艦

靈甫
Ling Foo

中國海軍在英受訓駕駛中的"孟狄甫"

艦　　　種：護航驅逐艦

建造時間：1907 年訂造，1908 年建成

製 造 廠：英國亞羅船廠（Yarrow）

排 水 量：1000 噸

主 尺 度：85.34 米 ×80.53×8.84 米
　　　　　×3.81 米（全長、垂線間長、寬、吃水）

動　　　力：2 座帕森斯齒輪式透平機，2 座海軍部型燃油水管鍋爐，雙軸，19000 馬力

航　　　速：28 節（設計航速）

燃料載量：240 噸燃油

續 航 力：2000 海里 /12 節

武　　　備：4inMK-XVI 雙聯炮 ×2，
　　　　　40mmMK-V 4 聯高射炮 ×1，
　　　　　20mm 厄利孔高射炮 ×2，深水炸彈 ×40

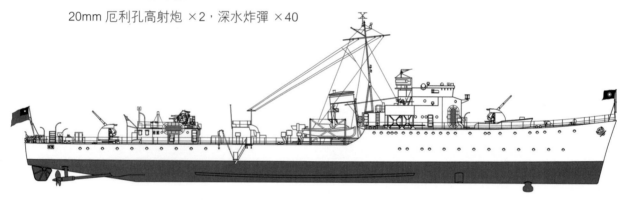

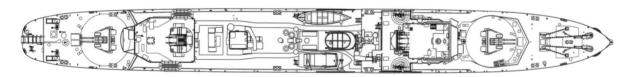

"靈甫"艦線圖（中國海軍狀態）

艦　史：

　　本艦原是英國海軍"獵"級一型（Hunt，Type1）護航驅逐艦"孟狄甫"號（Mendip），1945 年，英國決定將本艦以無償借用的形式提供給中國，借期 5 年。中國海軍組成接艦團赴英國先行受訓，後於 1948 年 5 月 19 日在英國樸茨茅斯正式接收了本艦和"重慶"號。本艦命名"靈甫"，以紀念 1947 年 5 月 16 日孟良崮戰役中陣亡的國軍整編 74 師師長張靈甫。本艦隨後在 1948 年 5 月 26 日和"重慶"艦結伴回國，8 月 14 日到達南京下關，隨後正式成軍。

1948 年秋，本艦曾被派往東北戰場，後於 11 月 14 日調回南京，承擔南京至江陰的江上防務。和同一時期"重慶"艦上發生的情況相似，本艦的士兵也大多為抱着抗日救國的志向投身海軍的知識青年，此時抗戰早已結束，人心思去，同時很多青年士兵對腐敗、內戰的時局感到不滿。經中共地下黨策反，本艦上也成立了秘密地下組織，準備擇機奪艦起義。

1949 年 2 月 25 日"重慶"艦起義後，海軍鑒於本艦的人員和"重慶"艦有諸多相似之處，遂對本艦提高戒備。當年 3 月 24 日，本艦被派從上海開赴廣州，艦上部分官兵原計劃發動起義，但海軍總司令部與英國在華艦隊協商，由英國海軍驅逐艦"司酒神"(Comus) 全程監視航行，起義未果。當年 4 月 21 日，本艦從廣州開往香港加注油料，地下組織再度準備奪艦起義，但本艦到達香港後即被英國海軍看管，隨之英國宣佈將其提前收回，起義計劃再度流產，31 名預謀起義的人員得以自行離開軍艦，從香港乘商船北上投奔解放區。

1949 年 5 月 27 日，本艦在香港舉行儀式歸還給英國，恢復"孟狄甫"原名，同年 9 月 12 日在新加坡從英國海軍除役，隨後被埃及購買。11 月 9 日駛抵埃及亞歷山大港 (Alexandria)，15 日移交給埃及海軍，更名"穆罕默德·阿里"(Mohamed Ali el Kebir)，1951 年又更名"亞伯拉罕"(Ibrahim el Awal)。第二次中東戰爭期間，本艦在 1956 年 10 月 31 日奉命偷襲以色列城市海法 (Haifa)，結果被以軍俘虜，經維修後在 1957 年 11 月編入以色列海軍，更名"海法"，舷號 K-38，服役至 1968 年退役，改作靶艦。本艦的主炮等武器、設備由位於海法的海軍博物館 (Clandestine Immigration and Naval Museum) 收藏。

接艦回國途中在馬耳他入港時的"靈甫"號

伏波（四代）
Fu Poo IV

艦　　種：護衛艦

建造時間：1939 年 12 月 4 日開工，1940 年 9
　　　　　月 19 日下水，1941 年 1 月 13 日竣
　　　　　工

製　造　廠：英國亨利 · 羅伯公司（Henry Robb）

排　水　量：925/1450 噸（標準 / 滿載）

主　尺　度：62.5 米 ×15.24 米 ×5.18 米（長、寬、
　　　　　尾吃水）

動　　力：1 座柴油機，單軸，2750 馬力

航　　速：16.5 節（設計）

續　航　力：2750 海里 /9 節

武　　備：4inMK-IX 高射炮 ×1，40mmMK-VIII 高射炮 ×1，20mm 厄利孔高射炮 ×2，劉易斯雙聯機槍 ×2

中國海軍接收後尚在英國的 "伏波" 艦，
尾樓末端的旗桿上已經懸掛中國國旗。

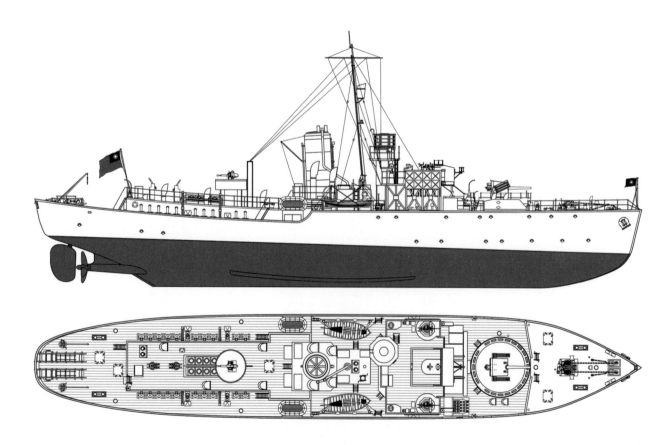

"伏波" 艦線圖（1947 年成軍狀態）

艦　史：

　　1944 年中國向英國提出援助軍艦的申請，於 1945 年獲英國政府同意。本艦是當時英國援助中國的第 1 艘軍艦，屬於英國海軍的"花"級（Flower）護衛艦，原名"矮牽牛"（Petunia），1946 年 1 月 12 日在英國樸茨茅斯舉行交接儀式，交付中國海軍接艦部隊，更名為"伏波"號。由於艦體小，主甲板空間逼仄，無法排列隊伍舉行典禮，交接儀式實際是在同港停泊的英國海軍戰列艦"聲望"號（Renown）上舉行。經培訓後，本艦於 1946 年 8 月 8 日由中國海軍接艦部隊駕駛返國，10 月 17 日抵達香港時，正值"重慶"、"靈甫"接艦部隊赴英途經香港，兩支接艦團在香港相會，傳為一時佳話。

　　本艦此後在香港進行整修維護，於 12 月 14 日到達南京，編列在海防艦隊。1947 年 2 月 28 日，台灣爆發"二·二八"事件，根據台灣行政長官陳儀的要求，海軍調動軍艦前往協助控制局勢。本艦被派往左營，於 3 月 18 日從福州馬尾出發，19 日凌晨 0 時 15 分航經廈門東南 100 餘海里處的龜嶼時，突遭招商局"海閩"輪撞擊艦尾右舷，導致艦內大量進水，3 分鐘後沉沒。由於沉沒速度快，且"海閩"輪未積極救援，遂釀成本艦艦員及在艦實習的海軍學校航 14 期學生共 130 人遇難，僅有 1 人遇救生還的慘劇，這是中國海軍史上的重大海難事件。

停泊在樸茨茅斯等待移交給
中國的"矮牽牛"

防 1-防 8
Fang1-Fang8

艦　　種：港灣摩托炮艇

建造時間：不詳

製 造 廠：不詳

排 水 量：44-46/52-54 噸（標準 / 滿載）

主 尺 度：21.95 米 ×4.83 米 ×0.91 米 ×1.4 米
　　　　　（長、寬、正常吃水、滿載吃水）

動　　力：2 座柴油機，雙軸，544 馬力

航　　速：16 節（最大）

燃料載量：1200 加侖（gal）柴油

續 航 力：260-330 海里 /11-12 節

武　　備：博福斯 40mm 高射炮 ×1，厄利孔 20mm 高射炮 ×1，雙聯機槍 ×2

台灣時期的 HDML，由於重要性降低，武備也已弱化，照片中可以看到駕駛台後裝備的 20 毫米口徑炮已經拆除。

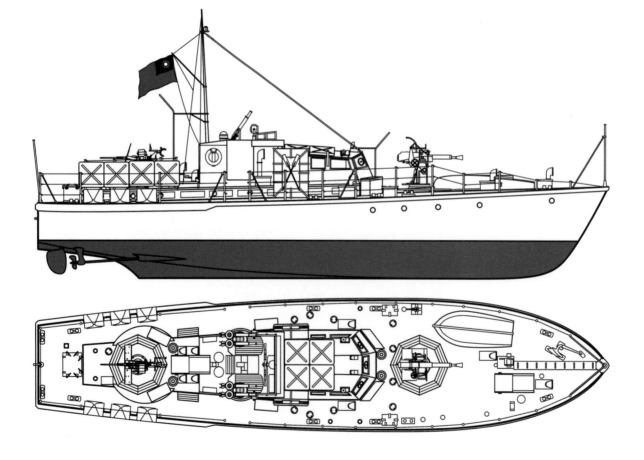

HDML 炮艇線圖（中國海軍接收後狀態）

艦　史：

　　本批炮艇是英國在 1945 年支援給中國的艦艇，同型共 8 艘，俗稱"八艇"。艇型屬於木質的摩托化港灣炮艇，即 HDML（Harbor Defense Motor Launch），是英國在第二次世界大戰中建造的用於近海巡邏、防禦的小型軍艦，機動性強，火力兇猛。

　　為接收本艇，中國海軍曾派官兵赴英國受訓，但由於本型艇不適於遠航，無法直接航行來華，受訓官兵訓練結束後先行返國，炮艇則分為五批搭附在商船上運至上海交付。首批為 1947 年 3 月 4 日由英國輪船 Samwye 運抵的 HDML1406，第二批為 4 月 30 日運抵的 HDML1058、1390、1405 三艘，第三批是 5 月 31 日運抵的 HDML1033，第四批為 7 月 31日運抵的 HDML1068，最後一批是 9 月 30 日運抵的 HDML1047、1059。

　　8 艇到齊後，專門編製為海岸巡防艇隊，各艇分別更名"防 1"至"防 8"，派在長江巡邏，參加長江防線防務。1949 年 4 月解放軍發動渡江戰役後，本型 8 艇參加了防守上海的作戰，後隨海軍艦隊退往浙江舟山定海，被整編為第一機動艇隊，在浙江沿海與解放軍作戰。1949 年 6 月 24 日，本型艇曾支援國軍突擊寧波穿山半島；10 月 3 日"防 1"、"防 3"、"防 5"、"防 7"、"防 8"曾支援國軍防禦舟山金塘島；11 月 3 日解放軍進攻登步島時，本型艇曾配合"太和"、"永泰"等軍艦進行防禦作戰。1950 年國民黨軍隊放棄舟山群島，"防3"、防 8"在撤退時沉沒損毀，其餘 6 艘撤至大陳、基隆。同年"防 1"、"防 2"、"防 4"、"防 5"、"防 6"、"防 7"分別定舷號為"681"、"682"、"684"、"685"、"686"、"687"，後在1960 年集中退役。

停泊在黃浦江上的"防 1"艇，艇首裝備的 40 毫米口徑炮格外顯眼。

美國援助艦

抗日戰爭中，中國海軍在 1945 年向美國提出借艦參戰請求，直到抗戰勝利後的 1945 年 8 月始獲得美國租借的首批 8 艘援助艦，稱為"八艦"。之後，根據美國國會《512 號法案》，美國海軍先後在青島、菲律賓蘇比克以及上海向中國海軍贈送了大批軍艦。這些美援艦多為輔助性的軍艦，艦種主要包括護航驅逐艦、巡邏艦、掃雷艦、登陸艦艇等，由於其數量多、分類明晰且美方提供配套的培訓和維修支持，成為抗戰後中國海軍的主流艦艇裝備。

接艦回國途中停泊在美國夏威夷珍珠港的首批美國援助艦，左起依次是"永順"、"永勝"、"太康"、"太平"。

太康　太平
Tai Kang　Tai Ping

艦　　種：護航驅逐艦

建造時間："太康"，1942 年 10 月 17 日開工，12 月 7 日下水，1943 年 4 月 15 日竣工

　　　　　"太平"，1942 年 4 月 1 日開工，7 月 24 日下水，1943 年 5 月 3 日竣工

製 造 廠："太康"，美國波士頓海軍造船廠（Boston Navy Yard）；"太平"，美國費城海軍造船廠（Philadelphia Navy Yard）

排 水 量：1436 噸

主 尺 度：88.21 米 ×86.41 米 ×10.96 米 ×3.07 米（全長、水線長、寬、吃水）

動　　力：4 座通用公司（General Motors）GM16-278A 型柴油機，雙軸，6000 馬力

航　　速：21.5 節（設計航速）

燃料載量：198 噸燃油

續 航 力：4150 海里 /12 節

武　　備：3inMK22 高射炮 ×3，40mm4 聯裝博福斯（Bofors）MK2 高射炮 ×1，20mm 厄利孔（Oerlikon）高射炮 ×9，24 聯裝刺蝟炮 ×1，深水炸彈發射炮 ×8（在中國海軍成軍時狀態）

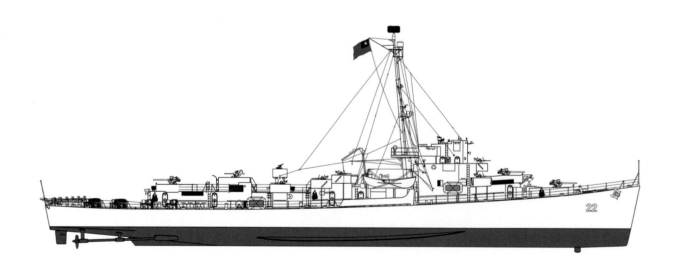

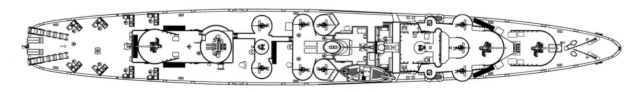

"太康"艦線圖（中國海軍接收後狀態）

中國海軍在美國剛剛接收的“太康”艦，其美軍舷號尚未被塗刷掉。

中國海軍在美接收後的“太平”艦

329

艦　史：

2 艦同屬於二戰期間美國大量建造的"埃瓦茨"（Evarts）級護航驅逐艦，在美國海軍原名"威弗爾斯"（Wyffels，DE6）、"德克爾"（Decker，DE47）。1945 年 8 月 28 日，美方簽署移交文件，將此 2 艦租借給中國，9 月 12 日由中國海軍在美受訓部隊接收，命名"太康"、"太平"，艦名取自河南和安徽兩省的城市名，從此開啟了用"太"字頭地名命名護航驅逐艦的傳統。1946 年 4 月 6 日，2 艦和同批的其他美援軍艦一起從美軍關塔納摩（Guantánamo）基地出發回國，於 7 月 21 日到達南京下關，編入海防艦隊。此前的 7 月 16 日，美國國會通過了《512 號法案》（援華海軍法案），美國政府據此宣佈 2 艦的性質從租借改為贈送。

2 艦成軍後，被分在中國的南北兩地使用。"太康"艦於 1946 年 9 月 16 日從南京駛往青島，配合國民黨軍隊在華北對中共解放軍作戰。二戰勝利後，盟軍總部曾邀請中國派佔領軍進駐日本，國民政府考慮到派陸軍駐紮的費用過巨，遂於 1947 年指派"太康"艦進行整備，準備作為中國佔領軍前往日本駐紮，後因台灣發生"二·二八"事變而作罷。1948 年 10 月 1 日，"太康"艦編制改列海防第一艦隊第一隊二分隊，遼瀋戰役後，參加了撤運東北國軍的行動。1949 年 1 月 21 日，中華民國總統蔣中正"引退"，返回故鄉浙江溪口，

接艦回國途中停泊在日本橫須賀的"太康"和"太平"（右）。

"太康"艦被安排為蔣的隨扈座艦，停泊浙江海域，隨時聽調使用。當年 4 月解放軍發動渡江戰役後，本艦於 5 月 1 日被編入以閩江口外馬祖島為基地的海防第二艦隊，任艦隊旗艦，此後開始參加封鎖大陸沿海的作戰。

"太平"艦則於 1946 年 10 月 24 日率艦隊從上海南下，巡視南海海疆，宣示主權，南沙的一座島嶼即由此被命名為"太平島"。結束巡視南海的行動後，"太平"艦於 1947 年 7 月 1 日改隸海防第一艦隊第一隊二分隊，和"太康"一道執行在華北的作戰任務。1949 年 5 月 1 日改編至海防第二艦隊，參加了撤運青島國軍的行動，同年 10 月 26 日，參加金門古寧頭反登陸作戰。1950 年被調赴海南島，參加海南島防禦作戰。海南島失守後退至台灣，於當年 6 月 1 日定舷號"22"，編制改到第一艦隊，在大陸沿海執行封鎖任務，多次和解放軍艦艇交戰。

1954 年，"太平"和"太康"編入大陳特種任務艦隊，進駐大陳島，與美國第七艦隊進行定期分區聯合巡邏，其巡邏路線和規律逐漸被人民解放軍掌握，華東軍區海軍遂決定設伏打擊。1954 年 11 月 14 日凌晨，"太平"艦進行巡邏航行時被解放軍雷達發現，華東軍區海軍快艇三十一大隊的魚雷艇"155"、"156"、"157"、"158"在雷達站引導下快速出擊，在前面 3 艇發射全部魚雷都沒有命中的情況下，凌晨 1 時 37 分，最後 1 艘魚雷艇"158"號發射的 1 枚魚雷命中"太平"艦左舷，造成重創。此後"太平"艦一面採取倒車航行等措施艱難避退，一面由趕來援救的"太和"艦拖帶航行，但最終因傷勢過重，進水不止，於早 7 時 15 分在距離大陳東口約 9 海里處由"太和"艦下令棄艦。"太平"艦沉沒後，該艦的舷號"22"在台灣地區海軍中被認為不祥，因為其數字相加結果為"4"，與"死"諧音，此後台灣地區海軍舷號中便竭力規避數字"4"。

"太康"艦於 1950 年代初退往台灣，1950 年 6 月 1 日列編第三艦隊第九分隊，定舷號"21"，負責台灣海峽南側的巡防工作，曾在 1954 年 6 月 23 日於巴士海峽捕獲蘇聯運輸船"陶甫斯"號。同年 9 月 1 日改編至第一艦隊十二戰隊，和同隊軍艦"太平"一起進駐大陳島，1955 年 1 月 1 日改隸驅逐艦隊十二戰隊，參加了掩護浙江沿海島嶼國軍撤退的行動。1956 年，菲律賓馬尼拉海事學校校長克洛馬（Tomos Cloma）利用學校的船隻和人力，侵佔中國的太平島、中業島等南沙島礁，"太康"艦於當年先後參加威遠支隊、寧遠支隊，收復被佔島礁。此後，"太康"艦在 1958 年參加了解放軍炮擊金門期間向金門島輸送物資的行動，1960 年美國總統艾森豪威爾訪問台灣時在基隆作為引導艦。1964 年 7 月，"太康"開往美國珍珠港海軍基地，進行武備強化改裝，換裝美軍的 MK115 反潛系統。1970 年改隸驅逐艦隊十四戰隊，1975 年 5 月 1 日除役，改作靶艦。

1. 1950 年後在浙江沿海巡弋的"太康"艦，已經塗刷
   "21"舷號，艦體的塗裝則還是二戰時期的美軍樣式。

2. 1954 年"太平"艦被解放軍魚雷艇重創，後經拖帶救
   援無效而棄艦下沉，這張照片就是棄艦前拍攝。

3. 1964 年停泊在珍珠港的"太康"艦

太和　太倉　太湖　太昭
Tai He　Tai Cang　Tai Hu　Tai Chao

艦　　種：護航驅逐艦

建造時間："太和"，1943 年 1 月 16 日開工，7 月 31 日下水，11 月 21 日竣工

　　　　　"太倉"，1943 年 3 月 20 日開工，9 月 4 日下水，12 月 12 日竣工

　　　　　"太湖"，1943 年 2 月 6 日開工，8 月 30 日下水，12 月 1 日竣工

　　　　　"太昭"，1943 年 11 月 19 日開工，1944 年 2 月 29 日下水，5 月 3 日竣工

製 造 廠：美國特拉華州德拉沃公司（Dravo Corp.）

排 水 量：1240/1620 噸（標準 / 滿載）

主 尺 度：93.26 米 ×91.44×11 米 ×3.2 米（全長、水線長、寬、吃水）

動　　力：4 座通用公司 GM16-278A 型柴油機，雙軸，6000 馬力

航　　速：21 節

燃料載量：60 噸燃油

續 航 力：10800 海里 /12 節

武　　備：3inMK22 高射炮 ×4，40mm 博福斯 MK1 雙聯高射炮 ×2，40mm 博福斯 MK3 高射炮 ×4，20mm
　　　　　厄利孔高射炮 ×4（在中國海軍成軍時狀態）

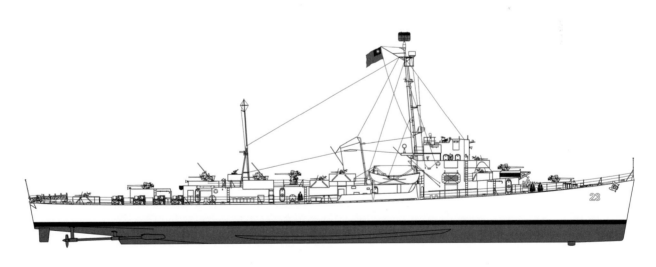

"太和"艦線圖（1948 年中國海軍接收後狀態）

艦　史：

　　1947 年 7 月 16 日，美國國會通過《512 號法案》，授予政府援助中國 271 艘二戰剩餘軍艦的權力，本型 4 艦係根據該法案援助中國的護航驅逐艦，屬於美國海軍的"坎農"（Cannon）級，原名 Thomas（DE102）、Breeman（DE104）、Bostwick（DE103）、Carter（DE122），由中國分兩組接收。1948 年 9 月末，中國海軍首批接艦人員從青島乘坐美國海軍運輸艦赴美，12 月 27 日在諾福克（Norfolk）海軍基地接收 Thomas、Breeman，命名"太和"、"太倉"，分別取自安徽和江蘇的縣名，1949 年 1 月從美國返航，3 月 22 日抵達台灣左營。第二批接收人員在 1948 年 11 月初赴美，1949 年 3 月 1 日在諾福克海軍基地接收 Bostwick、Carter，更名"太湖"、"太昭"，取自安徽、西康二省的地名，同年 3 月 5 日從美國返航，5 月 11 日抵達台灣左營。4 艦於 1949 年 5 月 1 日列入海防第一艦隊，艦種列為護航驅逐艦。

　　"太和"艦在 1949 年 5 月被定為海防第一艦隊旗艦，駐防上海，參加了防守上海的作戰，而後撤往浙江舟山定海，在浙江、福建沿海執行作戰任務，9 月 4 日參加平潭島國軍撤運行動，11 月 3 日參加登步島反登陸作戰。1950 年 4 月 19 日調至海南島，參加防守海南島的作戰，編制調整至第三艦隊，作為旗艦。海南島撤守後，本艦於 1950 年 6 月 1 日改隸第一艦隊十一戰隊，定舷號"23"。1954 年 3 月編入大陳地區特遣艦隊，進駐大陳，在浙江沿海實行定期巡航，和解放軍艦艇多有交火。1955 年 1 月 1 日改隸驅逐艦隊十二戰隊，同年 1 月 10 日在大陳海域被解放軍空軍戰機轟炸，艦體中彈受損，於 2 月前往日本修理，7 月修竣。1956 年，因菲律賓染指中國南海諸島，"太和"和"太倉"艦組成"立威支隊"，於 6 月 2 日從台灣出發成功巡視南沙群島。1960 年 3 月起，"太和"艦在台灣海軍第一造船廠實施武備提升改造，軍艦首尾的 2 門 3 英寸主炮更換為 5 英寸炮。1970 年，"太和"艦編入驅逐艦隊十三戰隊，1974 年 10 月 1 日編入巡防艦隊三十一戰隊，1975 年 5 月 1 日除役，作為靶艦。

攝於 1950 年代初的"太和"艦

"太倉"艦抵達中國後旋被派參加防守海南島的作戰，海南島棄守後，於 1950 年 6 月 1 日編入第三艦隊九分隊，定舷號"24"，主要在珠江口一帶海域活動。 1953 年曾與"丹陽"艦在台灣東部海面截獲向上海運輸航空煤油的大陸中波公司油輪"布拉卡"號（Praca），並於 1954 年 3 月 18 日參加了鯁門海戰。 1955 年 1 月 1 日，本艦編列入驅逐艦隊十四戰隊，此後長期在浙江、福建沿海執行巡航任務。 1962 年在海軍第一造船廠進行改造，首尾主炮更換為 5 英寸口徑炮。 1972 年 8 月 1 日停役， 1973 年 1 月 1 日除役。

　　"太湖"艦來華後，先被佈署在華北沿海，參加了撤運長山島國軍的行動，後轉至福建、浙江沿海，參加了撤運平潭島、廈門國軍的行動。 1950 年 6 月 1 日改隸第二艦隊五分隊，定舷號"25"，在台灣海峽中部承擔巡防作戰任務，參加了撤運舟山軍民的行動。 1952 年 10 月，前往日本浦賀造船所維護， 12 月 16 日重返台灣左營。 1954 年，曾和"丹陽"艦在台灣海峽攔截中波公司貨船"高德華"（Cordword），還在浙江沿海頭門山一帶與解放軍

艦艇激烈交火。1958年解放軍炮轟金門後，本艦參加了對金門的補給運輸。1962年，本艦在海軍第一工廠進行武備改裝，首尾3英寸主炮換裝成5英寸口徑炮。1971年本艦曾兩度巡航南沙群島，1974年10月1日編入巡防艦隊三十一戰隊，後於1975年5月1日除役。

"太昭"艦來華後和"太湖"一起被被佈署在華北沿海，其後常伴隨活動，經歷和"太湖"艦相似。1950年6月1日隸屬第二艦隊五分隊，定舷號"26"，1952年7月1日改隸屬第一艦隊十二戰隊，同年10月與"太湖"艦赴日本保養維修。1953年8月17日和"丹陽"、"太湖"一起編入敦睦支隊，赴菲律賓訪問。1955年1月1日改隸屬驅逐艦隊十四戰隊，8月1日改隸十二戰隊。1956年6月6日，本艦編入"立威支隊"，赴南沙群島巡航；同年7月11日編入"威遠支隊"，維護南沙群島主權。1962年在海軍第一工廠進行武備改裝，首尾主炮換裝5英寸口徑炮。1963年編入"揚威支隊"巡視南沙群島，重修遭越南破壞的中國主權碑。1972年除役。

1 | 2
3 | 4

1. 編隊航行中的"太"字艦，居中的是"太倉"號。

2. 1950年代初訓練航行中的"太湖"號，可以看到此時台灣地區軍艦採用的是標準的美式塗裝。

3. "太昭"號，拍攝於1950年代後期。

4. "太昭"艦全貌

永泰 / 山海　永興 / 維源
Yung Tai　Shan Hai　Yung Hsing　Wei Yuan

艦　　種： 巡邏艦

建造時間： "永泰"1942 年 7 月 8 日開工，12 月 3 日下水，1943 年 6 月 20 日竣工

　　　　　 "永興"1942 年 9 月 2 日開工，1943 年 2 月 6 日下水，1943 年 9 月 19 日竣工

製 造 廠： 美國俄勒岡州阿爾比納引擎與機械工廠（Albina Engine and Machine Works）

排 水 量： 945 噸（滿載）

主 尺 度： 56.24 米 ×54.86×10.08 米 ×2.87 米（全長、水線長、寬、吃水）

動　　力： 2 座通用 GM12-567A 型柴油機，雙軸，1800 馬力

航　　速： 14.8 節（最大）

燃料載量： 125 噸燃油

續 航 力： 3900 海里 /10 節

武　　備： 3inMK22 高射炮 ×2，40mm 博福斯 MK1 雙聯高射炮 ×2，20mm 厄利孔高射炮 ×5

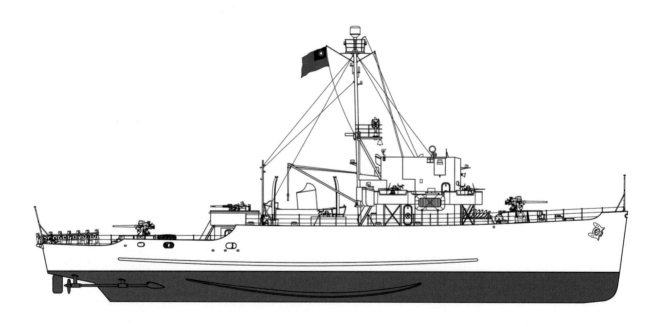

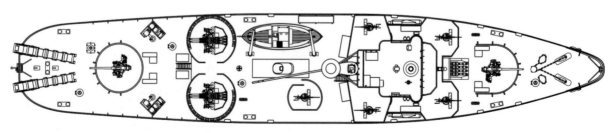

"永泰"艦線圖（1948 年中國海軍接收後狀態）

艦　史：

　　2 艦原是美國海軍 PCE842 型軍艦 PCE-867、PCE-869，屬於護航巡邏艦（Patrol Craft Escort，縮寫 PCE），1945 年 8 月 28 日和"太康"、"太平"等一併由美方簽署移交文件租借給中國，當批租借給中國的各型軍艦共有 8 艘，俗稱"八艦"。1945 年 9 月 12 日，2 艦由中國海軍接艦官兵正式登艦接收，命名"永泰"（福建縣名）、"永興"（湖南縣名）。經在美國進行訓練後，2 艦和"太康"、"太平"等軍艦一起回國，1946 年 7 月 21 日到達南京下關，編入海防艦隊。由於之前 7 月 16 日，美國國會通過了《512 號法案》，2 艦的性質旋從租借改為贈送。

　　2 艦回國後，"永泰"艦於 1946 年 9 月被派至青島，參加華北沿海的封鎖巡弋行動，曾在黃、渤海大量搜捕可能屬於中國共產黨的機帆船等運輸船隻。1947 年 7 月 1 日，"永泰"改隸海防第一艦隊一分隊，當年秋冬參加了配合國民黨陸軍進攻膠東解放區的作戰，先後出現在進攻煙台、劉公島、威海等戰鬥中。

國民黨在華北戰場敗退後，本艦參加了協助

撤運營口國軍的行動，後撤至淞滬地區。

中國海軍接收後的"永泰"艦

1949 年 5 月，本艦參加了守衛上海的作戰，上海失守後退至浙江舟山定海，11 月參加浙江登步島反登陸作戰，曾在距解放軍登陸灘頭約 1000 米處實施猛烈射擊。1950 年本艦編制調整至第一艦隊二分隊，6 月 1 日定舷號 "41"，隨後在閩江口的馬祖一帶巡防。1952 年 7 月 1 日，改隸屬於第四艦隊四十一戰隊，後駐泊金門。1954 年 9 月 3 日解放軍炮轟金門後，本艦曾參加對廈門解放軍陣地的報復性炮擊。1955 年，本艦編制改列到巡邏艦隊四十三戰隊，1956 年改列四十四戰隊。1965 年元旦，台灣地區將原來都以 "永" 字命名的掃雷艦和巡邏艦進行區分，將巡邏艦改以中國著名的關隘名字命名，"永泰" 更名 "山海"，改舷號 "62"。當年 11 月 13 日，本艦和 "臨淮" 艦從馬祖前往烏坵巡航，被解放軍海軍以優勢護衛艇、魚雷艇進攻，爆發崇武以東海戰（台灣地區海軍稱為烏坵海戰），本艦不顧友艦而逃離戰場，導致 "臨淮" 被 10 餘艘解放軍軍艦圍攻沉沒。此後，本艦在 1972 年 7 月 1 日除役。

"永興" 艦成軍後，於 1946 年 10 月 10 日編入以 "太平" 艦為旗艦的艦隊，10 月 28 日艦隊從上海出發赴西沙群島巡弋，12 月 1 日西沙群島的一座島嶼即以本艦艦名命名為 "永興島"。此後本艦又在 1947 年初參加南沙群島巡弋，事竣後一度駐泊廣州，後調華北地區，7 月 1 日編入海防第一艦隊二分隊，和 "永泰" 等艦一起執行封鎖華北沿海的行動，1948 年末參加掩護華北國軍撤運。1949 年 5 月被配置在淞滬地區，5 月 1 日本艦停泊在吳淞口白茆沙附近時，部分官兵曾試圖發動奪艦起義，未能成功。解放軍進駐上海後，本艦和海防第一艦隊軍艦退至浙江舟山定海，為鼓舞士氣，本艦在 8 月 30 日更名，以此前被起義官兵殺害的艦長陸維源的名字命名為 "維源" 艦，同年編制改列海防第二艦隊。1950 年 6 月 1 日，本艦定舷號 "42"，1952 年 7 月 1 日改隸海軍第四艦隊四十一戰隊。1955 年 1 月 1 日，台灣地區海軍根據美國顧問團的建議，按照軍艦的艦種、性能重編艦隊，本艦編在巡邏艦隊四十三戰隊。1958 年，列入海軍六二特遣部隊南區巡邏支隊，駐防金門。9 月 1 日，本艦在護衛馬祖運補金門的船隊時，遭人民解放軍東海艦隊魚雷艇、護衛艇攻擊，爆發料羅灣九一海戰（台灣地區海軍稱為九二海戰）。戰鬥中，解放軍魚雷艇誤將本艦判斷為登陸艦而貿然進攻，導致 "180"、"174" 兩艘魚雷艇遭本艦重創後沉沒，其中 "174" 艇艇員落水後泅渡回基地的故事，在大陸被拍攝為電影《海鷹》。1958 年 10 月 1 日，本艦改隸巡邏艦隊四十三戰隊，1965 年 1 月 1 日改舷號為 "68"，1972 年 7 月 1 日除役。

1	
2	3
4	5
6	

1. 接艦歸國時在古巴哈瓦那拍攝到的 "永泰" 艦，此時該艦還塗刷着美軍時期的舷號。

2. 中國海軍在美國剛接收後的 "永興" 艦

3. 剛剛由中國海軍在美接管後的 "永興"，雖然已經升掛中國國旗，但是艦上原有的美軍舷號 869 尚未塗刷掉。

4. 更名 "山海"、改用 "62" 舷號後的原 "永泰" 艦。

5. 巡閱南海途中停泊在海南島榆林港的 "永興" 艦，這張照片常被誤當作是 "太平" 艦的照片。

6. 改用 "68" 舷號後的 "維源" 艦

永勝 / 玉門　永順 / 鎮南 (二代)
Yung Sheng　Yu Men　Yung Shun　Chen Nan II

永寧　永定 / 陽明
Yung Ning　Yung Ting　Yang Ming

艦　種： 掃雷艦

建造時間： "永勝"，1942 年 10 月 26 日開工，1943 年 4 月 10 日下水，11 月 4 日竣工

　　　　　　"永順"，1942 年 10 月 27 日開工，1943 年 4 月 10 日下水，11 月 21 日竣工

　　　　　　"永寧"，1943 年 3 月 13 日開工，6 月 5 日下水，1944 年 3 月 10 日竣工

　　　　　　"永定"，1943 年 2 月 20 日開工，6 月 5 日下水，1944 年 2 月 28 日竣工

製造廠： 美國俄亥俄州美洲造船公司 (American Shipbuilding Co.)

排水量： 945 噸

主尺度： 56.24 米 ×54.86 米 ×10.08 米 ×2.74 米（全長、水線長、寬、吃水）

動　力： 2 座庫珀・貝西默 (Cooper Bessemer) 公司 GSB-8 型柴油機，雙軸，1710 馬力

航　速： 14.7 節（最大）

燃料儲量： 104 噸燃油

續航力： 3700 海里 /8 節

武　備： 3inMK22 高射炮 ×1，40mm 博福斯 MK1 雙聯高射炮 ×1，20mm 厄利孔高射炮 ×6

艦　史：

　　4 艦屬於美國海軍的 "可敬" 級 (Admirable) 掃雷艦，艦種縮寫 AM，即 Auxiliuary Minesweeper，前身分別是美國海軍 AM-257 (Lance)、AM-258 (Logic)、AM-259 (Lucid)、AM-260 (Magnet)，1945 年 8 月 28 日由美國租借給中國，和同時租借給中國的 "太康"、"太平"、"永泰"、"永興" 並稱 "八艦"。4 艦在 1945 年 9 月 12 日由中國海軍接艦部隊接收，並在美國受訓，後於 1946 年 7 月 21 日到達南京下關。因美國國會通過《512 號法案》，其性質也隨即變為贈送。

　　4 艦於 1946 年 9 月 16 日奉命從南京北上，駐泊青島。1947 年 7 月 1 日編列於海防第一艦隊，"永勝"、"永順" 在一分隊，"永寧"、"永定" 在二分隊。4 艦共同參加了封鎖華北海域，配合國民黨陸軍對解放軍作戰等任務，並曾參與撤運威海、劉公島、煙台等地國軍的行動。1949 年，"永順" 駐守青島，"永寧" 駐泊長江口，"永勝"、"永定" 駐泊在南京和安慶江段，參與長江防禦。解放軍發起渡江戰役後，"永定" 艦於 4 月 23 日參加了海防第二艦隊部分軍艦的突圍行動，成功到達上海。身處在安慶的 "永勝" 則孤艦南下，一路

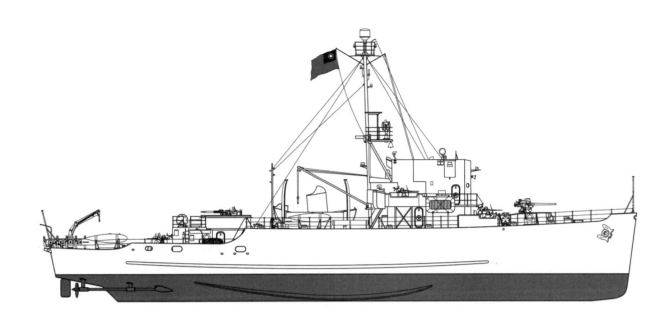

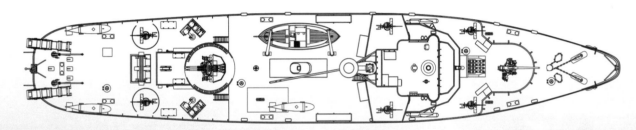

"永勝"艦線圖（中國海軍接收後狀態）

中國海軍在美國剛接收後的"永勝"艦，
艦首舷側的美軍舷號尚未塗去。

1. 中國海軍在美國接收後的"永定"艦

2. 推測是 1955 年在佐世保加裝消磁線圈時期拍攝到的"永定"、"永寧"艦。

3. 在中國海軍服役早期採用 28 舷號的"永順"艦

4. 中國海軍在美剛接收時的"永順"艦

5. 1950 年代在台灣高雄港拍攝到的"永寧"艦

6. 中國海軍在美國剛接收時的"永寧"艦

7. 測量艦"陽明"（原"永定"號）

從安慶向長江口節節突圍。此後，"永勝"、"永寧"、"永定"參加了保衛上海的作戰，上海失守後退至浙江舟山定海，"永順"也在當年 5 月掩護青島國軍撤退，輾轉至定海。

"永勝"艦在 1949 年參加了掩護福建馬尾國軍撤運的行動，以及保衛廈門的戰鬥。1950 年 6 月 1 日定舷號"43"，1952 年 7 月 1 日改隸屬第三艦隊三十一戰隊，1955 年 1 月 1 日改列掃佈雷艦隊三十一戰隊。1956 年編入"定遠支隊"，負責掩護向南沙太平島運輸補給。1963 年 1 月 16 日，本艦改為護航巡邏艦（PCE），拆除掃雷設備，增添炮械，隸屬巡防艦隊。1965 年 1 月 5 日以中國著名關隘的名稱重新命名為"玉門"，舷號改作"63"。1969 年 7 月 1 日除役。

"永順"艦則於 1949 年開始在浙江沿海以及長江口區域實施封鎖作戰，配合國民黨陸軍行動。1950 年參加了舟山撤運國軍的任務，當年定舷號"44"。1954 年編入海軍大陳特種任務艦隊，駐防大陳島。1955 年編入掃佈雷艦隊三十二戰隊。1956 年編入"寧遠支隊"，向太平島等南海島礁運輸補給。1958 年編入海軍六二特遣部隊水雷支隊，1963 年 1 月 16 日改為護航巡邏艦，隸屬巡防艦隊。1965 年更名"鎮南"，改舷號為"64"。1969 年 6 月 1 日除役。

"永定"艦 1950 年 6 月 1 日定舷號"45"，1952 年 7 月 1 日改隸屬於第三艦隊三十一戰隊。1954 年曾在浙江一江山島海域和解放軍艦艇交火，11 月 5 日被解放軍炮火重創。1955 年 1 月 1 日改列掃佈雷艦隊三十二戰隊，1960 年 12 月奉命進行改為測量艦的施工，1961 年 10 月 1 日完工後按照測量艦的規範，改舷號"362"，更名"陽明"，定為測量艦（AGS），隸屬海道測量局，1965 年改舷號"562"。1972 年 7 月 1 日因裝備老舊而除籍。

"永寧"艦 1949 年 11 月改隸屬於海防第三艦隊，參加防守海南島的作戰。1950 年 6 月 1 日定舷號"46"，1955 年改隸掃佈雷艦隊三十一戰隊。1958 年搭載美籍作家邱爾布夫婦與美國友人費吳生夫人赴綠島參觀，停泊綠島期間突遇暴風雨而觸礁沉沒。1958 年 3 月 1 日除役，廢艦由台灣東南工程所以 105 萬台幣的價格認購，於 1959 年拆解完畢，艦上的武備、輪機等重要物資則由海軍收回。

永嘉　永修　永明　永仁　永城
Yung Chia　Yung Xiu　Yung Ming　Yung Jen　Yung Cheng

永昌／臨淮　永壽／秣陵　永川
Yung Chang　Lin Huai　Yung Shou　Mo Ling　Yung Chuan

艦　　種： 掃雷艇

建造時間： "永嘉"，1943 年 3 月 16 日開工，9 月 6 日下水，1944 年 1 月 20 日竣工

"永修"，1943 年 2 月 1 日開工，9 月 11 日下水，1944 年 5 月 24 日竣工

"永明"，1943 年 2 月 1 日開工，7 月 25 日下水，1944 年 5 月 17 日竣工

"永仁"，1943 年 6 月 24 日開工，1944 年 1 月 29 日下水，1945 年 2 月 28 日竣工

"永城"，1943 年 8 月 2 日開工，12 月 24 日下水，1944 年 9 月 15 日竣工

"永昌"，1943 年 9 月 22 日開工，1944 年 4 月 12 日下水，1945 年 4 月 10 日竣工

"永壽"，1943 年 7 月 1 日開工，11 月 11 日下水，1944 年 7 月 12 日竣工

"永川"，1942 年 12 月 27 日開工，1943 年 3 月 28 日下水，1945 年 4 月 16 日竣工

製 造 廠： "永嘉"，美國喬治亞州薩凡納機械鑄造公司 (Savannah Machine and Foundry Co.)；"永修"、"永明"、"永壽"，美國阿拉巴馬州海灣造船公司 (Gulf Shipbuilding Co.)；"永仁"、"永昌"，美國加利福尼亞州通用工程乾船塢公司 (General Engineering&Dry Dock Co.)；"永城"，美國俄亥俄州美洲造船公司 (American Shipbuilding Co.)；"永川"，美國佛羅里達州坦帕造船公司 (Tampa Shipbuilding Co.)

排 水 量： 945 噸

主 尺 度： 56.24 米 ×54.86 米 ×10.08 米 ×2.74 米（全長、水線長、寬、吃水）

動　　力： 2 座庫珀・貝西默 GSB-8 型柴油機，雙軸，1710 馬力

航　　速： 14.7 節（最大）

燃料儲量： 104 噸燃油

續 航 力： 3700 海里 /8 節

武　　備： 3inMK22 高射炮 ×1，
40mm 博福斯 MK1 雙聯高射炮 ×1，
20mm 厄利孔高射炮 ×6

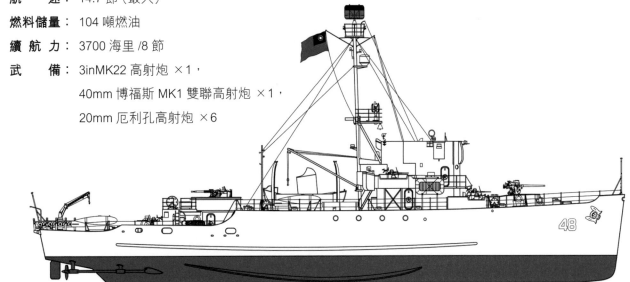

"永修"艦線圖（在中國海軍成軍後狀態）

1. 1950 年代初拍攝的
   "永嘉"艦照片

2. 塗刷"48"舷號的"永
   修"艦,其艦橋形式和
   "永嘉"略有區別。

3. "永城"的前身,美國
   海軍掃雷艦 AM266。

4. "永昌"/"臨淮"艦

艦　史：

　　1946 年 7 月 16 日，美國國會通過《512 號法案》，授權政府向中國贈送一批二戰後的剩餘軍艦，1947 年 4 月 25 日，美國國會又通過與此相關的 9843 號執行令，同年 12 月 8 日美國駐華大使司徒雷登和中國外長王世傑在南京簽訂中美轉讓軍艦協定。在美國向中國贈送的軍艦中，有 34 艘是直接在菲律賓蘇比克（Subic）美軍基地交接的，本型 8 艘掃雷艦即在此列。

　　本型艇和此前中國接收的"永順"、"永勝"等同屬"可敬"級（Admirable），其前身分別是美國海軍的 AM246（Imlicit）、AM274（Pinnacle）、AM273（Phantom）、AM286（Reform）、AM266（Nimble）、 AM287（Refresh）、 AM276（Pivot）、 AM216（Deft），中國海軍於 1948 年 6 月 15 日接收後臨時命名為"美 1"至"美 8"，後正式命名"永嘉"、"永修"、"永明"、"永仁"、"永城"、"永昌"、"永壽"、"永川"。

　　"永嘉"艦被中國海軍接收後，由"永明"號拖航至台灣高雄，隨後送至上海海軍江南造船所維修，11 月 16 日成軍，首任艦長陳慶堃，編入海防第一艦隊，被派在長江下游江段巡弋，後又列入海防第二艦隊序列。1949 年 4 月解放軍發動渡江戰役後，停泊南京江面的海防第二艦隊部分軍艦起義加入解放軍，在陳慶堃指揮下，本艦和其他不願起義的軍艦實施突圍，衝出長江口。此後，本艦參加了防守上海的作戰，失利後退至浙江舟山定海，繼而參加了封鎖長江口以及協助福建馬尾、廈門等地國軍撤運的行動，同年 11 月 16 日編入海防第三艦隊，參加防守海南島。1950 年 5 月 12 日奉命協助舟山國軍撤運，同年 6 月 1 日定舷號"47"。1952 年駐防馬祖，1953 年至 1955 年駐防大陳。1955 年 1 月 1 日改隸屬掃佈雷艦隊三十二戰隊，1965 年改舷號"151"。1970 年 8 月 1 日除役。

　　"永修"艦於 7 月 1 日由"永明"艦拖航至台灣高雄，而後轉往上海江南造船所維修，11 月 16 日成軍，首任艦長桂宗炎。本艦編制初定在海防第一艦隊，成軍不久即被派赴長江安慶段巡防，1949 年 4 月 23 日參加了"永嘉"率領的長江突圍行動，而後輾轉派至廣州協防，參加了廣州國軍的撤運行動。1950 年 6 月 1 日，本艦編制改隸屬第二艦隊二分隊，定舷號"48"。1952 年 7 月 1 日改隸屬第三艦隊三十二戰隊，駐防大陳島，在浙江沿海曾多次與解放軍艦艇交戰。1955 年，本艦隸屬掃佈雷艦隊。1957 年又改隸屬六二特遣部隊北區巡邏支隊，在金門、馬祖一帶實施定期巡航。1965 年 1 月 1 日改舷號為"152"。1972 年 7 月 1 日除役。

　　"永明"艦被中國海軍接收時，因艦況較好，被租借給菲律賓拖船公司，於 7 月 1 日拖帶"永嘉"、"永修"返回台灣。本艦此後自航至上海海軍江南造船所修整，1949 年 8 月 1 日成軍，編制列入海防第一艦隊，同年多次赴菲律賓拖帶美援艦回國。10 月 14 日，本艦從左營出發開往金門，準備執行拖航任務，出港不久即遭遇風暴，從 18 日開始因主機失去動力而在海面四處漂流，後在 24 日至香港附近獲英國輪船援救。在港期間，艦上官兵

34 人脫艦起義投奔中華人民共和國。本艦則於 11 月 8 日被香港輪船 Frocty Moller 拖航回台灣左營，因受損嚴重，於 1950 年 2 月 16 日除役，3 月 1 日撤銷編制，1951 年 7 月變賣拆解。

"永仁"艦接收後因艦況較好，得以自航回國，還拖帶在蘇比克接收的"寶應"號軍艦同回。本艦後經修整，於 1949 年 8 月 1 日正式成軍，編制列入海防第一艦隊。1950 年 4 月，本艦和"永豐"艦奉命前往浙江定海，在航行至大陳海域時，誤將岸上燈塔燈光當作"永豐"艦尾燈，結果撞上礁石，導致艦底穿破，損毀嚴重，1950 年 6 月 1 日報廢，撤銷編制。

"永城"艦於 1948 年 6 月 30 日被拖航至台灣左營，後轉往上海江南造船所設法維修，7 月 1 日編制暫定在海防第一艦隊。1949 年國民黨軍從上海撤守時，本艦尚未修竣，遂拖航回台灣左營，由於無力修復，1950 年 2 月 16 日報廢，艦體改作海軍士兵學校訓練用。

"永昌"艦於 1948 年 6 月 30 拖航到台灣左營進行維修，編制列入海防第二艦隊。 1950 年 6 月 16 日正式成軍，定舷號"51"，改作炮艦，改隸屬第三艦隊，曾在福建、浙江沿海與解放軍艦艇多有交戰。1955 年，編制改列巡邏艦隊。1965 年按照炮艦的命名規則，更名為"浮圖"，改舷號"61"，後因"浮圖"二字和"糊塗"諧音，被認為不雅，又改名為"臨淮"。同年 11 月 13 日本艦和"山海"艦在福建烏坵海域與解放軍軍艦發生海戰，戰鬥中被擊沉。

"永壽"艦接收後拖航回台灣左營整修，編制暫列於海防第一艦隊。 1950 年 3 月 1 日正式成軍，6 月 1 日定舷號"49"。1952 年 7 月 1 日改隸屬第三艦隊，1955 年 1 月 1 日隸屬巡邏艦隊。本艦服役期間，曾長期在浙江、福建沿海活動。1965 年 1 月 1 日更名"秣陵"，改舷號"69"。 1970 年 7 月 1 日除役。

"永川"艦 1948 年 7 月 1 日從蘇比克拖航回台灣左營，編制暫列於海防第一艦隊，1949 年 5 月 1 日改至海防第二艦隊，同年 12 月 16 日又改隸屬於第三機動艇隊作為封存保管艦。由於無力修復，1950 年 2 月 1 日報廢拆解，艦上堪用的零件供修理"永仁"、"永明"艦用，艦體充當第三機動艇隊的宿舍。

"永壽"/"秣陵"艦

寶應／鄞江　洪澤／甌江　鄱陽
Pao Ying　Yin Chiang　Hung Tse　Ou Chiang　Po Yang

洞庭／靈江　東平　甘棠
Tong Ting　Ling Chiang　Tung Ping　Kan Tang

艦　　種：巡邏炮艦

建造時間："寶應"，1944 年 3 月 12 日開工，5 月 7 日下水，1944 年 8 月 16 日竣工

"洪澤"，1944 年 8 月 13 日開工，9 月 25 日下水，1945 年 2 月 24 日竣工

"鄱陽"，1943 年 8 月 31 日開工，1945 年 1 月 18 日下水，4 月 24 日竣工

"洞庭"，1945 年 1 月 19 日開工，4 月 12 日下水，6 月 14 日竣工

"東平"，1945 年 4 月 12 日開工，6 月 15 日下水，8 月 16 日竣工

"甘棠"，1945 年 6 月 15 日開工，7 月 31 日下水，10 月 11 日竣工

製造廠："寶應"、"洪澤"，美國紐約聯合造船公司 (Consolidated Shipbuilding Corp.)；"鄱陽"、"洞庭"、"東平"、"甘棠"，美國馬薩諸塞州喬治‧拉里父子公司 (George Lawley & Son, Inc.)

排水量：450 噸（滿載）

主尺度：53 米 ×7 米 ×3.3 米（長、寬、吃水）

動　　力：2 座通用 16-278A 型柴油機，雙軸，3600 馬力

航　　速：19 節

燃料儲量：65 噸燃油

續航力：3000 海里 /10 節

武　　備：3inMK22 高射炮 ×1，40mm 博福斯 MK3 高射炮 ×1，20mm 厄利孔高射炮 ×6

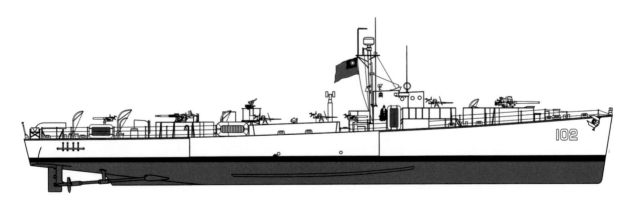

"甌江"艦線圖

艦　史：

本型 6 艘軍艦是 1947 年 12 月 8 日中美兩國在南京簽訂轉讓軍艦協定後，在菲律賓蘇比克海軍基地向華移交的贈送艦，均屬於美國海軍的 PGM9 級摩托化炮艦（Motor Gunboat），在美國海軍的原名分別是 PGM20、PGM26、PGM12、PGM13、PGM14、PGM15，中國海軍接收後臨時命名"美 9"至"美 14"，正式成軍後以中國湖泊命名為"寶應"、"洪澤"、"鄱陽"、"洞庭"、"東平"、"甘棠"。

"寶應"艦於 1948 年 8 月 29 日由"永仁"艦拖帶離開蘇比克基地，9 月 5 日抵達台灣左營。1949 年 1 月赴上海途中在海壇島擱淺，後被送往馬公維修，當年 8 月 1 日成軍，隸屬海防第一艦隊第三隊六分隊，同年 12 月 5 日編制改列海軍第一艦隊。1950 年 6 月 1 日定舷號"82"，此後長期在浙江沿海實施封鎖、巡航任務，和解放軍艦艇多有交戰。1952 年編制列入第二艦隊，1953 年編入大陳特種任務艦隊，以大陳為基地執行巡邏和護航任務。1954 年 4 月 1 日，根據海軍命名新規，改以中國江流命名，更名"鄞江"，改舷號"101"。同年，在浙江三門灣一帶海域連續和解放軍炮艦"興國"、"延安"交火。1955 年 1 月，第二艦隊改編為巡防艦隊，本艦隨之改列，仍然以大陳為基地執行任務。同年 1 月 20 日，本艦在下大陳東南 20 海里處被解放軍魚雷艇發射的魚雷擊中艦橋，24 日由"永康"艦拖帶到達台灣基隆，因受損過重在 8 月 1 日除役。

"洪澤"艦於 1948 年 10 月 3 日由"永明"艦從蘇比克拖航至台灣左營，經修理維護後，1949 年 8 月 1 日成軍，編制列入海防第一艦隊，和"寶應"等艦都編在三隊六分隊。同年 9 月編制改列第二艦隊，被派至金門、廈門作戰，而後又在 11 月 16 日轉隸第三艦隊，駐守海南島，1950 年 4 月 22 日從海南撤運，6 月 1 日定舷號"83"，編制列在第二艦隊七分隊，此後在浙江沿海活動，與解放軍艦艇多有交火。1954 年 4 月 1 日，改用"甌江"艦名，舷號改為"102"，同年列為大陳特種任務艦隊軍艦。1955 年編入巡防艦隊，駐防大陳地區，1957 年編入海軍六二特遣部隊南區巡邏支隊，1958 年改列北區巡邏支隊，1960 年 9 月 1 日除役。

"鄱陽"艦於 1948 年 6 月 30 日從蘇比克拖航至左營，7 月 21 日編入海防第一艦隊六分隊，由於艦況較差，不堪修理，1949 年 7 月 1 日決定除役報廢。可用的部件拆卸後用於維修"洞庭"艦，艦體發標出售，所得款項用於整修海軍左營基地房舍。

"洞庭"艦 1948 年 8 月 28 日由"永明"艦拖離蘇比克，9 月 5 日到達台灣左營，進行整修和配置、訓練人員後，暫編海防第一艦隊。1950 年改列訓練艦隊，同年 7 月 1 日正式成軍，編入海軍第二艦隊，定舷號"86"，此後被派在浙江沿海執行作戰任務，與解放軍艦艇多有交戰。1954年更名"靈江"，改舷號"103"，同年編入大陳特種任務艦隊。1955年1月1日編制改隸巡防艦隊，仍然在大陳執行巡防任務。1月10日，本艦與"甌江"艦在一江山島附近巡航時被解放軍雷達站發現，遭到解放軍3艘魚雷艇的攻擊，本艦被"102"艇發射的魚雷命中艦首，而後解放軍又派出4艘護衛艇進行炮擊，本艦最終於11日凌晨2時27分在格嶼東南4海里處沉沒。1955年2月16日被撤銷編制。

"東平"艦1948年9月5日由"永明"艦從蘇比克拖航到達台灣左營，1949年10月1日編列在訓練艦隊，作為保管艦。1950年6月1日定舷號"84"，因長期無法修復，1951年3月1日決定報廢，7月1日撤編。

"甘棠"艦原定1948年8月從菲律賓拖航來台，鑒於該艦當時艦況太差，擔心拖航途中失事而放棄接收。另有一說，稱該艦後於1949年拖離菲律賓蘇比克，3月1日行至台灣南部海域時沉沒，1949年7月1日撤編。

1
2
3

1. 已經採用"101"舷號的"鄞江"艦

2. PGM102"甌江"艦

3. "靈江"艦

巡邏 501 / 黃埔 / 涪江　巡邏 502

PC 501　　　　Huang Pu　　Fu Chiang　　　　PC 502

巡邏 503 / 嘉陵 / 沱江

PC 503　　　　Chia Ling　　Tuo Chinag

巡邏 504 / 錢塘　巡邏 505 / 吳淞

PC 504　　　　Chien Tang　　　PC 505　　　Wu Sung

巡邏 506/ 富春

PC 506　　　　Fu Chun

艦　　種： 巡邏炮艦

建造時間： "巡邏 501"，1941 年 6 月 25 日開工，12 月 29 日下水，1942 年 5 月 5 日竣工

"巡邏 502"，1942 年 5 月 19 日開工，10 月 9 日下水，1943 年 4 月 30 日竣工

"巡邏 503"，1943 年 5 月 28 日開工，8 月 7 日下水，12 月 20 日竣工

"巡邏 504"，1944 年 1 月 30 日開工，3 月 12 日下水，7 月 25 日竣工

"巡邏 505"，1941 年 5 月 9 日開工，10 月 18 日下水，1942 年 5 月 12 日竣工

"巡邏 506"，1945 年 6 月 15 日開工，7 月 31 日下水，10 月 11 日竣工

製 造 廠： "巡邏 501"、"巡邏 502"、"巡邏 505"、"巡邏 506"，美國特拉華州德拉沃公司（Dravo Corp.）；"巡邏 503"，美國田納西州納什維爾橋樑公司（Nashville Bridge Co.）；"巡邏 504"，美國紐約聯合造船公司（Consolidated Shipbuilding Corp.）

排 水 量： 280/450 噸（標準 / 滿載）

主 尺 度： 53 米 ×7 米 ×3.3 米（長、寬、吃水）

動　　力： 2 座 Hooven-Owen-Rentschler R-99D 型柴油機，雙軸，2880 馬力；"巡邏 503"、"巡邏 504" 採用 2 座通用 16-278A 型柴油機，雙軸，2880 馬力

航　　速： 20.2 節

燃料儲量： 60 噸燃油

續 航 力： 3000 海里 /10 節

武　　備： 3inMK22 高射炮 ×1，40mm 博福斯 MK3 高射炮 ×1，20mm 厄利孔高射炮 ×6

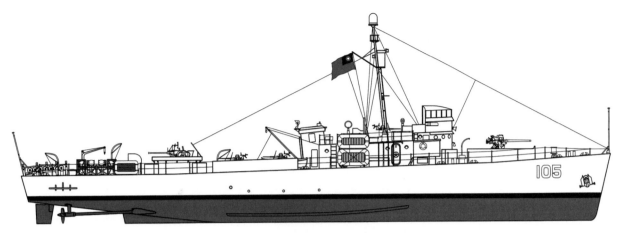

"涪江"艦線圖（1954 年狀態）

1954 年後採用新舷號的"涪江"艦

艦　史：

本批 6 艘軍艦也是二戰後中國從美國獲得的援助艦，均在菲律賓蘇比克基地接收。其前身是美國海軍的 PC 巡邏艦（Patrol Craft），屬於 PC461 級的 PC492、PC595、PC1247、PC1549、PC490、PC593，中國海軍接收後分別臨時命名為"美 15"至"美 20"，後正式命名"巡邏 501"至"巡邏 506"。

"巡邏 501"為 1948 年 6 月 15 日接收，拖航至台灣左營整修，最初因其標準排水量較小而列為"艇"，編號"巡邏 501"，後發現滿載排水量實有 450 噸，又改定為艦，根據炮艦的命名規範，定名為"黃埔"。1950 年 6 月 16 日整修完畢成軍，定舷號"85"，艦種列為巡邏炮艦 PGM，編制隸屬第二艦隊七分隊。1954 年 4 月 1 日改舷號為"105"，更名"涪江"。1956 年列入海軍六二特遣部隊南區巡邏支隊，以金門為基地，實施定期巡航，曾與解放軍的海島陣地有過交火。1957 年改列巡防艦隊二十二戰隊。1958 年參加六二特遣部隊北區巡邏支隊，在馬祖一帶海域和解放軍艦艇有過交戰。1966 年列入第二巡防艦隊三十三戰隊。1970 年 12 月 16 日除役。

"巡邏 502" 1948 年 8 月從蘇比克基地拖航至台灣左營，因為艦況較差，1949 年 6 月決定報廢除役，同年 10 月 1 日撤編，艦上堪用部件多用於維修"巡邏 503"號。

"巡邏 503" 1948 年 6 月 15 日接收，拖航至台灣左營修理武裝。1949 年 6 月 1 日成軍，更名"嘉陵"，列為巡邏炮艦 PGM，定舷號"84"，編列在第二艦隊，派赴浙江、福建沿海島嶼駐守作戰。1954 年 4 月 1 日更名"沱江"，改舷號為"104"，同年編入大陳特種任務艦隊，11 月 14 日曾參與救援被解放軍魚雷擊傷的"太平"艦。1955 年，編列入巡防艦隊二十二戰隊。1958 年 2 月編入海軍六二特遣部隊北區巡邏支隊，以馬祖為基地，在台灣海峽北區實施巡邏、護航，同年 8 月改編入南區巡邏支隊，經歷了"八·二三"炮戰。1958 年 9 月 1 日，本艦與"維源"、"柳江"等艦護衛"美堅"號登陸艦從馬公出發向金門料羅灣運補物資，遭到解放軍魚雷艇、護衛艇編隊的攻擊，本艦被解放軍的"556"、"557"、"558"3 艘炮艇圍攻，遭受重創，但僥倖退出戰鬥，後於 9 月 4 日到達澎湖馬公維修，9 月 9 日由"大明"艦拖帶到達台灣左營，因艦體損傷嚴重，不值得繼續修理，11 月 1 日除役。

"巡邏 504"、"巡邏 505"、"巡邏 506"均於 1948 年 8 月從蘇比克拖航回台灣左營，1949 年 6 月 1 日分別命名"錢塘"、"吳淞"、"富春"，因艦況較差，均被核定報廢除役。其中"富春"在 1949 年 11 月 1 日除役，"錢塘"、"吳淞"在 1950 年 2 月 15 日除役，分別在 5 月 1 日和 3 月 1 日撤銷編制。此後"富春"、"吳淞"上的一些零件被拆卸，以備修理同型艦。"錢塘"被移交海軍士兵學校，當作損管訓練的教具。

| 1 | | 3 |
| 2 | |

1. "沱江"艦

2. 1958 年"九二"金門海戰後被拖帶到澎湖馬公的"沱江"，可以看到艦首很大部分沒入水中，說明艦內當時嚴重進水。

3. 1953 年拍攝到的，採用"85"舷號的"黃埔"艦。

掃雷 204　掃雷 205　掃雷 206

YMS 204　　　　　YMS 205　　　　　YMS 206

掃雷 207

BYMS 207

艦　　種：掃雷艇

建造時間："掃雷 204"，1943 年 3 月 8 日開工，5 月 8 日下水，9 月 25 日竣工

　　　　　"掃雷 205"，1942 年 8 月 24 日開工，1943 年 1 月 5 日下水，8 月 16 日竣工

　　　　　"掃雷 206"，1942 年 12 月 16 日開工，1943 年 7 月 15 日下水，9 月 20 日竣工

　　　　　"掃雷 207"，1941 年 7 月 16 日開工，1942 年 4 月 14 日下水，5 月 30 日竣工

製 造 廠："掃雷 204"，美國華盛頓州西雅圖造船和乾船塢公司（Seattle Shipbuilding and Dry Dock Co.）；"掃雷 205"，美國佛羅里達州吉布斯引擎公司（Gibbs Gas Engine Co.）；"掃雷 206"，美國田納西州納什維爾橋樑公司（Nashville Bridge Co.）；"掃雷 207"，美國華盛頓州貝靈漢鐵工廠（Bellingham Iron Works, Inc.）

排 水 量：320 噸

主 尺 度：41.45 米 ×7.46 米 ×2.4 米（長、寬、吃水）

動　　力：2 座通用 8-268A 型柴油機，雙軸，1760 馬力

航　　速：15 節

燃料儲量：22 噸燃油

續 航 力：2100 海里 /10 節

武　　備：3inMK22 高射炮 ×1，20mm 厄利孔高射炮 ×2

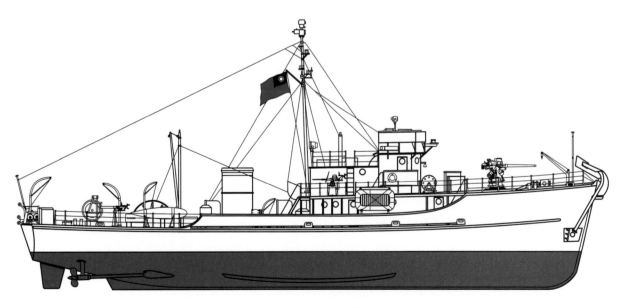

掃雷 204"線圖

艦　史：

　　本批掃雷艇是 1948 年美國在菲律賓蘇比克基地向中國移交的 34 艘援助艦中的一部分，原為美國海軍的 YMS339、YMS346、YMS367、BYMS2017，屬於同型，中國海軍暫命名為"美 21"、"美 22"、"美 23"、"美 24"，後正式命名"掃雷 204"至"掃雷 207"。其中"掃雷 204"在 1948 年 7 月 29 日由"永明"艦拖航台灣，因艦體狀況較差，在高雄港外擱淺受損，後於 1949 年 7 月 1 日報廢，出售。其餘"掃雷 205"、"掃雷 206"、"掃雷 207"因為艇況差，遺留在菲律賓，未予接收。

美國海軍時期的 YMS339，後來被中國海軍接收為"掃雷 204"。

驅潛 1/ 驅潛 101　　驅潛 2/ 驅潛 102
SC 1　　　　　SC 101　　　　SC 2　　　　　SC 102

艦　　　種：驅潛艇

建造時間："驅潛 1"，1942 年 3 月 7 日開工，4 月 6 日下
　　　　　水，9 月 28 日竣工

　　　　　"驅潛 2"，1942 年 5 月 3 日開工，7 月 26 日下
　　　　　水，11 月 2 日竣工

"驅潛 1"號

製 造 廠：美國北卡羅來納州伊麗莎白市船廠（Elizabeth City Shipyard）

排 水 量：148 噸

主 尺 度：33.7 米 ×5.18 米 ×1.98 米（長、寬、吃水）

動　　　力：2 座通用 8-268A 型柴油機，雙軸，1760 馬力

航　　　速：15 節

燃料儲量：22 噸燃油

續 航 力：2100 海里 /10 節

武　　　備：40mm 博福斯 MK1 雙聯高射炮 ×1，
　　　　　機槍 ×2

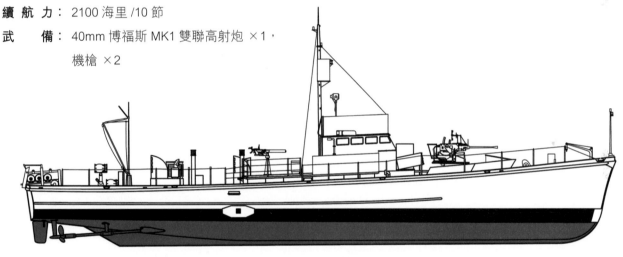

"驅潛 1"號線圖

艦　史：

　　本型 2 艇是美國政府根據《512 號法案》授權，於 1947 年 9 月 5 日在青島贈送給中國
的驅潛艇，原是美國海軍的 SC497 型驅潛艇 SC704 和 SC708，中國海軍接收後命名為"驅
潛 1"、"驅潛 2"，實際當作炮艇使用。

　　"驅潛 1"輾轉從青島調派到海南島，參加了 1950 年防守海南島的作戰，以及廣州撤
守的行動。1950 年 7 月 1 日更名"驅潛 101"，佈署於金門，1952 年 7 月 16 日定舷號為
051，編入台灣花蓮巡防處，1955 年 7 月 31 日退役。

　　"驅潛 2"的歷史和"驅潛 1"相似，1950 年 8 月更名驅潛"102"，1952 年定舷號"502"，
1955 年 7 月 31 日退役。

驅潛 3　驅潛 4　驅潛 5　驅潛 6
SC 3　　　　SC 4　　　　SC 5　　　　SC 6

驅潛 7　驅潛 8　驅潛 9　驅潛 10
SC 7　　　　SC 8　　　　SC 9　　　　SC 10

艦　　　種：驅潛艇

建造時間："驅潛 3"，1941 年 10 月 10 日開工，1942 年 4 月 18 日下水，7 月 11 日竣工

　　　　　　"驅潛 4"，1942 年 3 月 1 日開工，8 月 7 日下水，9 月 28 日竣工

　　　　　　"驅潛 5"，1942 年 3 月 5 日開工，5 月 15 日下水，11 月 14 日竣工

　　　　　　"驅潛 6"，1942 年 3 月 6 日開工，7 月 10 日下水，11 月 7 日竣工

　　　　　　"驅潛 7"，1942 年 4 月 20 日開工，8 月 29 日下水，1943 年 3 月 12 日竣工

　　　　　　"驅潛 8"，1941 年 7 月 2 日開工，11 月 12 日下水，1942 年 3 月 12 日竣工

　　　　　　"驅潛 9"，1941 年 9 月 24 日開工，1942 年 6 月 10 日下水，7 月 31 日竣工

　　　　　　"驅潛 10"，1942 年 3 月 19 日開工，11 月 28 日下水，1943 年 1 月 5 日竣工

製　造　廠："驅潛 3"、"驅潛 4"、"驅潛 10"，美國新澤西州特拉華灣造船公司 (Deleware Bay Shipbuilding Co.)；"驅潛 5"、"驅潛 6"，美國加利福尼亞港務船製造公司 (Harbor Boat Building Co.)；"驅潛 7"，美國加利福尼亞拉爾森船艇公司 (Al Larson Boat Shop, Inc)；"驅潛 8"，美國北卡羅來納州伊麗莎白市船廠 (Elizabeth City Shipyard)；"驅潛 9"，美國特拉華州亞德造船公司 (Vinyard Shipbuilding Co.)

排　水　量：148 噸

主　尺　度：33.7 米 ×5.18 米 ×1.98 米（長、寬、吃水）

動　　　力：2 座通用 8-268A 型柴油機，雙軸，1760 馬力

航　　　速：15 節

燃料儲量：22 噸燃油

續　航　力：2100 海里 /10 節

武　　　備：40mm 博福斯 MK1 雙聯高射炮 ×1，機槍 ×2

艦　史：

　　本批軍艦亦屬於美國政府根據《512 號法案》在菲律賓蘇比克贈送給中國的 34 艘軍艦之列，和此前中國海軍在青島接收的"驅潛 1"、"驅潛 2"同型，都屬於美國海軍的 SC497型驅潛艇，原為美國海軍的 SC648、698、722、723、735、518、637、703，中國海軍分別臨時更名為"美 25"至"美 32"，後正式命名"驅潛 3"至"驅潛 10"。

　　本批 8 艇中僅有"驅潛 3"、"驅潛 4"、"驅潛 7"拖航回國，"驅潛 4"最後得以成軍入役。該艇 1950 年 2 月 1 日編制暫列第三機動艇隊，同年 7 月 1 日更名"驅潛 103"，1952年 7 月 16 日定舷號"503"，1955 年 7 月 31 日除役。"驅潛 3"經勘驗認為無法修復成軍，1949 年 7 月 1 日報廢拆解。"驅潛 7"1950 年 2 月 1 日暫時編列第三機動艇隊，後也因無修理價值，在 1950 年 6 月 1 日報廢拆解，同月 16 日撤銷編制。

　　"驅潛 5"、"驅潛 6"在從菲律賓拖航台灣途中沉沒。"驅潛 8"、"驅潛 9"、"驅潛 10"因為艇況太差，中國海軍實際未予接收。

1946 年停泊在菲律賓蘇比克基地的美軍驅潛艇，最近處的是 SC723，後被中國海軍接收，成為"驅潛 4"號。

測量 101

AGS 101

艦　　　種： 測量艇

建造時間： 1943 年 11 月 12 日下水，1944 年 3 月 30 日竣工

製造廠： 美國加利福尼亞科爾伯格船艇廠（Colberg Boat Works）

排水量： 245/338 噸（標準 / 滿載）

主尺度： 41.45 米 ×7.46 米 ×2.61 米（長、寬、吃水）

動　　　力： 2 座通用 8-268A 型柴油機，雙軸，1600 馬力

航　　　速： 14.1 節

燃料儲量： 22 噸燃油

續航力： 2100 海里 /10 節

武　　　備： 3inMK22 高射炮 ×1，40mm 博福斯 MK3 高射炮 ×1，20mm 厄利孔高射炮 ×2

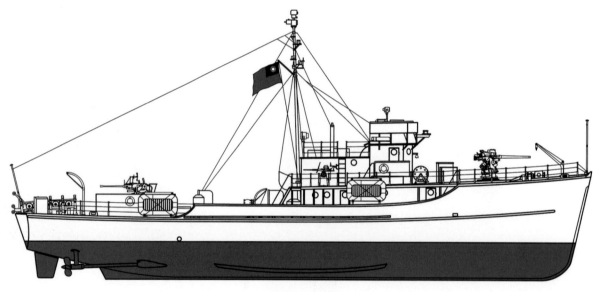

"測量 101" 線圖

艦　　　史：

　　本艇是美國根據《512 號法案》在菲律賓蘇比克移交給中國的 34 艘軍艦之一，原是美國海軍的測量艇 AGS9，中國海軍臨時命名為 "美 33"，後正式命名 "測量 101"。中國海軍派員在菲律賓蘇比克現場勘驗後，認為本艇狀況較差，已無拖航及修復價值，最終放棄接收。

峨嵋
Au Mee

艦　　種：修理艦

建造時間：1914 年 7 月 23 日開工，1915 年 4 月 17 日
　　　　　下水，1916 年 10 月 20 日竣工

製 造 廠：美國加利福尼亞州米蘭島海軍船廠（Mare
　　　　　Island Navy Yard）

排 水 量：5723/14700 噸（標準 / 滿載）

主 尺 度：144.95 米 ×17.11 米 ×8.07 米（全長、寬、
　　　　　滿載吃水）

動　　力：4 座 ALCO － 2528 型柴油機，雙軸，5000 馬力

航　　速：12.5 節

燃料儲量：22 噸燃油

續 航 力：12120 海里 /10 節

武　　備：3inMK22 高射炮 ×5，40mm 博福斯 MK1 雙聯高射炮 ×2，20mm 厄利孔高射炮 ×8

1950 年代後期塗刷 "309" 舷號的 "峨嵋" 艦

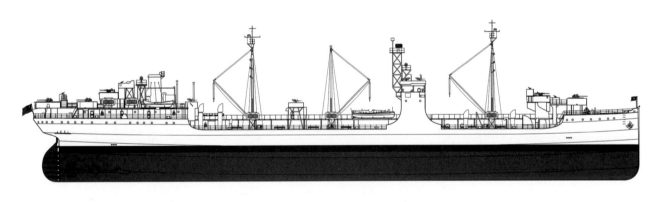

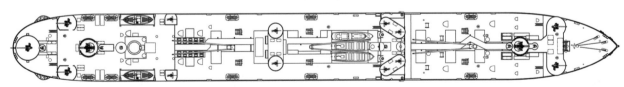

"峨嵋" 艦線圖（中國海軍接收後狀態）

艦　史：

　　本艦原為美國海軍大型運輸艦（Auxiliuary Cargo Ship）"莫米"（Maumee，AG124），
1946 年中國在美國接收"太康"、"太平"等 8 艘軍艦回國時，因需要橫渡太平洋，美方特
別安排本艦伴隨航行，以便沿途照料，同時可以為 8 艦進行海上加油、補給。由於該艦艦
型巨大，且為 8 艦提供了周到的照料和補給供應，被中國官兵親昵地稱為"媽咪"艦。護
送中國 8 艦回國後，本艦轉往青島美軍基地，後也被列入美國政府根據"512 法案"援助中
國的軍艦清單中。

　　1946 年 11 月 5 日，本艦在青島移交給中國海軍，更名"峨嵋"，作為修理艦編入海防
艦隊，成為二戰後中國海軍首艘萬噸巨艦。1947 年 7 月 1 日本艦改隸運輸艦隊，主要承擔
運輸、補給等工作。同時，由於艦體巨大，艦內空間寬敞，居住舒適，也經常被指定為政
府、海軍首腦視察戰事時的座艦，由此籠罩着特殊的光環。

　　1947 年，本艦參與了山東國軍的撤運行動。1948 年 10 月 1 日改為海防第一艦隊直屬
特勤艦，1949 年 5 月 1 日改隸屬登陸艦隊，仍然作為直屬特勤艦，同年 11 月 1 日改為海
軍總司令部直轄特勤艦，1950 年 6 月 1 日定舷號"301"，1952 年改隸屬於後勤艦隊六十一
分隊，作為艦隊旗艦。1954 年 5 月 3 日，蔣中正曾乘坐本艦前往大陳、南麂山巡視。1955
年 3 月 1 日，因考慮到本艦"301"舷號中的數字相加等於"4"，與"死"諧音，不吉利，海
軍遂將舷號改為"309"，後在 1965 年又改為"509"。1966 年 12 月 1 日除役。

二戰末期尚屬於美國海軍軍艦的"莫米"

興安 / 大沽山

Hsing An   Da Gu Shan

艦　　種：修理艦

建造時間：1942 年 8 月 3 日開工，10 月 17 日下水，1943
　　　　　年 1 月 30 日竣工

製 造 廠：美國華盛頓州凱撒公司（Kaiser Inc.）

排 水 量：2125/4100 噸（標準 / 滿載）

主 尺 度：99.97 米 × 15.24 米 × 4.2 米（全長、寬、吃水）

動　　力：2 座通用 12-567A 型柴油機，雙軸，1700 馬力

航　　速：11.6 節

武　　備：不詳

1943 年竣工後未久的 LST455

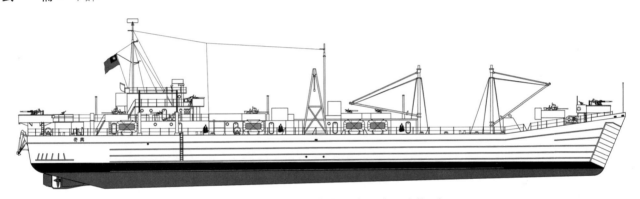

"興安"艦線圖（1948 年在中國海軍成軍時狀態）

艦　史：

　　本艦原是美國海軍修理艦（Landing Craft Repair Ship，簡稱 ARL）"阿喀琉斯"（Achilles，
ARL41），前身是坦克登陸艦 LST455。1947 年美國政府將其贈送給中國，當年 6 月中國海
軍組成接艦團從青島出發赴美，11 月 5 日在新奧爾良（New Orleans）接收，1948 年 3 月 5
日抵達上海，更名"興安"號，作為小型修理艦，編列在海防第二艦隊。

　　1949 年 4 月解放軍發起渡江戰役，林遵率海防第二艦隊部分軍艦起義。本艦與"永嘉"
等拒絕起義的軍艦一起，從南京江面向長江口突圍。結果在三江營一帶被解放軍岸上炮火
擊傷擱淺，後被解放軍俘虜，編入華東軍區海軍，更名"大沽山"，仍然作為修理艦。華東
軍區海軍改編為東海艦隊後，本艦更名"海修 891"，隸屬於東海艦隊裝備技術部，一度採
用"U891"舷號，1980 年代仍然在役，其後歷史不詳。

太華／新高
Tai Hwa **Hsin Kao**

艦　　種：運油艦

建造時間：1944 年 9 月 29 日開工，10 月 29 日下水，11 月 14 日竣工

製造廠：美國新澤西州東海岸造船公司（East Coast Shipyards Inc.,）

排水量：845/2270 噸（標準／滿載）

主尺度：67.2 米 ×11.28 米 ×3.98 米（長、寬、吃水）

動　　力：2 座 Fairbanks-Morse 37E16 型柴油機，雙軸，800 馬力

航　　速：9.5 節

武　　備：3inMK22 高射炮 ×1，40mm 博福斯 MK1 雙聯高射炮 ×2，20mm 厄利孔高射炮 ×3

艦　史：

　　本艦原是美國海軍"托瓦利加"（Towaliga，AOG42）號運油艦，1947 年 5 月 10 日在青島贈送給中國，中國海軍選擇和美軍艦名諧音相近的中國山嶽名稱，命名為"太華"號，隸屬運輸艦隊。1948 年隸屬海防第二艦隊，作為直屬特勤艦。1949 年 11 月 1 日轉隸訓練艦隊，作為保管封存艦。1950 年整修後改為海軍總司令部直屬特勤艦，定舷號"302"，同年 7 月 1 日為避免和護航驅逐艦所用的"太"字艦名混淆，本艦更名為"新高"。1952 年隸屬後勤艦隊六十一分隊，1965 年 1 月 1 日改舷號"502"，1971 年編制改到勤務艦隊。1972 年 9 月 1 日除役。

美國海軍時期的 AOG42 運油艦

玉泉
Yu Quan

艦　　種：運油艦

建造時間：1943 年 6 月 14 日開工，1944 年 1 月 10
日下水，9 月 28 日竣工

製 造 廠：美國德克薩斯州托德加爾維斯頓乾船塢公
司（Todd-Galveston Dry Dock Inc.）

排 水 量：845/2270 噸（標準 / 滿載）

主 尺 度：67.2 米 × 11.28 米 × 3.98 米（長、寬、吃水）

動　　力：2 座 Fairbanks-Morse 37E16 型柴油機，雙
軸，800 馬力

航　　速：9.5 節

武　　備：3inMK22 炮 × 1，40mm 博福斯 MK1 雙聯高射炮 × 2，20mm 厄利孔高射炮 × 3

1950 年代後期拍攝的"玉泉"艦

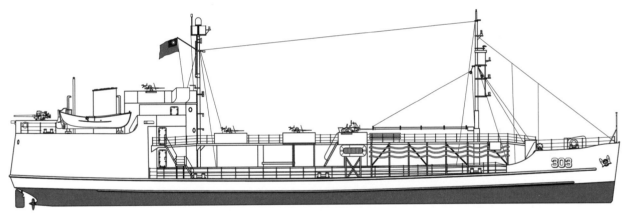

"玉泉"艦線圖

艦　史：

　　本艦是美國政府在菲律賓移交給中國的 34 艘軍艦之一，原為美國海軍運油艦
（Wautauga，AO22）。1948 年中國海軍接收時臨時命名為"美 34"，同年拖航回台灣左營，
又拖至上海江南造船所整修、武裝，當年 12 月 1 日正式成軍，命名"玉泉"，編入海防第
一艦隊，作為直屬特勤艦。

　　1949 年國民黨軍隊防守上海期間，本艦曾為參加防戰的海軍軍艦提供補給，此後又參
加了封鎖浙江海岸等行動。同年末，編制改至海防第三艦隊，派往海南島。1950 年 5 月撤
往台灣，當年 6 月 1 日編制改至海軍總司令部，列為直屬勤務艦，定舷號"303"。1952 年
改隸後勤艦隊六十一分隊，1959 年 10 月因機械故障在台灣桃園外海漂流，後遭颱風侵襲
而觸礁受損，同年 12 月 1 日除役。

中海　中權 (一代)　中鼎　中興　中訓 (一代)
Chung Hai　Chung Chuan I　Chung Ting　Chung Hsing　Chung Hsun I

中建　中業 (一代)　中基　中程　中練
Chung Chian　Chung Yeh I　Chung Chi　Chung Cheng　Chung Lien

艦　　種： 戰車登陸艦

建造時間： "中海"，1944 年 5 月 20 日開工，7 月 11 日下水，7 月 26 日竣工

　　　　　　"中權"，1944 年 5 月 27 日開工，6 月 25 日下水，7 月 19 日竣工

　　　　　　"中鼎"，1943 年 10 月 27 日開工，12 月 31 日下水，1944 年 2 月 2 日竣工

　　　　　　"中興"，1944 年 2 月 8 日開工，4 月 11 日下水，5 月 5 日竣工

　　　　　　"中訓"，1944 年 3 月 7 日開工，4 月 7 日下水，5 月 12 日竣工

　　　　　　"中建"，1944 年 6 月 16 日開工，7 月 24 日下水，8 月 18 日竣工

　　　　　　"中業"，1944 年 6 月 20 日開工，7 月 29 日下水，8 月 23 日竣工

　　　　　　"中基"，1944 年 3 月 25 日開工，4 月 25 日下水，5 月 12 日竣工

　　　　　　"中程"，1944 年 12 月 23 日開工，1945 年 3 月 3 日下水，4 月 3 日竣工

　　　　　　"中練"，1943 年 12 月 24 日開工，1944 年 2 月 19 日下水，3 月 30 日竣工

製 造 廠： "中海"，美國賓夕法尼亞州美洲橋樑公司（American Bridge Co.）；"中權"、"中訓"，美國馬薩諸塞州波士頓海軍船廠（Boston Navy Yard）；"中鼎"、"中興"、"中練"，美國印第安納州密蘇里橋樑鋼鐵公司（Missouri Valley Bridge & Iron Co.）；"中建"、"中業"，美國印第安納州傑佛遜船艇和機械公司（Jeffersonville Boat & Machine Co.）；"中基"，美國馬薩諸塞州伯利恆鋼鐵公司（Bethlehem Steel Co.）；"中程"，美國特拉華州德拉沃公司（Dravo Corp.）

排 水 量： 1625/4080 噸（輕載 / 滿載）

主 尺 度： 99.97 米 ×15.24 米 ×4.2 米（全長、寬、吃水）

動　　力： 2 座通用 12-567A 型柴油機，雙軸，1700 馬力

航　　速： 11 節

武　　備： 40mm 博福斯 MK1 雙聯高射炮 ×2，40mm 博福斯 MK3 單管高射炮 ×4，20mm 厄利孔單管高射炮 ×12

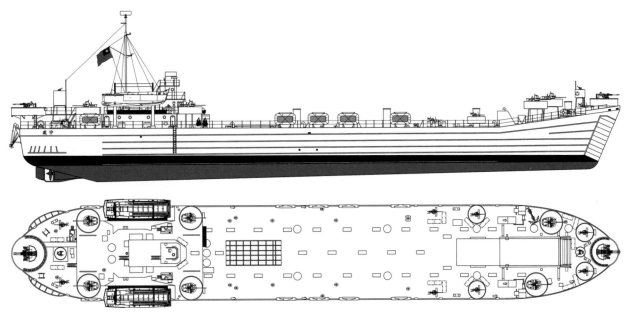

"中建"艦線圖

艦　史：

抗戰勝利後，國民政府尋求與美國海軍第七艦隊的合作，於 1945 年 12 月在青島設立中央海軍訓練團，首先培養中國海軍的兩棲艦艇艦員。隨後在 1946 年 5 月 29 日、6 月 12 日、6 月 24 日以及 1947 年初，美國第七艦隊陸續向中國海軍移交、贈送了 10 艘大型戰車登陸艦（Langding Ship Tank，縮寫 LST），即本批軍艦。屬於美國海軍的 LST1 級，原為美國海軍的 LST755、1030、537、557、993、716、717、1017、1075、1050。當時，中國海軍分別以"中、美、聯、合"四字來為美援 LST、LSM 軍艦冠名，本批軍艦採"中"字頭命名，分別綴以"海、權、鼎、興、訓、建、業、基、程、練"10 字，又被俗稱為"中字艦"。

"中海"艦是 1946 年 5 月 29 日在青島移交給中國海軍的首批 LST，當年 7 月與第一、第二批接收的共 8 艘 LST 一起編隊駛往上海聽受分派。1949 年曾撤運海軍軍官學校師生赴台，1950 年 6 月 1 日定舷號"201"，編制列入登陸艦隊，1955 年改隸登陸第一艦隊。1958 年 8 月 23 日，本艦在金門料羅灣錨地親歷"八‧二三"炮戰，8 月 24 日被解放軍多艘魚雷艇攻擊，艦尾被 1 枚魚雷擊中，不但僥倖沒有沉沒，而且還憑藉兇猛火力擊沉了解放軍魚雷艇"175"號。戰後，本艦被拖帶到澎湖馬公維修，此後在台灣地區曾參加大量軍事演習，並長期執行運補任務。1965 年 6 月 22 日，本艦實施了名為"新中計劃"的現代化翻新改造。1976 年 1 月 1 日改舷號為"697"，1979 年 10 月 1 日又改為"201"。1985 年隸屬兩棲艦隊，1991 年編列入 151 艦隊。2010 年 2 月 1 日除役。

"中權"艦和"中海"同是 1946 年 5 月 29 日在青島接收的首批 LST，1950 年 6 月 1 日定舷號"202"，編制列入登陸艦隊。1953年改為修理艦，更名"衡山"，改舷號為"335"。1957年重新改作戰車登陸艦，改舷號"221"。1976年1月1日改舷號"651"，1979年10月1日改回"221"。1985年隸屬兩棲艦隊，1991年隸屬151艦隊。2009年5月27日除役。

　　"中鼎"艦1946年5月29日在青島被中國海軍接收，隨即在10月9日參加運送煙台國軍增援遼寧戰場的行動。1948年11月2日，運送國民黨陸軍52軍一部從營口撤退，同年12月16日編制列在海軍登陸艦隊第七隊十六分隊。1949年5月1日，本艦承擔了運輸部分故宮文物前往台灣的任務，同年11月1日改隸第三艦隊，駐紮海南島榆林。1950年6月1日定舷號"203"，1955年1月1日隸屬登陸艦隊，同年2月11日參與了撤運大陳軍民赴台行動。1966年4月16日，本艦參加了運補南沙群島，以及在南子礁、北子礁、中業島豎立中國主權碑的行動。1968年6月26日執行"新中計劃"，進行艦體翻新。1976年1月1日改舷號"673"，1979年改回"203"。1985年隸屬兩棲艦隊五十二戰隊，1989年2月18日停役，簡易封存。1993年7月1日除役。

　　"中興"艦是1946年5月29日美軍在青島移交的首批LST，中國海軍接收後被列在運輸艦隊。1947年11月22日運輸國軍整編54師一部從山東海陽撤退，中途觸礁受損。1948年3月26日運輸國軍166師498團從蓬萊撤往長山島，11月24日運輸國軍86軍一部從秦皇島撤退。同年12月16日，本艦隸屬登陸艦隊，1949年11月1日改為海軍總司令部直屬艦，1950年6月1日定舷號"204"。1952年10月10日，參加了突襲南日島的作戰，此後參加過嵩山演習、武昌演習、鐵漢3號演習等。期間於1955年1月1日改隸登陸艦隊，曾於1957年3月2日和1958年1月8日負責從日本下關運回在日本訂造的"復仇"、"雪恥"魚雷艇。1961年編制改隸登陸一艦隊。1968年4月28日，在基隆台船公司實施"新中計劃"，進行艦體翻新，1969年參加拍攝電影《藝工精華》。1976年1月1日改舷號"684"，旋在1979年10月1日改回"204"。1985年10月1日改隸兩棲艦隊，1991年隸屬151艦隊。1997年10月10日除役。

　　"中訓"艦是1946年5月31日美軍單獨在青島交付給中國的LST，也算為首批移交的LST。由於接收時艦況不佳，不宜航行，於是撥交中央海軍訓練團作為訓練艦，因而命名"中訓"，編制列為海軍總司令部直屬訓練艦。本艦經補充機件和修理後執行了一系列運輸任務，包括1948年10月1日運輸國軍39軍一部從煙台渡海增援錦州，1949年6月2日運輸52軍一部從青島撤退，9月20日從浙江定海運輸海軍官兵眷屬赴台灣等等。1949年10月1日編制列入訓練艦隊，當"永明"艦因機器故障在海上漂流時，本艦曾被派前往搜尋援救。1950年，曾參加防守海南島的作戰，和解放軍艦艇多有交火。當年5月16日，負責運輸國軍56師一部從舟山撤往台灣。1950年6月1日定舷號"208"，隸屬登陸艦隊，8月1日改隸艦艇訓練司令部。1954年1月1日赴菲律賓蘇比克美軍基地進行合約大修，同年8月14日在浙江南麂山海域觸礁，艦體嚴重受損，12月31日報廢除役。

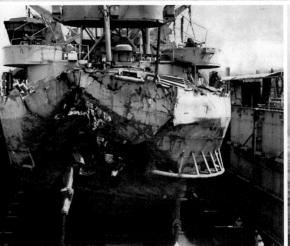

1. 1950 年代拍攝的"中海"艦

2. "中海"艦 1958 年 8 月 24 日海戰中被解放軍魚雷擊傷的艦尾

3. 經歷"新中計劃"翻新後的"中海"艦

"中建"艦是 1946 年 6 月 12 日美軍在青島移交的第二批 2 艘 LST 之一,中國海軍接收後暫歸中央海軍訓練團指揮調遣。此後在國共內戰時期投用於軍運,曾參加 1946 年"太平"等軍艦巡視南海的行動,西沙群島中的一座島嶼因此命名為"中建島"。1950 年 6 月 1 日定舷號"205",編制列在登陸艦隊。1961 年編入登陸一艦隊,服役期間曾頻繁參加各種軍事演習。1968 年 4 月 7 日實施"新中計劃",對艦體進行翻新改造。1985 年隸屬兩棲艦隊,1991 年編入 151 艦隊,至 2015 年仍然在役。

　　"中業"艦和"中建"同為 1946 年 6 月 12 日在青島接收的美國贈送 LST,後一度歸中央海軍訓練團調遣。1946 年 7 月奉命和其他第一、二批接收的 LST(除"中訓"艦)編隊開赴上海接收編遣。當年年末,本艦和"太平"艦等一起巡視南海諸島,南沙群島中的一處島嶼和周圍礁群由此被命名為"中業島"、"中業群礁"。1947 年本艦和"永興"等執行了補給太平島守軍的任務,而後被調往北方,在 6 月 1 日隸屬海防第二艦隊,參加封鎖膠東海岸的作戰。當年 11 月 13 日,本艦在長山列島的小黑山島觸礁損毀,1948 年 2 月 1 日除役,6 月 1 日撤銷編制。

1	3
2	

1. 巡視南海途中停靠在海南島榆林港的"中業"艦

2. 1950 年代拍攝的"中基"艦

3. "中鼎"艦

"中基"艦屬於美國海軍移交給中國的第三批 LST 之一，1946 年 12 月 14 日編在運輸艦隊。1947 年 4 月 22 日執行運補西沙永興島駐軍的任務，1948 年 9 月 12 日運輸國軍 202 師一部前往舟山群島，10 月 9 日運輸 39 軍一部從煙台增援錦州，11 月 2 日運輸 52 軍一部撤離營口，當年 12 月 16 日編制隸屬登陸艦隊第七隊十六分隊。1949 年 10 月 31 日運輸國軍 21 兵團一部從廣東陽江撤退，11 月 1 日隸屬海防第二艦隊。1950 年 5 月 17 日從舟山群島撤運海軍陸戰隊第一旅，6 月 1 日定舷號"206"，編制列在登陸艦隊。1951 年運輸陸戰隊進行操演時遇惡劣海況，艦內搭載的 6 輛 LVT 沉損，陸戰隊官兵 62 人遇難。1953 年 7 月 16 日運輸陸戰隊突擊東山島。1955 年 1 月 1 日改隸登陸艦隊五十二戰隊，2 月 6 日參加大陳島撤運行動。1957 年運輸"嵩山"艦接艦官兵赴菲律賓蘇比克接艦。1967 年 9 月 20 日實施"新中計劃"，翻新艦體。1975 年 12 月 26 日參加電影《八百壯士》拍攝。1976 年 1 月 1 日改舷號"626"，1979 年 10 月 1 日恢復"206"舷號。1985 年 10 月 1 日隸屬兩棲艦隊，1990 年 9 月 1 日簡易封存。1993 年 1 月 1 日除役。

　　"中程"艦也是美軍在青島移交的第三批 LST，1946 年 12 月 18 日接收，編入運輸艦隊，1948 年 12 月 16 日改隸屬登陸艦隊第七隊十五分隊。1949 年 10 月 19 日運輸國軍 109 軍一部撤離廣州，11 月 1 日編制改為海軍總司令部直屬勤務艦，11 月 23 日運輸陸軍 67 師以及保安第 5、第 6 師等部從廣西欽州、防城撤退，12 月 22 日運輸陸軍 12 兵團、151 師、153 師一部從廣東湛江撤退。1950 年 5 月 15 日運輸裝甲兵 41 大隊從舟山撤往台灣，同年 6 月 1 日定舷號"207"，編制列在登陸艦隊。1955 年 1 月 1 日改隸登陸艦隊五十二戰隊，2 月 11 日撤運大陳軍民赴台灣。1957 年 8 月 26 日參加雲祥兩棲演習時，在台灣屏東平埔海灘外觸礁受損，11 月 1 日報廢除役。

　　"中練"艦 1946 年 12 月 18 日在青島接收，屬於美軍第三批贈送的 LST，接收之後編制列為海軍總司令部直屬訓練艦，故而命名"中練"。本艦 1947 年 11 月 22 日運輸國軍整編 54 師一部從山東海陽撤運，1948 年 10 月 9 日參加運輸 39 軍增援錦州，11 月 30 日運輸陸軍從錦西戰場撤退。1949 年 10 月 19 日運輸陸軍 12 兵團一部從廣東汕頭撤往金門，11 月 1 日改為海軍總司令部直屬勤務艦。1950 年 5 月 17 日運輸海軍第一軍區官兵及陸戰第一旅從舟山撤往台灣，6 月 1 日定舷號"209"，編制改在登陸艦隊。1955 年 2 月 10 日運輸"反共救國軍"1283 人及物資 200 噸從浙江批山島撤退。1958 年 9 月 8 日編入 TF65.1 運輸支隊，運補金門。1961 年 5 月 1 日改隸屬登陸第二艦隊六十一戰隊。1971 年 12 月 8 日參加"勤業計劃"，赴越南歸仁、峴港、西貢。1976 年 1 月 1 日改用"691"舷號，1979 年恢復"209"舷號。1985 年隸屬兩棲艦隊，1990 年 9 月 1 日簡易封存。

美珍　美頌　美樂（一代）　美益
Mei Chen　　Mei Sung　　Mei Le I　　Mei I

美朋　美盛　美亨　美宏
Mei Peng　　Mei Sheng　　Mei Hen　　Mei Hung

艦　　種：中型登陸艦

建造時間："美珍"，1944 年 5 月 19 日開工，6 月 19
　　　　　日下水，7 月 26 日竣工

　　　　　"美頌"，1944 年 12 月 4 日開工，1945 年
　　　　　3 月 17 日下水，3 月 28 日竣工

　　　　　"美樂"，1944 年 5 月 19 日開工，6 月 19
　　　　　日下水，8 月 8 日竣工

　　　　　"美益"，1944 年 10 月 18 日開工，11 月
　　　　　30 日下水，12 月 14 日竣工

　　　　　"美朋"，1944 年 12 月 14 日開工，1945 年 2 月 2 日下水，2 月 25 日竣工

　　　　　"美盛"，1945 年 2 月竣工

　　　　　"美亨"，1945 年 3 月 13 日竣工

　　　　　"美宏"，1945 年 4 月 6 日下水，4 月 30 日竣工

艦史堪稱傳奇的 "美頌" 號

製 造 廠："美珍"、"美樂"，美國南卡羅來納州查爾斯頓海軍船廠（Charleston Navy Yard）；"美頌"、"美亨"，
　　　　　美國加利福尼亞州西方鋼管公司（Western Pipe and Steel Co.）；"美益"，美國新澤西州聯邦造船和
　　　　　乾船塢公司（Federal Shipbuilding and Dry Dock Co.）"美朋"、"美盛"、"美宏"，美國特拉華州德拉
　　　　　沃公司（Dravo Corp.）

排 水 量：520/1095 噸（輕載 / 滿載）

主 尺 度：62 米 ×10.5 米 ×2.51 米（全長、寬、滿載吃水）

動　　力：2 座通用柴油機，雙軸，2880 馬力

航　　速：12 節

武　　備：40mm 博福斯 MK3 高射炮 ×1，20mm 厄利孔高射炮 ×4

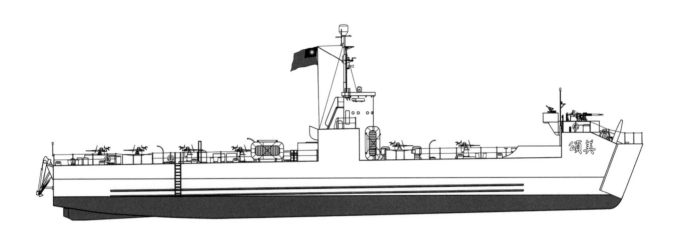

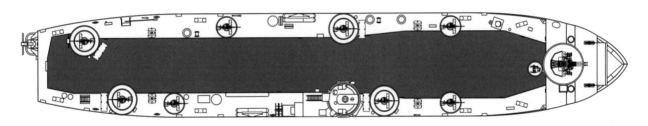

"美頌"艦線圖(在中國海軍成軍後狀態)

艦　史:

　　本型 8 艘軍艦屬於美國海軍的 LSM1 型登陸艦(Landing Ship Medium,縮寫 LSM),原名 LSM155、457、157、285、431、433、456、442。1946 年美國海軍在青島將其分四批移交給中國海軍,中國海軍接收後採用"美"字頭的新艦名,分別綴以"珍、頌、樂、益、朋、盛、亨、宏"8 字。

　　"美珍"艦是美國海軍第七艦隊於 1946 年 5 月 29 日在青島贈送給中國的,是第一批贈送艦中的唯一一艘中型登陸艦,隨即編入運輸艦隊。1947 年 6 月 1 日列入海防第二艦隊,1949 年 12 月 5 日編入海防第一艦隊,1950 年 2 月 1 日編制改為第二艦隊,6 月 1 日定舷號"241",編制列入登陸艦隊。1958 年金門炮戰時參加運補金門行動。1965 年 1 月 1 日改舷號為"341"。後經執行"新美計劃"翻新,1985 年編入兩棲艦隊,1991 年編入 151 艦隊。2005 年 6 月 1 日除役。

“美頌”艦是 1946 年 6 月 12 日中方在青島接收的 2 艘 LSM 之一，當時編入運輸艦隊，1947 年 6 月 1 日改為海防第二艦隊，後又改列登陸艦隊。1949 年本艦駐泊廣州期間，解放軍駐香港的情報策反機構“628 小組”工作站對艦長毛卻非進行了策反，計劃發動起義，但 10 月 18 日晚起義消息洩露，毛卻非在艦上被輪機長等人抓獲。本艦隨後由“太昭”拖航澳門，又前往台灣，毛卻非在台灣左營被處死。1950 年，本艦參加了防守海南島的作戰，6 月 1 日定舷號“247”，編列在登陸艦隊。1958 年，參與了金門炮戰時期的運補行動（閃電計劃第二、三梯次）。1958 年 8 月 24 日，本艦和“中海”、“台生”在金門料羅灣被解放軍魚雷艇襲擊，本艦負責拖帶照料被魚雷擊中的“中海”艦，曾和“中海”合力擊沉了解放軍“175”號魚雷艇。1965 年 1 月 1 日，本艦改舷號“347”。後經“新美計劃”翻新，1985 年編入兩棲艦隊，1991 年編入一五一艦隊，2005 年 6 月 1 日除役。

　　“美樂”艦和“美頌”艦同於 1946 年 6 月 12 日接收，編入運輸艦隊，1947 年 6 月 1 日隸屬海防第二艦隊二分隊，同年參加華北沿海的軍運工作，1948 年 12 月 16 日改隸登陸艦隊第八隊十八分隊。1949 年解放軍發動渡江戰役後，本艦於 4 月 23 日和南京附近江面的多艘軍艦向長江下游成功突圍。同年先後參與了 6 月 2 日運送山東省保安旅一部從青島撤退，以及 10 月 19 日運輸陸軍 12 兵團一部從汕頭撤退等行動，12 月 5 日編列於海防第一艦隊。1950 年 6 月 1 日定舷號“242”，隸屬登陸艦隊。1952 年 10 月 10 日參加突擊南日島的作戰。1955 年 1 月 1 日編制改到登陸艦隊五十四戰隊。1958 年金門炮戰發生後，本艦參加運補金門的行動，9 月 8 日下午，陣地設於廈門蓮河、圍頭角的解放軍東海艦隊海岸炮兵 38 營 150、140 連使用 8 門 130 毫米口徑岸炮對正在料羅灣卸載的本艦連續炮擊，共發射 373 發炮彈，8 發命中，導致艦體爆炸斷裂為兩截，當即報廢，10 月 1 日除役。

| 1 | 2 |

1. 1950 年代某次登陸訓練中拍攝到的“美益”艦，此時已經採用“243”舷號。

2. 尚未採用舷號的“美益”艦，其艦名油漆在艦首。

"美益"艦 1946 年 6 月 24 日在青島接收，編入運輸艦隊，1947 年 6 月 1 日改編入海防第二艦隊二分隊，參加華北軍運行動，1948 年 12 月 16 日改隸登陸艦隊第八隊十七分隊。1949 年 9 月 1 日在福建沿海抓獲大陸商船"海牛"號，同年 10 月 19 日參加運輸陸軍 12 兵團一部撤離汕頭的行動，11 月 1 日隸屬海防第二艦隊。1950 年 6 月 1 日定舷號"243"，編制列入登陸艦隊。1953 年 7 月 16 日，參加了突襲東山島的戰鬥。1955 年 1 月 1 日編制列入登陸艦隊五十四戰隊，1962 年改為登陸第一艦隊五十三戰隊，1965 年 1 月 1 日改舷號"343"。1971 年 3 月 1 日除役，艦上堪用部件留作修理其他同型"美"字艦。

1

2

3

1. 1958 年被解放軍炮火擊毀於金門料羅灣海灘的"美樂"艦

2. 停泊在台灣左營的"美亨"艦

3. "美宏"艦

"美朋"艦 1946 年 9 月 14 日在青島接收,編入運輸艦隊,1947 年 6 月 1 日列入海防第二艦隊,1948 年 3 月 30 日運輸陸軍第 8 軍一部從山東威海撤退,8 月 1 日運送陸軍 26 師收復膠州灣薛家島,12 月 16 日編制改至登陸艦隊第八隊十八分隊,駐紮江蘇鎮江。1949 年 11 月 1 日改隸海防第二艦隊,1950 年 6 月 1 日改隸登陸艦隊,定舷號"244",1955 年 1 月 1 日隸屬登陸艦隊五十四戰隊。1958 年參加了運補金門行動(閃電計劃第三、四梯次)。1961 年 5 月 1 日改隸登陸第二艦隊六十三戰隊,1965 年改舷號"344"。1971 年 3 月 1 日除役,堪用部件被拆卸,以供修理翻新同型艦之用。

"美盛"艦 1947 年 2 月 6 日在青島接收,編入運輸艦隊,1947 年 6 月 1 日列入海防第二艦隊,1948 年改至登陸艦隊,駐泊南京江面。1949 年解放軍發起渡江戰役後,南京江面的海防第二艦隊部分軍艦發動起義,本艦一度和"永嘉"等不願起義的軍艦向長江口突圍,途中懾於北岸解放軍炮火猛烈,艦長易元方又指揮軍艦折返南京,參加起義,加入人民解放軍。此後,本艦輪機長曾尚智和部分官兵逃離,輾轉到上海尋找國軍歸隊。本艦後編入華東軍區海軍,1950 年 4 月 23 日更名"黃河"號,編列於華東海軍第五艦隊第一大隊,曾參加解放一江山島戰役。華東軍區海軍改編為東海艦隊後,本艦列入東海艦隊登陸艦支隊十四大隊,定舷號"931",服役至 1980 年代。

"美亨"艦 1947 年 2 月 6 日和"美盛"同時在青島接收,編入運輸艦隊,1947 年 11 月 22 日運輸整編 54 師一部從海陽撤退,觸礁受損,1948 年 3 月 26 日運輸陸軍第 8 師 498 團一部從蓬萊撤退長山島,12 月 16 日編制改為登陸艦隊第八隊十八分隊,駐江蘇鎮江。1949 年解放軍發起渡江戰役後,本艦和其他駐防鎮江的國民黨軍艦一起向長江下游突圍,中途曾遭解放軍炮火擊中,僥倖到達上海。此後先於 12 月 5 日隸屬海防第一艦隊,後於 1950 年 6 月改隸登陸艦隊,定舷號"245",1955 年 1 月 1 日編列在登陸艦隊五十五戰隊,1962 年編列在登陸第一艦隊五十三戰隊。1964 年在運輸補給前往東沙島時遭遇颱風侵襲擱淺,後被拖航至澎湖馬公,因受損嚴重不堪修理,於 1964 年 6 月 1 日除役,堪用部件拆存。

"美宏"艦 1947 年 3 月 29 日在青島接收,編入運輸艦隊,參加華北軍運行動,1947 年 11 月 12 日參加撤運整編 54 師一部從山東海陽撤退,1948 年 10 月 1 日從煙台運送 39 軍一部渡海前往遼寧錦西登陸,11 月 30 日又運送國軍從錦西撤退,當年 12 月 16 日編入登陸艦隊第八隊十七分隊。1949 年 1 月 19 日,運輸 87 軍一部從塘沽撤退,6 月 26 日參加封鎖華北沿海行動,8 月 19 日參加防守長山列島,11 月 16 日改隸屬於第三艦隊,防守海南島。1950 年初,曾在瓊州海峽攔截渡海的解放軍船隻,同年 6 月 1 日編制列入登陸艦隊,定舷號"246"。1955 年 1 月 1 日隸屬登陸艦隊五十五戰隊,2 月 22 日編入 TF95 運輸支隊,撤運浙江南麂山軍民赴台。1961 年 5 月 1 日隸屬登陸第一艦隊五十三戰隊,1965 年 1 月 1 日改舷號"346"。1970 年 11 月 1 日除役,堪用部件拆存。

聯珍 / 聯珠　聯璧　聯光　聯華
Lien Chen　　Lien Chu　　Lien Pi　　Lien Kuang　　Lien Hwa

聯勝　聯利　聯錚　聯榮
Lien Sheng　　Lien Li　　Lien Cheng　　Lien Jung

艦　　種： 步兵登陸艇

建造時間： "聯珍"，1942 年 12 月 13 日開工，1943 年 1 月 13 日下水，1 月 20 日竣工

　　　　　"聯璧"，1943 年 11 月 5 日開工，12 月 3 日下水

　　　　　"聯光"，1944 年 12 月 13 日竣工

　　　　　"聯華"，1944 年 5 月 15 日開工，6 月 8 日下水，6 月 16 日竣工

　　　　　"聯勝"，1944 年 2 月 4 日開工，2 月 11 日下水，2 月 18 日竣工

　　　　　"聯利"，1944 年 2 月 1 日開工，2 月 9 日下水，2 月 18 日竣工

　　　　　"聯錚"，1944 年 3 月 12 日開工，6 月 7 日下水，6 月 15 日竣工

　　　　　"聯榮"，1944 年 3 月 15 日開工，6 月 9 日下水，6 月 17 日竣工

製 造 廠： "聯珍"、"聯勝"、"聯利"，美國馬薩諸塞州喬治 • 拉里父子公司（George Lawley&Sons）；"聯璧"、

　　　　　"聯光"、"聯華"、"聯錚"、"聯榮"，美國新澤西州新澤西造船公司（New Jersey Shipbuilding Corp.）

排 水 量： 246/419 噸（輕載 / 滿載）

主 尺 度： 48 米 ×7 米 ×1.8 米（長、寬、滿載吃水）

動　　力： 2 座通用柴油機，雙軸，1600 馬力

航　　速： 16 節

武　　備： 40mm 博福斯 MK3 高射炮 ×2，

　　　　　20mm 厄利孔高射炮 ×4，

　　　　　機槍 ×6

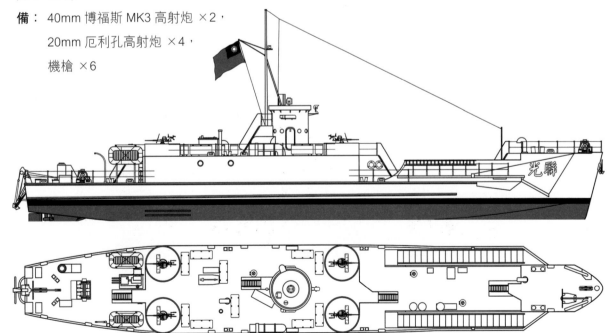

"聯光"艇線圖

艦　史：

　　本型軍艦屬於美國海軍的步兵登陸艇 (Landing Craft Infantry，LCI)，原為美軍的 LCI233、514、517、631、418、417、630、632。1946 年 6 月 12 日、6 月 24 日至 12 月，以及 1947 年 1 至 4 月分批在青島移交給中國海軍，中方以"聯"字頭綴以"珍、璧、光、華、勝、利、錚、榮"8 字分別重新命名。

　　"聯珍"艇在 1946 年 6 月 12 日接收成軍，暫歸中央海軍訓練團指揮，後編入運輸艦隊。1947 年 6 月 1 日改隸海防第二艦隊三分隊，參加封鎖華東海岸的行動，10 月 10 日因和"聯錚"在艇名讀音上易混淆，本艇更名"聯珠"。1949 年 5 月，參加了防守上海的作戰，11 月 16 日改編至第三艦隊，駐防海南秀英。1950 年 4 月 22 日參加了海南撤運行動，6 月 1 日定舷號"261"，編制列在登陸艦隊。1952 年列編在登陸艇隊六十一分隊，1958 年參加金門補運行動。1961 年 10 月 1 日除役。

　　"聯璧"與"聯珍"同日接收成軍，但旋即觸水雷沉沒而除役。

　　"聯光"艇 1946 年 6 月 12 日接收成軍，編入運輸艦隊，1948 年改隸海防第二艦隊，派駐在安慶參加長江防務。1949 年解放軍發動渡江戰役後，本艇在 4 月 23 日撤抵南京江面，隨後參加了海防第二艦隊起義，加入華東軍區海軍。1950 年 4 月 23 日更名"古田"號，編入華東軍區海軍第五艦隊，當作登陸艦。同年 6 月，被抽調作為指揮艦，參加了解放軍清剿長江口潭滸島海匪黃八妹部的戰鬥。之後被調歸新組建的掃雷大隊，9 月在江南造船廠改造為掃雷艦，在長江口清掃國民黨海軍"永豐"等艦佈設的水雷。1951 年，本艦被編入水雷大隊，1955 年調整為海軍掃雷艦四大隊，同年曾參加遼東半島抗登陸演習。1965 年，本艦被調撥給國家海洋局東海分局第四調查大隊，更名"海調 410"，類似海監船性質，其後歷史不詳。

起義後編入華東海軍當作掃雷艦的"聯光／古田"號

1. 中國海軍接收後的
   "聯華"艇

2. 採用新舷號後的
   "聯勝"艇

3. 在台灣基隆港拍攝
   到的"聯利"艇

4. 停泊在台灣左營的
   "聯錚"

"聯華"艇 1946 年 6 月 12 日在青島接收成軍，編製在運輸艦隊，1947 年 6 月 1 日隸屬海防第二艦隊三分隊，1948 年 12 月 16 日隸屬登陸艦隊第九隊十九分隊。1949 年解放軍發動渡江戰役後，本艇和駐防鎮江的"威海"等軍艦於 4 月 23 日向長江口突圍，本艇成功到達上海，並參加了防守上海的作戰，後退往浙江舟山定海，12 月 5 日重新編入海防第二艦隊。1950 年 6 月 1 日定舷號"265"，1951 年 12 月 1 日隸屬登陸艦隊。1962 年 11 月 1 日除役。

"聯勝"艇 1946 年 7 月 10 日在青島由中國海軍接收，編入運輸艦隊。1947 年 6 月 1 日改隸海防第二艦隊三分隊，此後被派駐長江中游，1948 年 12 月 16 日編入登陸艦隊第九隊二十分隊。1949 年解放軍發動渡江戰役時，本艇於 4 月 23 日與同在鎮江的"聯華"等軍艦一起向長江口突圍，之後參加了上海保衛戰，戰鬥中被解放軍岸炮擊傷。同年 10 月 1 日改隸訓練艦隊，11 月 1 日編入海防第二艦隊。1950 年 6 月 1 日定舷號"263"，8 月 1 日編入艦艇訓練司令部。1951 年 12 月 1 日改隸登陸艦隊，1952 年 9 月 1 日改至登陸艇隊六十一分隊。1958 年 10 月 1 日在馬祖東犬島觸礁重創，11 月 1 日報廢除役。

"聯利"艇 1946 年 12 月 12 日在青島接收，編入運輸艦隊。1947 年 6 月 1 日編入海防第二艦隊三分隊，被派在長江執行綏靖任務。1948 年被調赴華北，12 月 16 日隸屬登陸艦隊第九隊二十分隊，1949 年 5 月參加了保衛上海的戰鬥。1950 年 6 月 1 日定舷號"262"，隸屬登陸艦隊，1952 年 9 月 1 日隸屬登陸艇隊六十一分隊。1962 年除役。

"聯錚"艇 1947 年 3 月 1 日在青島接收，編在運輸艦隊。1948 年隸屬登陸艦隊第九隊十九分隊，1949 年 5 月參加保衛上海的戰鬥，9 月 19 日參加防守廈門的戰鬥，10 月 25 日參加金門古寧頭反登陸作戰，11 月 1 日編入海防第一艦隊。1950 年 6 月 1 日定舷號"264"，1951 年 12 月 1 日隸屬登陸艦隊，1952 年 9 月 1 日隸屬登陸艇隊六十一分隊。1961 年 10 月 1 日除役。

"聯榮"艇 1947 年 4 月 28 日在青島接收，先編入運輸艦隊，後列入海防第二艦隊。1949 年 7 月本艇調至廣州黃埔，10 月 14 日解放軍進駐廣州後，本艇率領第四巡防艇隊艦艇退至澳門海面。經中共上海局策反委員會人員策動和組織，艇員李振華等於 10 月 26 日成功發動起義，駕艇返回廣州，加入解放軍廣東省軍區江防司令部，更名"勇敢"號，後編入中南軍區海軍，定舷號"3-141"，並曾於 1953 年在伶仃洋重創越界的駐香港英軍炮艇 HDML1323 號。其後的服役歷史不詳。

合群（一代）　合眾　合堅　合城
Hou Chun I　Hou Chung　Hou Chien　Hou Cheng

合永　合彰　合忠　合貞
Hou Yung　Hou Chang　Hou Chung　Hou Chen

艦　　　種： 戰車登陸艇

建造時間： "合群"，1944 年 2 月 4 日開工，3 月 7 日下水，3 月 11 日竣工

　　　　　　"合眾"，1944 年 8 月 4 日開工，8 月 13 日下水，8 月 17 日竣工

　　　　　　"合堅"，1943 年 6 月 2 日開工，8 月 10 日下水，9 月 27 日竣工

　　　　　　"合城"，1944 年 4 月 25 日開工，5 月 3 日下水，5 月 7 日竣工

　　　　　　"合永"，1944 年 6 月 3 日開工，6 月 12 日下水，6 月 18 日竣工

　　　　　　"合彰"，1943 年 6 月 28 日開工，7 月 18 日下水，9 月 7 日竣工

　　　　　　"合忠"，1944 年 6 月 29 日開工，8 月 2 日下水，8 月 7 日竣工

　　　　　　"合貞"，1944 年 4 月 28 日開工，5 月 6 日下水，5 月 11 日竣工

製 造 廠： "合群"，美國堪薩斯州密蘇里橋樑和鐵工公司（Missouri Valley Bridge & Iron. Co.）；"合眾"、"合堅"、"合城"、"合永"、"合彰"、"合貞"，美國紐約州野牛造船公司（Bison Shipbuilding Corp）；"合忠" 美國密蘇里州堪薩斯城市鋼結構公司（Kansas City Structural Steel Co.）

排 水 量： 143/320 噸（輕載 / 滿載）

主 尺 度： 36.3 米 ×9.95 米 ×1.52 米（全長、寬、吃水）

動　　　力： 3 座通用 GM6-71 柴油機，3 軸，675 馬力

航　　　速： 8 節

燃料儲量： 10.5 噸燃油

續 航 力： 930 海里 /4 節

武　　　備： 20mm 厄利孔高射炮 ×2，機槍 ×4

1. 中國海軍接收後的 "合群" 艇，在駕駛台下方的艇體上可以看到油漆的漢字艦名。

2. 使用 "LCU-282" 時期的 "合眾" 艇

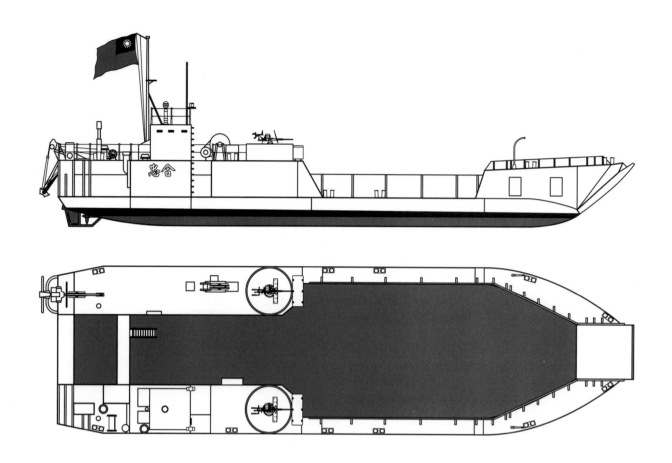

"合忠"艇線圖（中國海軍接收後狀態）

艦　史：

　　本批屬於美國海軍移交給中國的戰車登陸艇（Landing Craft Tank，LCT），原為美軍的
LCT MK6 型 LCT892、1213、515、1143、1171、512、849、1145。1946 年末及 1947
年初分兩批在青島移交給中國海軍，分別以"合"字頭綴以"群、眾、堅、城、永、彰、忠、
貞"8 字命名。1956 年曾將其改列為通用登陸艇（Landing Craft Utility，LCU）。

　　"合群"艇 1946 年 10 月 19 日接收，以蘇北連雲港為駐地，1948 年 5 月 1 日參加了封
鎖華北海岸的行動，12 月 16 日編入登陸艦隊第九隊二十一分隊。1949 年 6 月 2 日參與撤
運青島國軍，10 月 10 日參與撤運浙江洞頭島國軍，曾中彈受傷。1950 年 6 月 1 日定舷號
"LCT-281"，隸屬登陸艦隊，1952 年 9 月 1 日隸屬登陸艇隊六十二分隊，1956 年分類改為
通用登陸艇，改舷號"LCU-281"。1958 年金門炮戰時，本艇作為"轟雷計劃"第一梯隊，
運送美國援助的 8 英寸口徑自行榴彈炮在金門料羅灣登陸。1961 年編制改為登陸艇隊一
分隊，1965 年 1 月 1 日改舷號"LCU-481"。1995 年退役。

"合眾"艇 1946 年 11 月 15 日接收，之後與"合群"一起派在連雲港，執行封鎖華北海岸的任務。1948 年 8 月 31 日參與運輸 26 師一部收復膠州灣薛家島的行動，12 月 16 日編入登陸艦隊第九隊二十一分隊。1949 年 6 月 2 日參加青島撤運行動。1950 年 6 月 1 日定舷號"LCT-282"，1952 年 9 月 1 日隸屬登陸艇隊六十二分隊，1956 年改舷號為"LCU-282"。1961 年改隸屬登陸艇隊一分隊，1965 年 1 月 1 日改舷號為"LCU-482"。1981 年在台灣馬鼻灣遇風濤，與"壽山"艦相撞，艇體損毀嚴重，不堪修理，後於 1987 年除役。

"合堅"艇 1946 年 11 月 22 日接收，1948 年編入登陸艦隊。1949 年被解放軍獲得，編入華東軍區海軍，1950 年編入華東海軍第五艦隊，曾參加一江山島戰役，其後歷史不詳。

"合城"艇 1947 年 1 月 7 日接收，駐泊連雲港，執行封鎖華北海岸行動。1947 年 11 月 22 日運輸國軍整編 54 師一部撤離山東海陽，1948 年 12 月 16 日編入登陸艦隊第九隊二十一分隊，1949 年 6 月 2 日參加撤運青島國軍行動。1950 年 6 月 1 日定舷號"LCT-283"，1952 年 9 月 1 日隸屬登陸艇隊。1955 年因艇體殘破而除役，1956 年 7 月 1 日撤銷編制。

"合永"艇 1947 年 1 月 20 日接收，隨後執行封鎖華北海岸的行動。當年 8 月在江蘇射陽河口擱淺，被解放軍華中軍區海防縱隊鹽阜大隊俘虜，因疏於看管，本艇於 9 月間乘漲

人民解放軍海軍裝備的一艘 LCU 登陸艇，極有可能是"合堅"艇。從照片看，該艇已經進行過改造，原本敞開的坦克艙的後部已經加裝了頂棚。

潮逃離，後因對港汊水文不熟而再度擱淺，二次被鹽阜大隊俘虜。編入解放軍序列後，本艇隨即參加了當年年末海防縱隊進攻海匪的戰鬥。1948 年 5 月 24 日，在鹽東鬥龍港被國民黨飛機炸毀。

"合彰"艇 1947 年 2 月 29 日接收，1948 年 8 月 1 日曾裝運 26 師一部收復膠州灣薛家島，12 月 16 日編入登陸艦隊第九隊二十一分隊。1949 年 6 月 2 日參加撤運青島國軍的行動，10 月 3 日在運輸 102 師一部從舟山金塘島撤退時主機失靈，漂流到解放軍控制的甬江口一帶擱淺，後由"永定"艦拖帶回舟山定海修理。1950 年 6 月 1 日定舷號"LCT-285"，1952 年隸屬登陸艇隊六十三分隊。1954 年蔣中正巡視大陳時，曾以本艇作為座艇。1955 年 2 月 10 日，本艇由美軍 LSD18 運回台灣。1956 年改舷號"LCU-285"，1961 年 5 月 1 日隸屬登陸艇隊一分隊，1965 年 1 月 1 日改舷號"LCU-485"。1987 年 6 月 1 日除役。

"合忠"艇 1947 年 3 月 7 日接收，1950 年 6 月 1 日定舷號"LCT-284"，1952 年編列在登陸艇隊，1956 年改為"LCU-284"。1961 年因發生主機故障，從馬祖漂流到大陸一側海面，後被拖救出險。1965 年 1 月 1 日改為"LCU-484"，除役時間不詳。

"合貞"艇 1947 年 4 月 11 日接收，1950 年 6 月 1 日定舷號"LCT-286"，1956 年改為"LCU-286"，1965 年 1 月 1 日舷號再改為"LCU-486"。1990 年代被改為台灣"中山科學院"任務艇。

其他來
源軍艦

抗戰勝利後，中國海軍通過徵用商船等途徑，從輪船招商局等部門獲得了一批零散
船隻，陸續進行武裝改造，改為軍艦，其中以屬於輔助船性質的拖船最為重要，也
較具規模，並開創了用帶有 "大" 字的詞語命名拖船類軍艦的做法。

正在拖帶 LCU 的 "大明" 軍艦，
"大" 字軍艦執行拖帶等作業時
留下的照片，往往是這類只能看
見艦尾局部的樣式。

永豐(二代)　永春　永和　永康

Yung Feng II　　Yung Chun　　Yung He　　Yung Kang

艦　　種：掃雷艦

建造時間："永豐"，1943 年 9 月 15 日開工，1944 年 1 月 22 日下水，1944 年 9 月 12 日竣工

"永春"，1943 年 7 月 8 日開工，9 月 18 日下水，1945 年 7 月 23 日竣工

"永和"，1942 年 12 月 27 日開工，1943 年 3 月 28 日下水，1945 年 4 月 30 日竣工

"永康"，1943 年 12 月 29 日開工，1944 年 6 月 10 日下水，1945 年 2 月 19 日竣工

製 造 廠："永豐"，美國阿拉巴馬州海灣造船公司（Gulf Shipbuilding Corp.）；"永春"，美國俄勒岡州威拉
米特鋼鐵公司（Willamette Iron and Steel Co.）；"永和"，美國佛羅里達州坦帕造船公司（Tampa
Shipbuilding Co.）；"永康"，美國俄亥俄州美洲造船公司（American Shipbuilding Co.）

排 水 量：945 噸

主 尺 度：56.24 米 ×54.86 米 ×10.08 米 ×2.74 米（全長、水線長、寬、吃水）

動　　力：2 座庫珀・貝西默（Cooper Bessemer）公司 GSB-8 型柴油機，雙軸，1710 馬力

航　　速：14.7 節（最大）

燃料儲量：104 噸燃油

續 航 力：3700 海里 /8 節

武　　備：3inMK22 高射炮 ×1，40mm 博福斯 MK1 雙聯高射炮 ×2，20mm 厄利孔高射炮 ×6

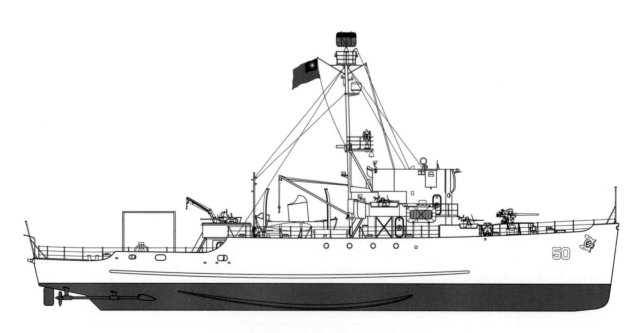

"永豐"艦線圖（20 世紀 50 年代初期狀態）

艦　史：

　　4艦同屬於美國海軍"可敬"級（Admirable）掃雷艦，和中國海軍在二戰後通過美國援助而獲得的此類軍艦不同，"永豐"等4艦是海軍從中國海關獲得。4艦前身原是美國海軍的AM279（Prime）、AM363（Gavia）、AM217（Delegate）、AM225（Elusive），均是1946年美國海軍在菲律賓蘇比克除役後出售給中國財政部當作海關緝私艦使用的。4艦在中國海關的艦名分別是"叔星"（A6）、"榮星"（A8）、"德星"（A2）、"和星"（A3），後轉入中國海軍使用。

　　"永豐"原是海關的"叔星"艦，1949年國軍從上海撤退時，因該艦處於無艦員的閒置狀態，遂由海軍"營口"艦拖離上海，後在台灣左營進行整備，同年6月6日成軍，編列為海軍總司令部直屬艦，專用於佈雷。本艦1949年11月末武裝、修理完工後被派在大陸沿海實施佈雷封鎖，12月24日曾在長江口佈設水雷40餘枚，此後又在閩江口、廈門港、汕頭港等地實施佈雷。1950年6月編制改在第一艦隊，定舷號"50"，列作掃雷艦，1952年9月改隸海軍第三艦隊，在大陸沿海實施巡邏任務。1955年7月，本艦在海軍造船廠進行改造，徹底改作佈雷艦，艦上原有的掃雷裝置被拆除，艦尾20mm炮被拆卸，加長佈雷軌和增設水雷庫。同年12月，本艦又赴菲律賓蘇比克由美軍工廠安裝新式電子設備。1957年、1958年，本艦參加了南海巡視行動，1968年編制改隸水雷艦隊。1973年5月1日除役。

編入海軍後的"永豐"艦

"永春"原是海關"榮星"艦，1949 年 12 月 1 日奉命移交給海軍，在台灣左營安裝武備後成軍，編列在海防第三艦隊，1950 年改隸第三艦隊，定舷號"52"。1952 年 7 月 1 日改隸第四艦隊四十一戰隊，10 月 11 日參加突擊南日島作戰，1953 年 7 月 16 日參加了突擊東山島作戰。1955 年 1 月 1 日，編制改隸巡邏艦隊四十四戰隊，此後駐防馬祖，在閩江口海域巡防。1961 年 7 月 1 日因艦體老舊而除役。

　　"永和"原是海關"德星"號，1949 年 12 月 1 日和"榮星"一起被命令移交給海軍。在台灣左營安裝武備後成軍，隸屬海防第三艦隊，第二年改隸第三艦隊，定舷號"53"，被派在福建沿海實施巡防、封鎖任務，曾參加突擊東山島的行動。1956 年 8 月 14 日，本艦曾和"清江"艦在汕頭外海抓捕大陸輪船"海鷹"，同年編入海軍六二特遣部隊南區巡邏支隊，次年改在北區巡邏支隊，1958 年返回台灣左營。1962 年 9 月 1 日除役。

　　"永康"原為海關的"和星"艦，1949 年撤退時被海關遺棄在上海，由海軍"營口"艦拖航至浙江舟山定海，又轉往台灣左營進行修理和安裝武備。同年 11 月 16 日編入海防第三艦隊，被派駐海南島秀英，參加防守海南島。1950 年參加掩護海南島撤運等行動，當年 6 月 1 日編入第三艦隊，定舷號"54"。1952 年參加突擊湄洲島的行動，1953 年參加突擊東山島行動。1955 年改隸巡邏艦隊四十四戰隊，當年參加大陳、南麂山撤運行動。1956 年編入海軍六二特遣部隊北區巡邏支隊，1958 年改至南區巡邏支隊，同年返回台灣左營。1961 年 6 月 1 日除役。

| 1 | 2 |
| | 3 |

1. 1950 年代拍攝到的"永春"艦上的一次檢閱活動，照片左側近景可以看到艦上的美式 3 英寸主炮。

2. 編入中國海軍後的"永和"艦

3. 航行中的"永康"艦

中榮　中勝
Chung Jung　Chung Sheng

艦　種：戰車登陸艦

建造時間："中榮"，1944 年 4 月 16 日開工，6 月 5 日下水，6 月 26 日竣工
"中勝"，1944 年 6 月 9 日開工，7 月 9 日下水，8 月 12 日竣工

製造廠："中榮"，美國印第安納州密蘇里橋樑鋼鐵公司（Missouri Valley Bridge & Iron Co.）；"中勝"，美國馬薩諸塞州波士頓海軍造船廠（Boston Navy Yard）

排水量：1625/4080 噸（輕載 / 滿載）

主尺度：99.97 米 ×15.24 米 ×4.2 米（全長、寬、吃水）

動　力：2 座通用 12-567A 型柴油機，雙軸，1700 馬力

航　速：11 節

武　備：40mm 博福斯 MK1 雙聯高射炮 ×2，40mm 博福斯 MK3 高射炮 ×4，20mm 厄利孔高射炮 ×12

1950 年代初拍攝到的"中榮"艦

經歷"新中計劃"翻新改造過的"中勝"艦

艦　史：

2 艦原屬於美國海軍的 LST 戰車登陸艦，但其來源較為特殊，不同於中國海軍在青島集中接收的此類軍艦。

"中榮"艦前身是美國海軍的 LST574，1947 年 11 月 5 日移交給中華民國行政院所轄善後救濟總署，用以運輸救濟物資和人員，更名"江運"。1949 年 5 月 1 日被海軍接收，更名"中榮"，編列在海防第一艦隊，隨後在江南造船所進行整修和安裝武備。1949 年 9 月 19 日，本艦參加了保衛廈門的作戰，10 月 25 日參加金門古寧頭反登陸作戰，12 月 19 日在廣東湛江偵察航行時不慎擱淺，後自行脫困。1950 年 4 月 27 日，本艦運送海南島國軍撤往台灣，6 月 1 日定舷號"210"，編列在登陸艦隊。1953 年 7 月 16 日參加突擊東山島戰鬥，1955 年 1 月 1 日編制改在登陸艦隊五十二戰隊，2 月 22 日被編入 TF95 運輸支隊，從浙江南麂島撤運軍民赴台灣。1958 年金門炮戰期間參加運補行動（鴻運計劃），在料羅灣被解放軍炮火擊傷。1961 年改隸屬登陸第一艦隊五十一戰隊，1966 年 1 月 10 日拖帶解放軍叛逃馬祖的 F-131 艇至基隆。1976 年 1 月 1 日改舷號"657"，1979 年 10 月 1 日改舷

號"210"。1985年編制調整至兩棲艦隊，1990年曾運送刻有"南疆鎖鑰"的中國主權碑前往太平島。1991年7月1日編制調整至一五一艦隊二〇三戰隊。1997年10月16日除役，2002年12月29日艦體發標出售，後在台灣屏東恆春外海自沉，充當漁礁。

　　"中勝"艦原為美國海軍用LST1033號戰車登陸艦改造的醫院船LSTH1033，二戰後在菲律賓報廢。中國海軍在菲律賓蘇比克基地接收美援軍艦時，將這艘美軍報廢艦順便拖航回國，交上海江南造船所當作宿舍船和倉庫船使用。1949年國軍從上海撤退前夕，鑒於該艦尚有修復可能，遂在5月1日拖航至台灣左營，作為海軍總司令部直屬勤務艦，定名"中勝"。經修理後，本艦於12月22日從廣東湛江撤運陸軍151、153師一部，1950年1月27日從南沙太平島、西沙永興島撤運陸戰隊，5月26日從萬山群島撤運陸戰隊第2旅1營，6月1日定舷號"211"，編制改隸登陸艦隊。1952年6月1日被派駐泊大陳。1955年改隸登陸艦隊五十三戰隊，2月6日編入TF85運輸支隊，負責撤運大陳軍民赴台灣，2月22日編入TF95運輸支隊，撤運南麂山軍民赴台灣。同年3月1日，海軍鑒於本艦"211"舷號數字相加等於4，與"死"諧音，為圖吉利，將其改為"214"。1955年4月1日，本艦赴菲律賓蘇比克美軍基地大修換裝，後又於8月1日赴蘇比克運輸2艘美援海岸防艇回台。1957年10月1日，鑒於"214"仍和"死"字諧音，遂改舷號為"222"。1958年金門炮戰期間，本艦參加了運補行動（閃電計劃第七、八梯次）。1961年5月1日改隸登陸第二艦隊六十一戰隊，1975年12月24日參加電影《八百壯士》拍攝。1976年改舷號"686"，1979年又改回"222"。1985年10月1日本艦改隸屬兩棲艦隊，1991年1月1日再改隸屬一五一艦隊。1995年年初，本艦於台灣野柳外海擱淺，雖由"大湖"艦拖帶出險，旋即沉沒，2月1日除役。

美和 / 永明 (二代)
Mei He   Yung Ming II

艦　　種： 中型登陸艦

建造時間： 1944 年 6 月 1 日竣工

製造廠： 美國德克薩斯州布朗造船公司（Brown Shipbuilding Co.）

排水量： 520/1095 噸（輕載 / 滿載）

主尺度： 62 米 ×10.5 米 ×2.51 米（全長、寬、滿載吃水）

動　　力： 2 座通用柴油機，雙軸，2880 馬力

航　　速： 12 節

武　　備： 40mm 博福斯 MK3 高射炮 ×1，20mm 厄利孔高射炮 ×4

招商局商船時期的"華 203"號

航行中的"美和"艦

艦　史：

　　本艦原為美國海軍中型登陸艦 LSM13，二戰後除役，1946 年 5 月 31 日出售給中國國營招商局，更名"華 203"，作為商船使用。1949 年 2 月 1 日，本船被中國海軍徵用，經安裝武備後在 3 月 10 日正式成軍，更名"美和"，定為中型登陸艦，編列在登陸艦隊，同年 5 月 1 日開始執行封鎖浙江海岸的任務。1949 年 11 月 1 日隸屬海防第二艦隊，1950 年 5 月 27 日從外伶仃島運載陸戰隊撤回台灣，6 月 1 日定舷號"248"，編制改為海軍總司令部直屬勤務艦，1952 年又改隸登陸艦隊。此後參加了 1953 年 7 月 16 日突襲東山島戰鬥，以及 1955 年 2 月 9 日撤運大陳防衛司令部官兵及文件物資赴台灣的行動。1961 年 5 月 1 日隸屬登陸第二艦隊六十三戰隊，1965 年 1 月 1 日奉命改造為海岸佈雷艦，改名"永明"號，舷號"348"。1971 年 12 月 1 日因艦體老舊而除役。

普陀 / 大茂
Pu To　　Da Mao

艦　　種：遠洋救助拖船

建造時間：1943 年 8 月 16 日開工，1944 年 4 月 23 日下水，6
　　　　　月 9 日竣工

製 造 廠：美國加利福尼亞州富頓造船公司（Fulton Shipyard
　　　　　Antioch.）

排 水 量：852/1315 噸（輕載 / 滿載）

主 尺 度：50.44 米 ×10.16 米 ×4.72 米（長、寬、吃水）

動　　力：1 座蒸汽機，2 座鍋爐，單軸，1600 馬力

航　　速：12.2 節

武　　備：3inMK22 高射炮 ×1，
　　　　　20mm 厄利孔高射炮 ×2

採用 "341" 舷號的 "普陀" 艦，
艦首炮位清晰可見。

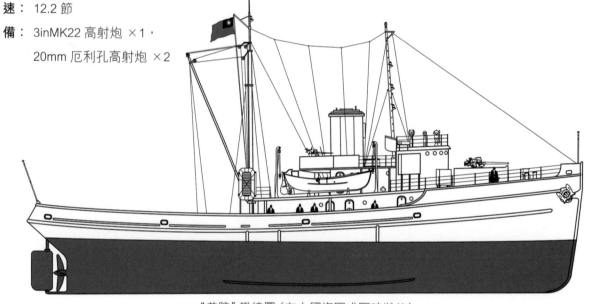

"普陀" 艦線圖（在中國海軍成軍時狀態）

艦　史：

　　本艦原是美國海軍遠洋救助拖船（Rescue Ocean Tug，ATR）ATR26，1946 年贈送給
南京國民政府行政院物資供應局，用於拖帶運輸救濟物資的駁船，後由行政院轉賣給上海
亞洲實業公司，當作商用拖輪。1947 年 2 月 1 日，海軍徵用本船，在江南造船所進行整修
後，於 1948 年 4 月 16 日成軍，命名 "普陀"，列為海軍總司令部直屬勤務艦。同年 5 月，
赴菲律賓蘇比克美軍基地拖帶美國贈送艦回國。1950 年國軍撤離海南島以及舟山群島時，
本艦都曾負責拖帶無動力的軍艦返回台灣，同年 6 月 1 日定舷號 "341"。1952 年 7 月 1 日
隸屬後勤艦隊六十二分隊，1953 年 1 月 1 日加裝武備，1954 年 4 月 1 日更名 "大茂" 艦。
1962 年 12 月 1 日奉命除役，艦上物資裝備繳庫，12 月 24 日改隸海軍第一軍區，降旗除
役，1963 年 1 月 14 日艦體移交第一軍區保管。

武功 / 大武　大明　大洪　大庚　大青
Wu Kung　Ta Wu　Ta Ming　Ta Hung　Ta Keng　Ta Ching

艦　　　種： 武裝拖船

建造時間： "武功"、"大明"、"大洪"，1936 年下水

"大庚"，1943 年下水，7 月 26 日竣工

"大青"，1942 年下水，1943 年 1 月 9 日竣工

製 造 廠： "武功"、"大明"、"大洪"，美國俄亥俄州美洲造船公司（American Shipbuilding Co.）；"大庚"，美國德克薩斯州萊溫斯特造船廠（Levingston Shipbuilding Co.）；"大青"，美國佛羅里達州坦帕造船公司（Tampa Shipbuilding Co.）

排 水 量： 534/835 噸（輕載 / 滿載）

主 尺 度： 43.58 米 × 10.28 米 × 4 米（全長、寬、吃水）

動　　　力： 2 座通用 12-278A 型柴油機，

雙軸，1500 馬力

航　　　速： 14 節（最大）

武　　　備： 不詳

"武功"艦線圖（成軍時狀態）

艦　　史：

本型軍艦原為二戰期間美國陸軍裝備的小型拖船 LT（Light Tug），二戰後被中國國營招商局購得，改為商用拖輪，1949 年被中國海軍徵用，改作軍艦。

"武功"艦原為招商局 1947 年購入，在上海江南造船所進行改造，預備作為破冰船，定名"北極一號"。1947 年 6 月 27 日被行政院交通部徵用，作為天津塘沽新港工程局專用破冰船，而後在 1949 年 6 月 15 日被交通部改派到福州港務局充當拖輪。當年 7 月 1 日，本船被中國海軍徵用，更名"武功"，轉往台灣左營修理，編制隸屬海軍總司令部，作為直屬勤務艦，艦種定為 AOT（遠洋輔助拖船，Auxiliary Ocean Tug）。此後，本艦在 1950 年被派赴海南島、舟山群島，用於拖帶無動力艦船撤退至台灣，同年 6 月 1 日定舷號"342"。1952 年 7 月 1 日隸屬後勤艦隊六十二分隊，1954 年 7 月 1 日根據新的命名規則，用帶有

"大"字的中國山嶽名稱更名"大武"號。1955年參加撤運浙江漁山、大陳軍民行動。1965年改舷號"542"，1971年3月1日改隸勤務艦隊。1972年1月1日除役。

"大明"艦原為招商局1947年購入的"民317"號拖輪，1949年8月1日在海南島榆林被中國海軍徵用，更名"大明"，編制隸屬海軍總司令部，作為直屬勤務艦。1950年先後從海南島、舟山群島拖帶無動力艦船撤退至台灣，當年6月1日定舷號"343"。1952年海軍成立後勤艦隊，本艦編制遂轉入後勤艦隊六十二分隊，作為遠洋輔助拖船（AOT）。1954年10月30日，本艦在澎湖馬公白沙嶼附近觸礁沉沒，12月16日除役。

"大洪"原為美國陸軍拖輪LT530，1947年出售給中國輪船招商局，更名"民316"。1949年8月1日在海南島榆林被中國海軍徵用，命名"大洪"，作為海軍總司令部直屬勤務艦。1950年6月1日定舷號"344"，1952年7月1日隸屬後勤艦隊六十二分隊，1953年7月16日參加了突襲東山島作戰，並拖帶擱淺的"美珍"艦出險。1959年11月1日因主機狀況不佳而除役。

"大庚"原為招商局1947年購得的"民310"拖輪，1949年8月1日在海南島榆林被中國海軍徵用，更名"大庚"，編列在海軍總司令部，作為直屬勤務艦。1950年，本艦和"大明"、"大洪"一起參加了從海南和舟山拖帶無動力艦船撤往台灣的工作，當年6月1日定舷號"345"。1952年隸屬後勤艦隊六十二分隊，1955年先後編入TF85、TF95運輸支隊，撤運大陳、南麂山軍民渡台，1958年9月12日被派拖帶LCM登陸艇赴金門助防。1965年1月1日改舷號"545"，1971年3月1日改隸勤務艦隊，1976年1月1日改舷號"373"。1979年1月1日除役。

"大青"艦原為美國陸軍拖船LT355，輪船招商局1946年購買後命名"民314"。1949年8月1日在台灣高雄被海軍徵調，前往拖帶在澎湖擱淺的"丹陽"艦出險，1950年1月1日正式被海軍徵用，更名"大青"，編制列在海軍總司令部，作為直屬勤務艦，同年6月1日定舷號"346"。1952年隸屬後勤艦隊六十二分隊，1958年被派拖帶LCM登陸艇前往金門助防。1963年1月1日在高雄海軍工廠更換主、輔機，1965年1月1日改舷號"546"，1971年改隸勤務艦隊。1972年1月1日除役。

海軍拖船"武功"號

海軍拖船"大明"號，照片中可見艦橋前方炮位上的20毫米口徑高射炮。

崑崙
Kun Lun

艦　　種：運輸艦
建造時間：1918 年開工
製造廠：不詳
排水量：1612 噸（標準）
主尺度：79.55 米 × 13.4 米 × 3.65 米（長、寬、吃水）
動　　力：蒸汽機，1650 馬力
航　　速：9 節
武　　備：不詳

艦　史：

　　本艦原為日本商船"海輝丸"，二戰後由中國國營招商局接收，先後更名"海浙"、"海冀"，作為商船使用。1947 年 3 月 19 日招商局的"海閩"輪撞沉海軍"伏波"艦後，將本船賠償給海軍，5 月 1 日由海軍命名為"崑崙"艦，編入海防第二艦隊，作為直屬特勤艦。1948 年 10 月在江南造船所整修、武裝完成後執行軍運任務。

　　在中共上海局策反委員會運作下，本艦艦長沈彝勳、書記官陳健藩等密謀伺機駕艦起義。1949 年 4 月 3 日，本艦奉命運送海軍機械學校師生員工赴福州，艦長借機在艦上向艦員宣佈次日起義，4 月 4 日部分軍官對起義表示異議，起義計劃破產。本艦抵達福州馬尾後，起義人員撤離本艦，但艦長沈彝勳隨後被捕，並被押至台灣左營處死。5 月 1 日，本艦編制調整到登陸艦隊，作為直屬特勤艦。5 月 26 日運輸 59 軍一部從上海撤往台灣，10 月 19 日運輸 109 軍一部從廣州撤往台灣。同年 11 月 16 日，編列在海防第三艦隊，駐泊海南島秀英。1950 年 4 月 22 日運輸海南國軍撤往台灣，6 月 1 日定舷號"312"。1952 年改為隸屬後勤艦隊六十三分隊，1959 年除役。

塗刷"312"舷號的"崑崙"艦

四明
Ssu Ming

艦　　種： 運油船

建造時間： 1945 年 2 月 10 日開工，4 月 21 日下水，7 月竣工

製 造 廠： 美國威斯康星州馬尼托瓦克造船（Manitowoc Shipbuilding）

排 水 量： 1400 噸（滿載）

主 尺 度： 53.03 米 ×8.1 米 ×4.57 米（長、寬、吃水）

動　　力： 2 座柴油機，雙軸，500 馬力

航　　速： 11 節

武　　備： 20mm 厄利孔高射炮 ×12

艦　　史：

　　本艦原為美國海軍油輪 YO198，1946 年被中國國營招商局購得，改名為"建甲"號，1947 年 2 月 1 日轉賣給中國油輪公司，更名"永湟"。1949 年 8 月 16 日在浙江舟山定海被海軍徵用，命名"四明"，暫編在訓練艦隊作為保管艦，同年 11 月 16 日編入海防第三艦隊，進駐海南秀英。1950 年先後在 4 月 22 日和 5 月 12 日參加海南島和舟山國軍撤運行動，6 月 1 日定舷號"304"，列為海軍總司令部直轄勤務艦。1952 年 7 月 1 日改隸屬於後勤艦隊六十一分隊，1955 年改舷號"504"，1971 年隸屬勤務艦隊。1975 年除役。

1950 年代中期，採用美式立體字舷號的"四明"艦。

琅琊
Lang Ya

艦　　種：醫院船
建造時間：不詳
製造廠：不詳
排水量：1300 噸（標準）
主尺度：不詳
動　　力：不詳
航　　速：不詳
武　　備：無

艦　史：

　　本艦原為商船"舟山"號，所屬船商情況不詳，1949 年 6 月 1 日在浙江舟山被海軍徵用，編制隸屬第一軍區，稱為第一醫院船，1950 年 5 月 1 日正式命名為"琅琊"號，同年定舷號"310"。1951 年 12 月 31 日除役，艦上堪用醫療設備移往台灣基隆海軍總醫院分院使用。

五指／回風
Wu Chi　　Hui Feng

艦　　種：勤務艦
建造時間：不詳
製造廠：不詳
排水量：500 噸（標準）
主尺度：不詳
動　　力：不詳
航　　速：不詳
武　　備：無

艦　史：

　　本艦原是招商局"海安"號商船，1949 年 12 月 1 日在海南島被海軍徵用，改名為"五指"，1950 年 2 月 1 日編制隸屬第三艦隊，同年 3 月 1 日更名"回風"，編制改作海軍總司令部直屬勤務艦，6 月 1 日定舷號"315"，1952 年隸屬後勤艦隊六十三分隊。1954 年 2 月 16 日除役。

人民解放軍華東軍區海軍軍艦艇

抗日戰爭勝利後不久，國共和談破裂，內戰爆發，共產黨領導的人民解放軍在 1949 年 4 月渡過長江，席捲江南。解放軍序列內原本有膠東軍區海軍教導隊、華中軍區海防縱隊等涉海類單位，但並無現代意義的艦船裝備，直至 1949 年 4 月 23 日華東軍區海軍成立，才正式開始獲取艦船裝備。除了接收國民黨海軍起義艦艇以及被俘艦艇外，華東軍區海軍還通過購買、改造等方式增添艦船，這些軍艦成為人民解放軍海軍初創期的主力。

1950 年華東軍區海軍在 "井岡山" 艦上舉行海軍艦艇命名儀式

中 102 / 太行山　中 538 / 井岡山

Zhong 102　　Tai Hang Shan　　Zhong 538　　Jing Gang Shan

艦　　種： 坦克登陸艦

建造時間： 不詳

製造廠： 不詳

排水量： 1625/4080 噸（輕載 / 滿載）

主尺度： 99.97 米 × 15.24 米 × 4.2 米（全長、寬、吃水）

動　　力： 2 座通用 12-567A 型柴油機，雙軸，1700 馬力

航　　速： 11 節

武　　備： 不詳

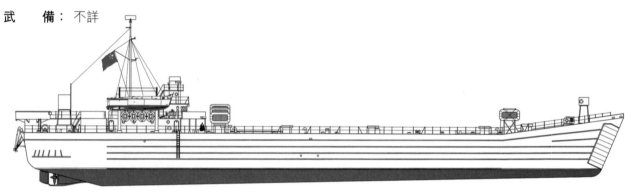

"井岡山"艦線圖（1950 年成軍時狀態）

艦　史：

　　"中 538"原為美國海軍的坦克登陸艦，二戰後出售給中國國營輪船招商局，被改為客貨輪，更名"中 538"。1949 年 4 月 23 日解放軍進駐南京時，在下關碼頭發現被廢棄的該船，在設法進行修理後，臨時稱為"LST538"，1949 年 11 月 8 日編入華東軍區海軍第一艦大隊，作為登陸艦。1950 年 4 月 23 日"華東軍區海軍成立一周年慶祝暨授旗命名典禮"在本艦上舉行，當天本艦被正式命名為"井岡山"，隸屬華東海軍第五艦隊。1955 年華東海軍改編為人民解放軍東海艦隊後，本艦列入東海艦隊登陸艦五支隊十四大隊，1961 年 10 月定舷號"921"。服役至 1990 年代退役。

　　"中 102"原為美國海軍坦克登陸艦，二戰後出售給中國國營輪船招商局，被改為客貨輪。1949 年 4 月本船被國民黨軍方徵用，運輸傘兵三團等單位從上海前往福州。途中，傘兵三團於 4 月 13 日發動起義，成功控制軍艦，4 月 14 日乘本艦抵達解放區連雲港，本艦遂成為人民解放軍擁有的第一艘 LST。本艦後編入華東軍區海軍，1950 年 4 月 23 日正式命名為"太行山"，編制隸屬華東海軍第五艦隊。1955 年列入東海艦隊登陸艦五支隊十四大隊，當年參加了協同陸軍登陸一江山島戰鬥，1961 年 10 月定舷號"922"。推測在 1980 年代退役。

解放軍進駐南京後，在下關碼頭附近發現的各種殘留船隻，照片中右側的一艘 LST
就是招商局的"中 538"，整修後編入華東海軍，成為著名的"井岡山"艦。

起義後編入華東海軍的原"中 102"號

萬忠 / 淮河　萬福 / 運河
Wan Zhong　Huai He　Wan Fu　Yun He

艦　　種：中型登陸艦

建造時間：不詳

製造廠：不詳

排水量：520/1095 噸（輕載 / 滿載）

主尺度：62 米 ×10.5 米 ×2.51 米（全長、
　　　　寬、滿載吃水）

動　　力：2 座通用柴油機，雙軸，2880 馬力

航　　速：12 節

武　　備：不詳

人民解放軍內的 LSM932 "淮河" 艦

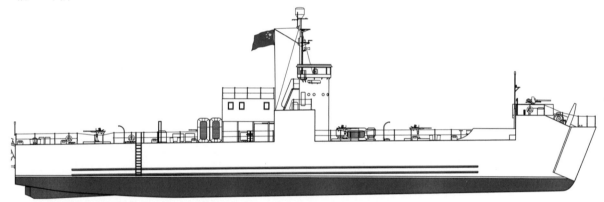

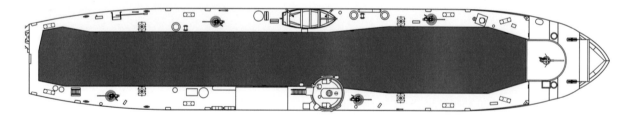

"淮河" 艦線圖

艦　史：

　　2 艦原本是美國海軍的 LSM 登陸艦，具體情況不詳，二戰後移交給中國行政院善後救濟總署，更名 "萬忠"、"萬福"，後調撥給國營輪船招商局使用。1949 年 6 月 7 日在上海被解放軍華東軍區海軍接收，當年 11 月 8 日 "萬忠"、"萬福" 分別編入華東海軍第一、第二艦大隊，1950 年 4 月 23 日正式命名為 "淮河"、"運河"，列編華東海軍第五艦隊，1955年編制調整至東海艦隊登陸艦五支隊十三大隊，舷號原為 "302"、"303"，後改為 "932"、"933"。2 艦在 1980 年代陸續退役。

江通／瑞金　江達／興國　德州／遵義
Chinag Tung　Rui Jin　Chiang Ta　Xing Guo　Te Chou　Zun Yi

常州　蘇州／淮陽　杭州／鹽城
Chang Chou　Su Chou　Huai Yang　Hang Chou　Yan Cheng

青州／邯鄲　登州
Ching Chou　Han Dan　Teng Zhou

艦　　種： 護衛艦
建造時間： 不詳
製造廠： 不詳
排水量： 500/705 噸（輕載／滿載）
主尺度： 53.64 米 ×8.12 米 ×4.26 米（長、寬、吃水）
動　　力： 2 座通用 6-278A 柴油機，雙軸，1000 馬力
航　　速： 13 節
武　　備： 105mm 陸軍炮 ×1，
　　　　　3in 高射炮 ×2，
　　　　　九六式 25mm 雙聯高射炮 ×2

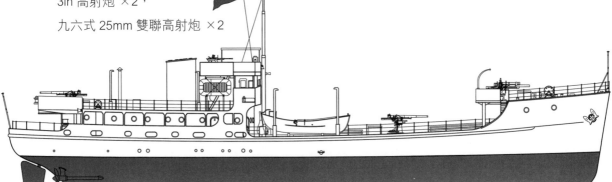

"邯鄲" 艦線圖（1950 年狀態）

經華東海軍武裝成軍後的 "邯鄲" 艦，艦首
增加的炮位上安裝的是一門陸軍型榴彈炮。

艦　史：

　　本批船隻係華東海軍於 1949 年 10 月 27 日在上海接收，各船的樣式大致統一，船型都屬於美國海軍二戰中建造和裝備的 AKL，即輕型運輸艦（Light Cargo Ship）。戰後由國民政府行政院善後救濟總署從美國接收，其中"江通"、"江達"為救濟總署水運大隊船隻，後移交給其他航運商使用，解放軍進駐上海後通過購買獲得。"德州"、"常州"、"蘇州"（美軍原名"金香花"）、"杭州"（美軍原名"丁香花"）、"青州"（美軍原名"紫羅蘭"）、"登州"（美軍原名"萬壽花"）則由善後救濟總署水運大隊移交給招商局使用，解放軍進駐上海後，將其從招商局調撥。

　　華東海軍獲得這批軍艦後，試圖將其改造為火炮護衛艦，交由江南造船廠具體實施。"江通"、"江達"、"蘇州"、"杭州"編制在第一艦大隊，"青州"、"登州"、"德州"、"常州"編制在第二艦大隊。維修改造期間，"登州"、"常州"於 1950 年 1 月 25 日在江南造船廠被國民黨空軍飛機炸毀，同年 4 月 23 日剩餘的"江通"、"江達"、"德州"、"蘇州"、"杭州"、"青州" 6 艦分別更名為"瑞金"、"興國"、"遵義"、"淮陽"、"鹽城"、"邯鄲"，編制列在華東海軍第七艦隊。1951 年，第七艦隊和舟山基地合併，6 艦被編製為舟山基地戰艦大隊。

　　本批軍艦在中華人民共和國成立初期，是華東海軍擁有的規模較大的軍艦，屬於火力支援艦。曾參加過嵊泗列島戰鬥、三門灣對空對海戰鬥、一江山島戰鬥。1954 年 5 月 18 日，"瑞金"、"興國"艦在浙江高島海域遭到國民黨空軍 F-47 戰機空襲，"瑞金"艦被炸沉，成為華東海軍在戰鬥中損失的第一艘大型軍艦。此後，"興國"、"遵義"等艦對武備進行調整，拆去了原有的 105 毫米主炮，換裝 3 英寸口徑高射炮，並加裝大量小口徑高射炮，增強防空火力。本型軍艦推測在 1960 年代逐漸退役。

航行中的"淮陽"艦

元培 / 廣州
Yuan Pei   Guang Zhou

艦　　種：護衛艦

建造時間：1943 年 8 月 12 日開工，1944 年 1 月 26 日下水

製 造 廠：加拿大 William Pickersgill & Sons Ltd

排 水 量：1060 噸（標準）

主 尺 度：76.81 米 ×11.18 米 ×4.19 米（全長、寬、滿載吃水）

動　　力：1 座蒸汽機，2 座水管鍋爐，單軸，2750 馬力

航　　速：16.5 節（最大）

燃料載量：480 噸燃油

武　　備：120mm 炮 ×2

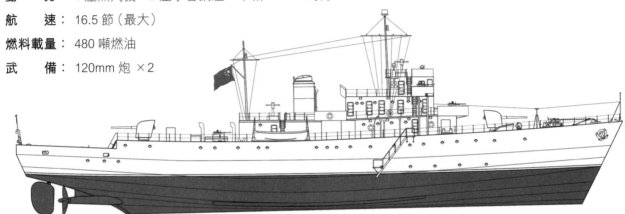

"廣州"艦線圖（1950 年狀態）

推測攝於 1958 年的照片，畫面右側被充當會場主席台的軍艦就是 "廣州" 艦，此時該艦已經換裝蘇聯式武備。艦首裝備蘇製 130 毫米口徑艦炮，桅桿也改成了三腳桅式樣。

艦　史：

　　本艦原為在加拿大建造的英國皇家海軍"城堡"級（Castle）護衛艦 Nunney Castle，後轉入加拿大皇家海軍，更名 Bowmanville，二戰後拆卸武備出售，被中國國營招商局購得，命名"元培"，同批購入的另有 2 艘同型艦"錫麟"、"秋瑾"。

　　因航速較快，3 艘船作為招商局的高速客船，用於上海至天津間的快速客運。1949 年5 月解放軍進駐上海時，本船因為船體受損滯留，未被拖往台灣。10 月 27 日招商局將本船調撥給華東軍區海軍，隨後進行武裝改造，當年 11 月 8 日編制列在華東海軍第二艦大隊，1950 年 4 月 23 日更名"廣州"，定為護衛艦，編列至華東海軍第六艦隊。

　　1950 年代，本艦全面換裝蘇聯式武器，成為解放軍序列中戰鬥力最強的水面艦艇之一，和國民黨海軍艦艇多有交火。1955 年華東軍區海軍改編為東海艦隊，本艦的編制關係調整為護衛艦六支隊第十六大隊，1961 年 10 月定舷號"212"。1968 年，為紀念毛澤東1953 年 6 月 2 日曾登艦視察，本艦改用紀念舷號"53-602"，1974 年又改用新舷號"512"，同年退役。

國營招商局時期的"元培"號快速客船。

附錄
1912—1949年的中國軍艦

一. 軍艦建設的主體與中國海軍的演變

　　1912 年，中國歷史的車輪駛進了中華民國時期，此後至 1949 年末這短短三十餘載歲月裏，內憂外患頻發，社會動盪不寧，中國經歷了軍閥混戰、北伐戰爭、抗日戰爭、國共內戰等諸多重大的歷史事件。受時局影響，這一時期中國海軍艦船的發展情況與清王朝時期存在明顯的區別，最為突出的一點就是此時中國海軍的艦船建設政出多門，主持艦船建設的主體不一，不僅有中央政府海軍，還有一些地方政治勢力、軍閥所建設的地方性海軍。就使得這一時期涉及中國軍艦的海軍名稱紛繁複雜，為便於理解，擇其要者概述如下：

北京政府中央海軍

　　1912 年民國北京政府（北洋政府）成立後，設海軍部，部址建於北京，由清末海軍宿將劉冠雄出掌大局。在海軍部之下，於南京設海軍總司令處（後改為海軍總司令公署），具體負責艦隊的軍務管理。下轄第一、第二以及練習艦隊共三支艦隊，其中第一艦隊重在近海巡防，以上海為主要駐泊地；第二艦隊旨在保衛長江主權，和列強的長江軍艦相抗衡；練習艦隊主要為開展海軍軍官航海教育、槍炮教育而成立。北京政府的中央海軍原本是中國唯一的一支海軍力量，但是很快受到了來自廣東海軍以及奉系東北海軍的挑戰。1926 年廣東國民政府發起北伐戰爭，中央海軍的三支艦隊由海軍總司令楊樹莊率領倒戈，參加北伐軍，成為後來南京政府中央海軍的基礎。

　　北京政府中央海軍主持的艦船裝備添置工作，主要發生在首任海軍部總長劉冠雄的任內。他一方面設法清理清朝在海外訂造而尚未建成交付的軍艦訂單，嘗試以國債作為擔保，先行將軍艦接收回國；另一方面則藉助德商瑞記洋行提供的貸款，在歐洲訂造新艦。與此同時，北京政府海軍部在經費萬難的局面下，努力湊集資金，由江南造船所、大沽造船所、福州船政局三個海軍部直屬造船機構自造小型艦艇。此外，這一時期中國海軍艦船裝備建設方面還有一項很重要的成就，經中國海軍部和德

民國北京政府首任海軍總長劉冠雄（前排居中者）和海軍部部員等在海軍協會樓前的合影。

國西門子德律風根公司（Telefunken）談判，採用西門子德律風根公司的設備和技術，為中國海軍舊有重要軍艦全面安裝無線電台，實現了中國海軍和軍艦通信向"無線電時代"的歷史性邁進。

廣東海軍

1917 年，北京政府段祺瑞內閣解散國會，廢除《臨時約法》，中華革命黨領袖孫中山聯絡西南地區的軍閥，於當年 7 月在廣州成立護法軍政府，和北京政府南北對抗。經孫中山遊說，時任北京政府海軍總司令程璧光於 7 月 21 日率海軍第一、第二艦隊的部分軍艦從上海南叛，前往廣東支持護法軍政府，史稱"護法艦隊"。此後廣東軍政府內設立海軍部，形成了與北京政府海軍部分裂的事實，由護法艦隊以及廣東省舊有的巡防艦艇共同構成了廣東海軍。由於廣東軍政府和地方軍閥之間一度政見不和乃至兵戎相見，導致廣東海軍左右為難，1923 年便發生了護法艦隊部分主力軍艦北叛的事件，導致其艦艇力量大幅削弱。

1925 年廣州國民政府成立，廣東海軍被冠以國民革命軍海軍的名義，不過由於艦艇實力不強，並沒有在北伐戰爭中嶄露頭角，反而因為北京政府中央海軍向北伐軍投誠而遭擠壓，但是此後廣東海軍仍然長期以中國國民黨嫡系海軍自居，甚至於在其艦艇上塗畫國民黨黨徽以示自身為正源。

隨着北伐的勝利，中華民國在形式上實現了統一。1929 年，南京政府開始對全國海軍進行編遣整理，廣東海軍更名海軍第四艦隊，旋即在 1932 年被廣東軍閥陳濟棠改編為第一集團軍艦隊，1933 年又增設粵海艦隊。1936 年陳濟棠下野後，廣東海軍被南京政府統編為廣東江防司令部，重新隸屬於中央，其艦艇部隊在抗日戰爭中損失殆盡。

廣州國民政府時期，廣東海軍雖曾進行過諸如試製魚雷艇等小規模的新置艦艇的努力，但是成果並不多，廣東海軍大量添置軍艦是陳濟棠主政廣東時期。本着擁兵自重的目的，陳濟棠對發展海軍頗為在意，除從香港、澳門購買一些歐洲老舊軍艦、商船重新改造成軍艦外，較為特別的是其注意到了海軍裝備發展的一項新潮流——摩托化魚雷艇。廣東海軍領風氣之先，在東亞地區最先引進了這種武備。

廣東海軍司令在粵海艦隊"海圻"艦上進行檢閱視察的情景

奉系東北海軍

東北海軍源起於第一次世界大戰後北京政府中央海軍在哈爾濱設立的"吉黑江防艦隊"。1922 年，北京政府海軍部因經費緊張，供給遠在東北邊境的吉黑江防艦隊力不從心，於是將這支艦隊劃歸東三省地方，使之成為奉系軍閥張作霖控制下的第一支艦艇武裝。同年，奉系軍閥為爭奪對北京政府的控制權，向當政的直系軍閥開戰，史稱"第一次直奉大戰"。戰鬥中，直系軍閥調用中央海軍艦艇助戰，令張作霖深受刺激，戰後即委派吉黑江防艦隊代理司令沈鴻烈着手籌建奉系海軍，編成東北海防艦隊，1924 年設立東北海軍總司令部。此後，奉系軍閥以及東北海軍的勢力蔓延至山東，一度拉攏渤海艦隊混編成東北聯合艦隊，1927 年則正式吞併渤海艦隊。至此，東北海軍下轄有海防第一艦隊、海防第二艦隊、吉黑江防艦隊三支海軍力量。

1931 年"九·一八"事變爆發後，日本侵佔了東三省。吉黑江防艦隊淪陷於敵後，後來成為偽滿洲國江防艦隊。東北海軍海防第一、第二艦隊則被迫南下，以山東青島、威海為基地，1933 年被南京政府整編為海軍第三艦隊，設司令部於威海劉公島，就此取消了東北海軍這一番號。1937 年日本發動全面侵華戰爭，第三艦隊在青島實施焦土抗戰，將大量艦船自沉於青島港，原艦艇部隊人員及陸戰隊、教導隊等改編為炮隊等編制，於 1938 年撤至徐州，預備加入第五戰區作戰，後又撤往湖北第九戰區。第三艦隊則被改編為長江要塞江防守備司令部，負責長江中游的炮台防禦。1938 年 6 月下旬的馬當要塞保衛戰後，因部隊損失嚴重，江防守備司令部被撤銷，部隊整編為江防獨立總隊。其後，一部分官兵在 1944 年考選編入赴美接艦參戰士兵總隊，參加接收"太平"、"太康"等美援軍艦，剩餘部分在 1945 年被編入赴英接艦學兵大隊，參加了接收英援軍艦"重慶"、"靈甫"的活動。

總體來看，1920 年代是東北海軍艦艇軍力快速增長的階段，雖然其新增軍艦多是以老舊的商船改裝，但是在具體的實施上則頗具有新意，顯現了東北海軍對航空兵器的興趣，先後有多艘新增的商船改造型軍艦被一度當作水上飛機母艦使用，並曾投用於實戰，成為中國海軍艦艇發展史上里程碑式的事件。

張學良、沈鴻烈（第二排左起第一、二人）與東北海軍的軍官學校——葫蘆島航警學校師生合影。

直系海軍

1920 年直皖戰爭爆發，以段祺瑞為首的皖系軍閥勢力被逐出北京政府，直系軍閥掌控了北洋政府大局。因對北洋政府的中央海軍不信任，直系軍閥領袖吳佩孚從 1921 年開始陸續籌組了直接處於其掌控下的兩支艦隊：渤海艦隊和長江上游保商艦隊，由設在河南洛陽的海軍辦事處遙控統轄。

長江上游保商艦隊以湖北、湖南等省原有的武裝輪船為基礎，經過編練擴充，於 1924 年正式成立，以武漢為重要據點。渤海艦隊的前身是 1917 年南下廣東的護法艦隊，1923 年因擔憂孫中山整頓海軍，同時還因受到吳佩孚的拉攏，其艦隊司令溫樹德率領主要軍艦叛離廣東，投靠吳佩孚，以山東青島為基地，史稱渤海艦隊。但此後不久，當 1924 年 11 月第二次直奉大戰吳佩孚落敗後，身在青島的渤海艦隊被勢力蔓延到山東的奉系軍閥蠶食，併入東北海軍。長江上游保商艦隊則在 1926

年投奔孫傳芳五省聯軍，被整編為五省聯軍第二艦隊（第一艦隊為五省聯軍在江蘇省獲得的武裝輪船），與北伐軍（國民革命軍）作戰。1927 年，北伐成功之際，北京政府中央海軍投向北伐軍，成為國民革命軍海軍，長江上游保商艦隊即被繳械收編。

概言之，吳佩孚建設直系海軍期間，並無大的作為，最主要的艦艇裝備添置就是購入了 2 艘日本長江客輪，經武裝改造為可以裝載兵員的炮艦。

抗戰前的南京政府中央海軍

伴隨着北伐戰爭的節節勝利，1927 年 4 月 18 日，中國國民黨宣佈取得中華民國國家政權，首都改設於南京，稱為南京政府。南京政府的中央海軍以原北京政府中央海軍為基礎，初期只設海軍總司令部，仍然下轄第一、第二以及練習艦隊。1929 年，在海軍高級將領的百般呼籲下，國民政府撤銷海軍總司令部，新設海軍部，下轄第一、第二艦隊以及練習艦隊和魚雷遊擊隊（1934 年撤）等艦艇單位，之後又名義上將東北海軍改編為第三艦隊，但並不處於中央海軍的指揮調度下。抗戰時期，中央海軍損失慘重，海軍部在 1938 年被撤銷，重新設海軍總司令部。抗戰勝利後，1945 年 12 月，國民政府對中央海軍大加整頓，撤銷海軍總司令部，海軍業務交由軍政部海軍處接管，從北京政府中央海軍延續下來的南京政府中央海軍至此壽終正寢。此後，中國海軍改換建軍模式，學習美式建軍，時人又稱為"新海軍"。

南京政府中央海軍時期，前後兩任海軍部長楊樹莊、陳紹寬對艦船裝備建設極為重視，正值當時中國形式上重新統一，戰亂漸歇，海軍也得以休養生息。以海軍江南造船所為主，陸續為中央海軍建造了巡洋艦、炮艦、炮艇等大量艦艇，這些艦艇多為江南造船所工程師葉在馥擔任總體設計，葉在馥由此成為中國第一位大量設計艦艇，並形成了自己設計風格的艦船設計師。同時，南京政府中央海軍還向日本訂造了新式輕巡洋艦，藉此獲得有關艦炮火控指揮、反潛、掃雷等新穎裝備，並以此作為訓練海軍官兵掌握新式裝備的重要階梯。另外，南京政府中央海軍時期，已經注意到軍艦防空的重要性，其所轄幾乎所有中大型艦隻都安裝、加裝了高射火炮，標誌着中國艦船武備立體化時代的到來。

南京政府海軍部部長陳紹寬在"民生"艦下水儀式上和海軍官弁及江南造船所工人合影。

電雷學校

　　南京政府中央海軍秉承英國式海軍的專業作風，以專業資歷為重，排斥政治對軍人的干擾，同時又受到明清以降歷史、人文及地理因素影響，海軍中以福建籍官兵居多，重視鄉情，故時人又稱之為"閩系海軍"。中央海軍的這一現狀，令國民政府主席蔣中正頗為不滿，常懷改組之心。1932年，國府另起爐灶，新設獨立於中央海軍的電雷學校，初期隸屬參謀本部，1936年改隸軍政部，由蔣中正兼任校長，校址最先設在江蘇鎮江，後遷至江蘇江陰。

鎮江時期的電雷學校，當時校址設於鎮江甘露寺，照片背景裏的建築就是甘露寺的大殿。

　　電雷學校不僅開展魚雷、水雷教育，同時還編有魚雷艇部隊，猶如南京政府的第二海軍。該校在艦艇裝備建設上，以新式的摩托化魚雷艇為重，從英國、德國購置了大批新式艇，編成了當時東亞最具規模的新式魚雷艇部隊。

　　抗戰爆發後，電雷學校奉命西撤，1938年停辦，在校學生併入青島海軍學校，所轄的魚雷艇部隊則交由海軍總司令部一併管理。

偽滿洲國艦艇部隊

　　日本發動"九·一八"事變後，很快於1932年扶植成立傀儡政權"滿洲國"。為配合日軍的總體戰略佈署，偽滿洲國先後組成了兩支艦艇部隊：一是原東北海軍江防艦隊，被日偽招降後一度稱為"滿洲國江防艦隊"，受日本海軍"駐滿海軍部"的指導和控制，與日本海軍"駐滿防備隊"配合，主要用於對蘇聯方向實施警戒和威嚇。1938年日本關東軍將日本海軍勢力排擠出偽滿洲國，撤銷了駐滿海軍部和防備隊等單位，偽滿江防艦隊改稱"江上軍"，採取陸軍建制。1945年8月蘇軍攻入中國東北後，偽滿江上軍從8月15日起陸續起義，其艦艇幾乎全部被蘇軍擄走。偽滿洲國的另一支艦艇部隊是海上警察隊，承擔渤海、黃海以及朝鮮西海岸的巡邏、護航任務，主要基地設在遼寧營口。1945年蘇軍攻入東北時，海上警察隊艦艇分在營口、旅順兩處被蘇軍繳獲。

正在艦上舉行列隊敬禮儀式的偽滿江上軍，身着偽滿洲國陸軍式樣的軍服。

作為傀儡政權的偽滿洲國，其江防艦隊、海上警察隊的艦艇建設實際完全由日本軍方操縱。為了滿足江海巡防的需求而添置的大量新艦艇，幾乎都由日本本土的造船機構建造，艦型多屬於小型炮艦、炮艇，其中部分艦艇的設計甚至直接影響了日後日本海軍自己裝備的長江炮艦、炮艇。

汪偽政府海軍

1937 年日本發動全面侵華戰爭後，陸續在其佔領區扶植成立了多個偽政權，各偽政權下相繼出現了 3 支艦艇部隊，分別是：基地設於青島的偽軍北支那特別炮艇隊；基地設於南京、上海的偽維新政府水巡隊；以及基地設於廣州的偽廣東江防司令部。1940 年，日本侵略軍將關內各地的偽政權整合，統一成立了以漢奸汪精衛為首的偽中華民國國民政府，汪偽政府設有海軍部，原各偽政權的艦艇也統一到了汪偽海軍部之下，成為汪偽海軍。

汪偽海軍按照要港─基地隊─基地區隊的三級編制編成部隊，先後設立南京、廣州、威海、漢口 4 個要港司令部，下屬的艦艇部隊編為基地隊、基地區隊。1945 年 8 月日本戰敗後，汪偽政府垮台，其海軍被位於重慶的國民政府要求暫編為長江下游艦隊，而後由國民政府中央海軍實施接收。

汪偽海軍的艦艇規模不大，數量也不多，主要包括兩類：一部分是日軍將繳獲的原南京政府中央海軍戰損軍艦實施整修、武裝，重新移交給汪偽使用。另外一部分則是新設計、建造的艦艇，此類艦艇主要為了滿足汪偽軍配合日軍在江南、華南河網地區實施"綏靖"、"清鄉"等行動，以艇體規模較小，可以搭載少量步兵的小型炮艇居多。

汪精衛檢閱偽海軍軍官學校學生時的留影

抗戰後的南京政府中央海軍

原為閩系掌控的中央海軍在抗戰中元氣大傷，藉此機會，1945 年抗戰勝利後，南京政府即着手對海軍大加改組。1945 年 12 月，海軍總司令部被撤銷，改由軍政部海軍處管理海軍；海軍第一、第二艦隊隸屬國民政府軍事委員會，暫交陸軍總司令部指揮；曾在二三十年代致力於海軍建設的海軍總司令陳紹寬不堪排擠，被迫淡出軍界。1946 年 4 月海軍第一、二艦隊司令部被撤銷，新組建海防、江防艦隊，同年 7 月重設海軍總司令部，改以蔣中正信任的陸軍將領桂永清擔任總司令。由於當時接收的日偽投降艦以及英美援助艦數量較大，海軍總司令部所轄的艦隊重編為海防第一艦隊、海防第二艦隊、江防艦隊、運輸艦隊以及 9 個炮艇隊和 1 個巡防艇隊。1948 年末，海軍總司令部重新調整艦隊編組規則，海防第一艦隊屬於主力艦隊，主要編入戰力較優的美援軍艦；海防第二艦隊則編入型號雜亂的日本賠償、投降的海防艦；江防艦隊編入各種長江淺水炮艦；運輸艦隊更名登陸艦隊，編入登陸艦。此外，英援艦"重慶"、"靈甫"和美援登陸艦"中訓"、"中練"列為海軍總司令部直屬訓練艦。

國共內戰爆發時，海軍各艦隊均捲入其中。海防第一艦隊以天津為駐地，承擔黃、渤海沿岸的封鎖以及巡防作戰，國民黨陸軍在華北戰場潰敗後，海防第一艦隊改以上海為駐地，負責江蘇、浙江沿海封鎖作戰。解放軍進駐上海後，海防第一艦隊被迫撤至浙江舟山定海，執行封鎖長江口以及江蘇、浙江沿海的任務。

海防第二艦隊初以上海為駐地，1948 年末被調入長江，各艦艇分散部署在安慶至南京段江面，分段巡防。1949 年 4 月解放軍發起渡江戰役後，海防第二艦隊一部在艦隊司令林遵率領下投奔解放軍，另一部則突圍至上海，當年 5 月 1 日重新編成海防第二艦隊司令部，旋於 7 月移駐澎湖馬公，負責台灣海峽巡防，控制福建沿海。與此同時，突破長江防線後的解放軍一路南下，攻勢更為迅猛。為防守海南島，國民黨海軍總司令部在當年 11 月 16 日於海南島新編成海防第三艦隊，以海南秀英為主要基地，專門負責海南周圍海域巡防，同時堅固珠江口以及廣東沿海警備。

江防艦隊初期以江蘇江陰為駐地，參加長江防務。1949年4月解放軍突破長江防線後，海軍總司令部調整艦艇兵力配置，江防艦隊被專派在武漢上下游巡防，後退往四川，最終在重慶全部起義參加解放軍。

運輸艦隊於1948年12月16日新編組成登陸艦隊。國共內戰期間執行各種海運任務，其所屬艦艇後大部退往台灣，1949年5月1日改以台灣左營為駐地，10月1日被改組為訓練艦隊，至1950年7月重新編為登陸艦隊。

從抗戰勝利後到1949年年底前，是國民黨海軍艦艇軍力急速膨脹的時期。通過接收總數達數百艘的日偽投降艦艇、日本賠償艦以及英國和美國援助艦，原本在抗戰期間艦艇裝備已損失殆盡的中國海軍，軍力瞬時擴張，總體規模已超過了抗戰之前。不過，此時接收的日偽艦艇艦況多數較差，且賠償艦均無武器裝備，大量軍艦實際上未能就役。英、美援艦中以美國援助軍艦數量最多，且艦型整齊，然而這些援艦的種類為何，並不由中國海軍自行做主，而是根據美國、英國政府的戰略來決定，故多為防禦性和輔助性的護航驅逐艦、炮艦、掃雷艇、登陸艦艇等，並沒有驅逐艦、巡洋艦、潛艇等專門的進攻性軍艦，而且美國援助中國的軍艦多為二戰後除役無用的剩餘物資，其中大部也是拆去了武備的狀態，需要經過修整、重新武裝才能真正服役。少部分艦艇同樣也存在破損不堪，無法修復的情形。

中國人民解放軍華東軍區海軍

在中國共產黨領導的軍隊中，先後出現過數支涉海類的單位，比較著名的分別是：1940年12月在江蘇鹽城三龍鎮成立的新四軍、八路軍華中總指揮部海防總隊；1944年11月在山東威海成立的膠東軍區海軍支隊；1945年10月設立的華中軍區海防縱隊；1946年在山東煙台組建的膠東軍區海軍教導大隊等。這些部隊當時多沒有真正意義的海軍艦艇裝備，主要執行海上運輸、護漁等任務，直到1949年4月23日，華東軍區海軍在江蘇泰州白馬廟成立，才逐漸成長為中國共產黨領導下的第一支艦隊武裝。

新成立的華東軍區海軍，由張愛萍任司令員，其人員基礎主要是解放軍第三野戰軍直屬教導師一部、蘇中軍區海防縱隊、膠東軍區海軍教導大隊、國民黨海軍起義人員。其中蘇中軍區海防縱隊首先改編為華東海軍第一縱隊，1949年11月8日又編成華東海軍第一艦大隊、第二艦大隊，所屬軍艦共20艘，成為人民解放軍最早的艦艇部隊。

華東海軍的艦艇裝備主要來源自國民黨海軍起義、被俘艦艇，以及從各處調撥的商船。根據原國民黨海軍將領曾國晟的建議，華東海軍實施"陳船利炮"的改造方法，即鑒於當時國民黨海軍軍艦主炮以3英寸口徑（76毫米）為主流，華東海軍在老舊的軍艦或商船上設法安裝更大口徑的火炮，力圖從火力上壓倒對手。

海軍總司令桂永清（前排居中者）與司令部官佐合影

毛澤東接見華東軍區海軍代表後的合影，照片前排右起依次是林遵、曾國晟、毛澤東、張愛萍。

二．艦種分類和命名

1912－1949 年間，中國海軍在艦種分類方面仍然和清末海軍的情形相似，並沒有制定出一套嚴謹周密的關於軍艦艦種分類的成文規則，和同時期已經採用嚴格的艦種、艦類區分的日本海軍有天壤之別。在缺乏具體法規文件指導的情況下，中國海軍在實踐中形成的是較為模糊，但具有靈活度的分類方法。根據其特點來看，大致可以分為北京政府時期、南京政府時期以及抗日戰爭後這三個主要階段。與艦船的分類定級制度相似，這一時期中國海軍艦艇的命名也可以分成這樣三個階段進行考察。

北京政府時期

北京政府時期中國海軍的艦種分類很大程度上存留着清末海軍的影子，根據這一時期的中國海軍文獻來分析，其軍艦艦種主要包括巡洋艦、獵艦、炮艦、雷艇等。

巡洋艦即西方海軍的 Cruiser，又稱巡艦、巡船，之下按照防護方式又細分為鐵甲巡洋艦和穹甲巡洋艦，按照使用功能又分出練習巡洋艦（巡洋練船）。民國海軍直接繼承自清末的"海圻"、"海容"等巡洋艦即屬於穹甲巡洋艦，由民國政府結款和完成接收的前清訂製巡洋艦"應瑞"、"肇和"則屬於練習巡洋艦，而北京政府海軍部向奧匈帝國訂造的 CNT 巡洋艦則分屬鐵甲、穹甲兩種。

這一時期的炮艦、炮船，即西方的 Gunboat。根據噸位大小有別，大致以排水量 200 噸至 300 噸為界，達到這一標準和超過的算作炮艦，不足的稱為炮艇，根據軍艦的設計特點不同，又細分出航海炮艦（巡洋炮艦）、淺水炮艦。北京政府中央海軍在江南造船所等機構訂造的"海"字小艦即屬於炮艇，吉黑江防艦隊裝備的"江"字炮船則屬於淺水炮艦，繼承自前清的"永豐"等軍艦則被認為是航海炮艦。

獵艦即驅逐艦，又作魚雷獵艦、魚雷獵船，即西方的 Destroyer。北京政府海軍曾計劃在意大利、奧匈帝國訂造這種軍艦，終因種種原因未能如願。

除此外，這一時期軍艦分類中還出現過用於運輸的運輸艦（又稱為運艦、運船），用於測量的測量

艇等。額外值得注意的是，同時期東北海軍大致採用的也是中央海軍的艦船分類方法，較之更為豐富的是多出了"飛機母艦"這一新的艦種。

北京政府時期的海軍艦船命名也大致延續清代海軍的做法，即主要選擇一些具有寓意的詞組作為軍艦的名字，不過在具體運用中，已經嘗試採取對不同類別的軍艦採用不同命名規則的方法。掌握這一規律後，僅憑着艦名就能大致猜測出軍艦的種類。舉例來説，北京政府新造的小型炮艇，全部用帶有"海"字頭的飛禽命名，如"海鷗"、"海燕"等；測量艇則採用和天相、星文有關的吉祥詞語命名，如"景星"、"慶雲"、"甘露"等。吉黑江防艦隊因為旨在保衛東北邊境江流的航權，多採用以"江"字頭帶有寓意的詞組命名，如"江安"、"江通"等。此外，北京政府時期中國參加了第一次世界大戰，對德國、奧匈宣戰，對於因此而獲得的大批戰利艦艇，則採用特別的字頭命名。其中的戰鬥性艦艇，多以"利"字頭的艦名，如"利綏"、"利捷"等；對原屬商船的軍艦，初以"華"字頭綴以"甲、乙、丙、丁"等天干來命名，如"華甲"、"華乙"等，後來則用綴以"安"字的詞語正式命名。同一時期的奉系東北海軍、直系海軍也是採用具有威勢或者寓意的詞語為軍艦命名，但因其裝備的艦艇數量本就少，因而並不區分艦種。

南京政府時期

南京政府成立後，政局略安，中國海軍得以大批建造新艦，對軍艦艦種的分類更加明確化，並在一定程度上借鑒了同時期日本海軍的艦艇分類制度，但仍未能制定出系統的艦種體系標準。這一時期的新造軍艦，出現了輕巡洋艦、炮艦、炮艇、水上飛機母艦、魚雷快艇等類別。

南京政府海軍的輕巡洋艦即西方和日本海軍所稱的 Light Cruiser，主要是指規模體量以及防護力、戰鬥力弱於主力艦，但是航速較快、續航力長的戰鬥性軍艦。只不過按照西方的標準，縱使是輕巡洋艦，排水量也動輒近萬噸，日本海軍 1923 年建成的小型輕巡"夕張"，排水量近 3000 噸。而南京政府海軍新造的 5 艘輕巡洋艦，小則排水量 1000 餘噸，大則只有 2000 餘噸，除"寧海"、"平海"之外，艦上武備主要只是槍炮，等於將排水量

1000噸以上的戰鬥軍艦都定成了巡洋艦,但其真正實力只相當於西方海軍的炮艦,如此定位,頗有刻意"高攀"的宣傳用意。

南京政府海軍的炮艦、炮艇仍然以排水量200至300噸作為重要界限,不足的算為炮艇,超過的稱為炮艦。但由於設計時的定位不同,其中的炮艦幾乎都屬於是淺水炮艦,炮艇反而具有近海航行的能力。

水上飛機母艦是南京政府海軍受東北海軍刺激的產物,是以商船型炮艦改造而成的,僅能搭載1架水上飛機,和西方海軍真正意義上的水上飛機母艦相差甚遠。

南京政府的電雷學校裝備了大批購自歐洲的摩托化魚雷艇,在中國稱為魚雷快艇,是該時期出現的全新艦種。

除上述之外,南京政府海軍中還出現有測量艇、佈雷艦、運輸艦、練習艦等輔助性軍艦,其中將用於海軍學校實習的運輸艦改定名稱為練運艦,較具特色。同一時期,廣東海軍採用和南京政府海軍類似的軍艦分類系統,比較特別的是將摩托化魚雷艇歸類為雷艦。

在軍艦命名方面,南京政府時期作出了重大改變,創造了一套十分新穎有趣的命名辦法。南京政府中央海軍1928年開工第一艘新軍艦,因為造艦經費多從湖北省籌措,於是決定選擇湖北省的地名為艦名,但同時考慮到中國海軍軍艦習慣使用帶有寓意的詞語為艦名的傳統,採取了能諧音或詮釋出一定意義的地名來命名。最終定為"咸寧"號,既紀念了湖北省的捐資,又寄寓天下咸寧的美好願景。此後,南京政府海軍新造的炮艦、巡洋艦除了"逸仙"、"民權"、"民生"3艦採用的是特殊紀念艦名外,其餘一律用這種方法選取艦名,全面開啟了以地名命名軍艦的歷史。在以具有寓意的地名命名的背景下,此時軍艦命名還保留着傳統的"字號"模式,例如:炮艦採用帶有"寧"字的艦名,為此特別在全國範圍內尋找含有"寧"字,且有寓意的地名,好在中國幅員遼闊,揀選起來游刃有餘,其選定的"江寧"、"海寧"等艦名都是十分經典的範例。在全面採用這一命名模式前,南京政府中央海軍還曾短暫沿用過傳統的命名辦法,例如在西征戰役中繳獲的唐生智艦隊12艘軍艦,均以紀念勝利

的"勝"字綴以其他字命名,並沒有選擇帶有"勝"字的地名。另外當時1艘"勝"字炮艇改為測量艇後,也延續此前測量艇用星辰、天文等名稱命名的傳統,稱作"青天"號。

電雷學校所轄艦艇部隊的命名方法別具一格。係將其摩托化魚雷艇按照艇型編組為數個大隊,大隊名選自中國歷史上著名的英雄人物,諸如文天祥、岳飛等,其大隊之下的魚雷艇的名字則以隊名的首字綴以數字編號而成,如"文四二"、"岳二五三"等。

獨立於南京政府中央海軍之外的廣東海軍,在艦艇命名方面仍然是採取有寓意的詞語,同時連續出現多艘軍艦以人名命名,如"仲愷"、"海維"、"海周"等。因不具有典型性和代表性,此處不再贅述。

抗日戰爭後

抗日戰爭中,中國海軍原有的艦艇幾乎損失殆盡,戰後是在近似於一張白紙的基礎上重新描畫未來。隨着接受日偽投降艦、日本賠償艦、英美援艦,中國海軍的艦船分類體系逐漸重建,最後開始全面模仿美國海軍的分類體系,在艦船分類名詞上也以美國海軍的為主。至1949年底前,海軍艦艇分類中出現了驅逐艦DDG、護航驅逐艦DE、掃雷艦AM、掃雷艦YMS、炮艦PGM、炮艇PC、戰車登陸艦LST、通用登陸艦LSM、戰車登陸艇LCU等主要艦種。與此匹配,軍艦的命名逐漸標準,除了接收的日本賠償艦和部分美援艦曾用過"接"、"美"字頭加數字的編號外,其餘主要軍艦多用不同字頭的中國地名、山川、湖泊的名字命名。另外,這一時期中國海軍仍然以排水量二三百噸為標準,將不足此數的小型軍艦定為艇,採用別樣的命名辦法,即以代表其功能的漢字加上數字編號命名,諸如"炮1"號、"測1"號等。

DDG,即美軍的驅逐艦Destroyer,與美軍的驅逐艦都裝有魚雷的情況略有不同的是,中國海軍最初列為驅逐艦的軍艦,很多並沒有魚雷武器。在命名方面,中國海軍抗戰後接收的第一艘驅逐艦命名為"丹陽"號,由此形成了以帶有"陽"字的地名作為驅逐艦艦名的傳統。

DE,即美軍的護航驅逐艦,英文全稱是

Destroyer Escort，以反潛和防空能力見長，中國海軍以帶有"太"字的地名作為這種軍艦的艦名。

AM，即 Auxiliuary Minesweeper，美軍稱為輔助掃雷艦。二戰勝利後美國援助給中國大批此類軍艦，多以帶有"永"字的地名命名。

PG，即炮艦，美軍稱之為 Patrol Gunboat。抗戰勝利後，日本賠償給中國的大批海防艦多被歸類於此。主要以帶有"安"字的中國地名命名，又稱"安"字艦。

PGM，巡邏炮艦（Motor Gunboat）即採用內燃機動力的高速摩托化炮艇。1948 年，美國海軍在菲律賓蘇比克基地共向中國移交 6 艘此類軍艦，最初採用中國湖泊的名稱進行命名，後在 1954 年改為以江流的名字命名。

PCE，護航巡邏艦（Patrol Craft Escort）指帶有一定反潛和防空能力的小型軍艦。中國海軍從美軍接收後，因其和輔助掃雷艦艦型十分相似，於是也採用帶有"永"字的地名命名，後來為作區分，則採用中國著名關隘的名字命名，例如"山海"、"玉門"等。

LST、LSM、LCI、LCT，是美國在二戰後援助給中國的四種主要的登陸艦艇，按照美國海軍分類，分別為戰車登陸艦、中型登陸艦、人員登陸艦、戰車登陸艇，英文全稱則為 Langding Ship Tank、Landing Ship Medium、Landing Craft Infantry、Landing Craft Tank。在接收時，中方為表示對美國的感謝，以及宣示國民政府得到美國的支持，對這四種艦艇分別採用"中"、"美"、"聯"、"合" 4 字作為字頭，綴以其他字形成艦名，但並沒有選擇地名，只是具有一定寓意的詞彙。

除這些戰鬥性艦艇以外，中國海軍在抗戰後還出現了包括修理艦、油船、拖船等在內的輔助艦船，初期均以中國的山嶽名稱命名，諸如"峨嵋"、"武夷"、"興安"等，後來因為拖船的數量日益增多，僅以山嶽的名字來命名漸有不敷之感，於是將拖船改用帶有"大"字頭的詞語命名，也不拘於地名。

1949 年，中國共產黨領導的中國人民解放軍華東軍區海軍誕生，為之後的中國人民解放軍海軍奠定了基礎。華東海軍在建軍之後很短的時間裏，即就艦艇的分類和命名作出了相對明確的規定。針對其當時所轄軍艦數量有限、型號雜亂的現狀，華東海軍乾脆採取了快刀斬亂麻的做法，使用簡單的分類，將艦艇主要劃分成護衛艦、炮艦、掃雷艦、大型登陸艦、中型登陸艦、江防炮艇、護衛艇等。其中的護衛艦相當於國民黨海軍的 DE 和 PG，並將護航驅逐艦、日式海防艦等囊括其中；其炮艦則包括用美式運輸艦改造的火力支援艦，以及原日式航海炮艦；掃雷艦則多以美式 LCI 步兵登陸艇改造而成；大型登陸艦相當於是美式標準的 LST；中型登陸艦相當於 LSM；江防炮艇則是中國海軍以往分類中所稱的淺水炮艦；護衛艇即小型炮艇、摩托化炮艇等。

在命名上，華東海軍初期仍然沿用各艦的原艦名、船名，至 1950 年 4 月 23 日才採用全新的標準集中更名。其命名辦法也是採用地名、山嶽名來作為艦名，只是選取的標準上則多了一些革命紀念色彩。其中護衛艦以省會城市命名，如"濟南"、"廣州"等；炮艦採用具有革命歷史的普通城市命名，如"延安"、"遵義"等；掃雷艦以具有革命歷史的村鎮名命名，如"棗莊"、"周村"等；大型登陸艦採用曾是革命根據地的山嶽名稱命名，如"井岡山"、"太行山"；中型登陸艦以河流名字命名，如"黃河"、"淮河"等；江防炮艇以江流名字命名，如"湘江"、"珠江"等；小型護衛艇因為數量較多，只使用數字編號命名。這套命名體系，對日後人民解放軍海軍的艦艇命名規則產生了深遠的影響。

三．艦船炮械

這一時期，中國海軍艦艇所裝備的武備以火炮為主角，種類較為單一，但是型號非常紛雜，可稱得上是萬國艦炮博覽會。除了從前清時期就已經出現的德國克虜伯、英國阿姆斯特朗、法國哈乞開斯等型號外，又增添了大量新式艦炮，歸納起來，大致可以分為日式火炮、美式火炮和雜類火炮三個部分。

日式火炮

日式火炮大量裝備到中國軍艦上，起自南京政府時期。南京政府成立後，海軍立志建造新艦，充實軍力。當時正值列強對中國的武器禁運即將解除，南京政府遂派海軍少將李世甲率團赴日本考察海軍建設，並洽談從日本進口武器的可能性，隨後通過日本三井株式會社訂購了 3 門三年式 120 毫米艦炮和 6 門三年式 76 毫米高射炮，由此開啟了南京政府新造艦裝備日式火炮的潮流。而後，南京政府海軍建造新艦 "寧海"、"平海"，全面裝備日式炮械。此後日本侵華期間，其羽翼下的偽滿洲國、汪偽政府的海軍艦艇也都是採用日式武備。抗日戰爭結束後，中國海軍接收到大量被拆除了武裝的日本賠償艦以及美國援助艦，當這些軍艦重新武裝成軍時，出於獲取的便利考慮，主要都是選裝抗戰勝利後在各地繳獲到的日式炮械。此後直到 1950 年代，台灣地區海軍才開始換裝美式武備，人民解放軍海軍則開始採用蘇聯造炮械，日式火炮在中國海軍長達 20 多年的裝備史始告結束。

1、三年式 140 毫米艦炮

本型火炮是日本海軍 1914 年定型的艦炮，當年日本年號為大正三年，所以定名 "三年式"。本炮最初是作為主力戰艦的副炮而研發，此前日本海軍主力艦選配的副炮是 150 毫米口徑，其炮彈彈頭重量超過 50 公斤，以東亞人的體力難以連續搬運、裝填，所以決定研發一種威力和 150 毫米艦炮相差不多，而彈頭重量降低到 40 公斤以下的新式艦炮，即本型。

本型火炮分為單管和雙聯裝兩類，單管炮裝備過 "伊勢"、"長門" 級戰艦作為副炮，雙聯裝的則曾充當巡洋艦 "夕張" 等的主炮。中國海軍 "逸仙" 艦曾安裝過單管型號作為後主炮，"寧海"、"平海" 二艦則裝備過雙聯裝的本型火炮。

等待安裝上艦的 1 門 "平海" 艦用三年式 140 毫米艦炮。

參數

口　　徑：140 毫米

倍　　徑：50 倍

最大射程：18000 米

初　　速：850 米 / 秒

彈 頭 重：38 公斤

發射藥重：11 公斤

射　　速：10 發 / 分鐘

仰俯角度：+30 度 /-7 度

旋轉速度：4 度 / 秒

俯仰速度：6 度 / 秒

供彈方式：人力

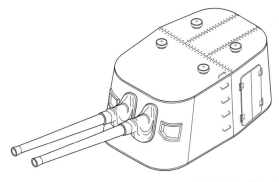

三年式 140 毫米雙聯裝艦炮立體線圖（"寧海"、"平海" 裝備樣式）。

2、八九式127毫米雙聯裝高射炮

本型火炮是日本海軍1932年定型的高射艦炮,根據炮架的樣式不同而存在多種改型,其雙聯裝的型號被用作戰艦、航空母艦的重要防空火力。抗戰勝利時,中國海軍曾在台灣繳獲過本型火炮,不過當時已被日軍改作陸地防空用。此炮後來被裝備在"丹陽"艦,作為前主炮。

參數

口　　徑: 127 毫米

倍　　徑: 40 倍

最大射程: 14000 米

初　　速: 720 米/秒

彈 頭 重: 23 公斤

發射藥重: 34.32 公斤

射　　速: 14 發/分鐘

仰俯角度: +90 度/-8 度

旋轉速度: 16 度/秒

俯仰速度: 16 度/秒

供彈方式: 人力

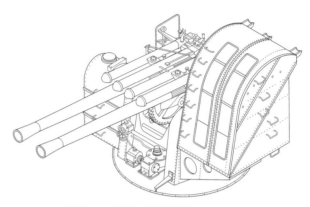

八九式127毫米雙聯裝高射炮立體線圖

3、三年式120毫米艦炮

本型火炮為1914年定型,只有單管型號,在日本海軍又稱G型炮,大量裝備驅逐艦,作為主炮。中國海軍1929年曾購買過一批本型火炮,抗戰後又多有繳獲,曾充當過中國軍艦"咸寧"、"永綏"、"民生"的前主炮。

參數

口　　徑: 120 毫米

炮管倍徑: 45 倍

最大射程: 15200 米

初　　速: 825 米/秒

彈 頭 重: 20.413 公斤

發射藥重: 5.11 公斤

射　　速: 7 發/分鐘

仰俯角度: +33 度/-7 度

供彈方式: 人力

中國軍艦"民生"裝備的本型火炮

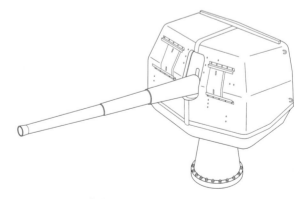

三年式120毫米艦炮立體線圖

4、十年式 120 毫米高射炮

　　本型火炮是在三年式 120 毫米艦炮基礎上修改而成的高射炮，分為單管和雙聯裝等多種形式，二戰中，日本海軍多以其作為海防艦的主炮。抗戰後，中國海軍武裝日本投降艦時曾大量使用這種火炮作為主炮。此外，偽滿洲國的"定邊"、"順天"型炮艦也以這種火炮為主炮。

參數

口　　徑：120 毫米

炮管倍徑：45 倍

最大射程：15600 米

初　　速：825 米 / 秒

彈 頭 重：20.413 公斤

發射藥重：33.5 公斤

射　　速：10 發 / 分鐘

仰俯角度：+90 度 /-7 度

供彈方式：人力

1949 年 4 月 23 日起義之後的"永綏"艦，艦首裝備的主炮是十年式 120 毫米單管高射炮。

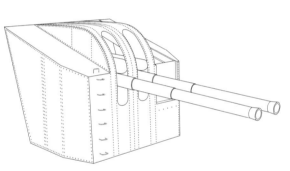

十年式 120 毫米雙聯裝高射炮立體線圖

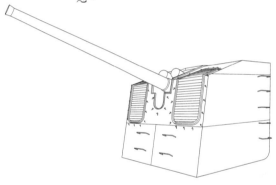

十年式 120 毫米單管高射炮立體線圖

5、九八式 100 毫米雙聯高射炮

　　本型火炮是日本海軍參照八九式 127 毫米雙聯高射炮開發的長倍徑高射炮，1938 年定型，在日本海軍稱之為"九八式十糎高角炮"。抗戰勝利後，中國海軍在台灣高雄繳獲 2 座被當作地面防空火炮的本型火炮，後安裝於"丹陽"艦。

參數

口　　徑：100 毫米

炮管倍徑：65 倍

最大射程：18700 米

初　　速：1000 米 / 秒

彈 頭 重：13 公斤

發射藥重：28.2 公斤

射　　速：19 發 / 分鐘

仰俯角度：+90 度 /-10 度

旋轉速度：10.6 度 / 秒

俯仰速度：16 度 / 秒

供彈方式：人力

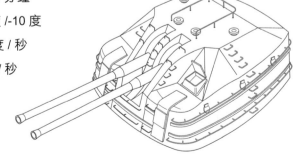

九八式 100 毫米高射炮立體線圖

6、三年式 76 毫米高射炮

　　本型火炮是中國海軍裝備數量很大的日式火炮，在日本海軍稱為"三年式八糎高角炮"，1916 年定型。中國海軍的"咸寧"、"永綏"、"民權"、"民生"、"寧海"、"平海"等，都裝備過本型火炮。

參數

口　　徑： 76 毫米

炮管倍徑： 40 倍

最大射程： 10800 米

初　　速： 670 米 / 秒

彈 頭 重： 9.43 公斤

射　　速： 13 發 / 分鐘

仰俯角度： +75 度 /-5 度

旋轉速度： 11 度 / 秒

俯仰速度： 7 度 / 秒

供彈方式： 人力

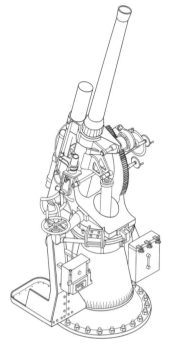

三年式 76 毫米高射炮立體線圖。

"寧海"艦官兵操演三年式 76 毫米高射炮時的情景。1937 年江陰抗戰時，本型高射炮是"寧海"、"平海"等中國軍艦抵禦日軍戰機的主要武器。

7、九六式 25 毫米高射炮

　　本型火炮是日本海軍 1936 年定型的小口徑防空武器，因當年是日本紀元 2596 年而得名，在日本海軍稱為"九六式二十五糎機銃"，分為單管、雙聯、三聯等型號。二戰後，中國海軍艦艇上曾廣泛裝備過這種火炮。（註：日本傳統以神武天皇即位之公元前 660 年為元年，稱日本皇紀或日本紀元）

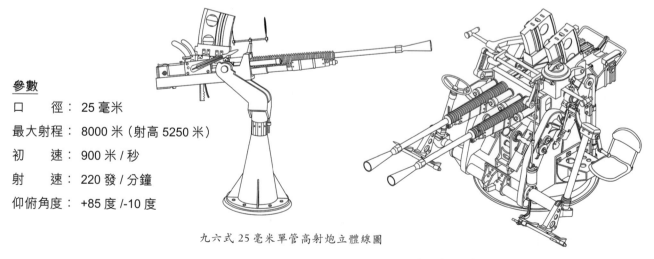

參數

口　　徑： 25 毫米

最大射程： 8000 米（射高 5250 米）

初　　速： 900 米 / 秒

射　　速： 220 發 / 分鐘

仰俯角度： +85 度 /-10 度

九六式 25 毫米單管高射炮立體線圖

九六式 25 毫米雙聯高射炮立體線

美式火炮

　　中國海軍在抗戰後獲得大量美國援助艦以及援助武備，其中最早接收的"太康"、"太平"等8艦是帶有武備的狀態，由此中國海軍開始正式接觸美式艦炮。1950年代美國大規模向台灣國民黨當局提供海軍援助後，美式的炮械逐漸取代原有的日式火炮，成為國民黨海軍艦艇的主要火炮型號。

1、3英寸MK22高射炮

　　本型火炮於1940年定型，大量裝備於美國海軍的驅逐艦、護航驅逐艦以及其他輔助性軍艦，中國海軍的"太康"、"太平"即以本型火炮作為主炮。1950年代後，本型火炮成為國民黨海軍"太"字、"永"字、"安"字等多種中大型軍艦的標配主炮。

參數

口　　徑：76.2毫米

炮管倍徑：50倍

最大射程：13300米（射高9080米）

初　　速：807米/秒

彈頭重：5.9公斤

射　　速：20發/分鐘

仰俯角度：+85度/-15度

供彈方式：人力

中國海軍接艦士兵在美國練習操作3英寸MK22高射炮

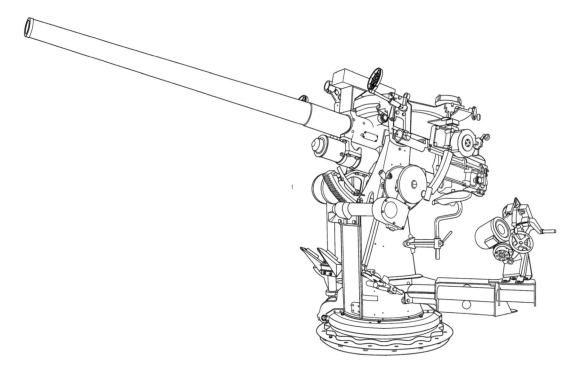

3英寸MK22高射炮立體線圖

2、博福斯 40 毫米 MK1/2/3 高射炮

本型火炮原為瑞典博福斯公司（Bofors）設計研發，因性能優良而被美國海軍引進仿造，分為雙聯 MK1、四聯 MK2、單管 MK3 三種樣式，1942 年開始裝備美國海軍艦艇。抗戰勝利後，中國海軍即陸續獲得本型火炮，一般用作中大型戰鬥軍艦的副炮，或者充當登陸艦、小型炮艦的主要火力。

參數

口　　徑：40 毫米

最大射程：10060 米（射高 6950 米）

初　　速：881 米 / 秒

彈 頭 重：0.9 公斤

射　　速：160 發 / 分鐘（單管）

仰俯角度：+90 度 /-15 度

供彈方式：人力

1947 年前後，美軍在青島教導中國海軍士兵學習博福斯高射炮的操作。

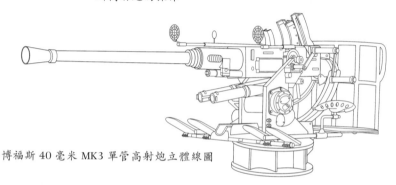

博福斯 40 毫米 MK3 單管高射炮立體線圖

1950 年代，台灣地區海軍士兵在艦上操作厄利孔 20 毫米高射炮的情景。

3、厄利孔 20 毫米高射炮

本型火炮原為瑞士厄利孔公司（Oerlikon）生產，後被美國海軍引進，1942 年開始裝備美國海軍艦艇，是重要的近程防空和火力支援武器，分為單管的 MK4、MK10 型，雙聯裝的 MK24、MK25 型。南京政府自造軍艦時，中國海軍就曾進口裝備過這種火炮，抗戰後更是通過美國援助而大量獲得，不僅安裝於美援艦艇，在武裝日本賠償艦時也大量採用。

參數

口　　徑：20 毫米

最大射程：4380 米（射高 1820 米）

初　　速：838 米 / 秒

彈 頭 重：0.12 公斤

射　　速：450 發 / 分鐘（單管）

仰俯角度：+90 度 /-15 度

供彈方式：人力

50-28 厄利孔 20 毫米高射炮立體線圖

雜類火炮

除數量龐大的日式、美式炮械外，1912 至 1949 年間的中國海軍還裝備過一些來源多端，但數量並不很大的雜類火炮。北京政府時期，海軍在新艦購、造方面未有太大成果，新艦所用的炮械也多是老式的哈乞開斯、阿姆斯特朗等類，新增的雜類火炮集中出現於南京政府海軍時期和抗戰勝利後這兩個階段。

1、英製 6 英寸 MK-XXIII 雙聯艦炮

本型火炮是英國海軍在 1930 年代定型的武備，主要用於充當巡洋艦的主炮，中國海軍二戰後從英國獲得的"重慶"艦即安裝本型火炮。

參數

口　　徑：6 英寸 /152 毫米

炮管倍徑：50 倍

最大射程：23200 米

初　　速：841 米 / 秒

彈頭重：50.8 公斤

"重慶"艦裝備的 6 英寸 MK-XXIII 雙聯艦炮，照片攝於"重慶"艦起義後。

2、英製 4 英寸 MK-IX 艦炮

本型火炮定型、列裝於 1916 年，主要作為巡洋艦的副炮，第二次世界大戰中被大量用作"花"級護衛艦的主炮，英國援助中國的"伏波"艦即採用本型火炮作為前主炮。

參數

口　　徑：4 英寸 /101.6 毫米

炮管倍徑：45 倍

最大射程：12660 米

初　　速：800 米 / 秒

彈頭重：14.1 公斤

英國海軍一艘"花"級軍艦艦首的 4 英寸 MK-IX 主炮，"伏波"艦安裝的就是同型炮，其四四方方的炮盾頗有特點。

3、英製 4 英寸 MK-XVI 雙聯裝高射炮

本型火炮是英國海軍在 1930 年代定型的新式速射炮，大量列裝戰艦、巡洋艦，英國援助中國的"重慶"、"靈甫"號軍艦均安裝了本型火炮。

參數

口　　徑：4 英寸 /101.6 毫米

炮管倍徑：50 倍

最大射程：18150 米（射高 11890 米）

初　　速：811 米 / 秒

彈頭重：15.9 公斤

射　　速：15-20 發 / 分鐘

仰俯角度：+80 度 /-10 度

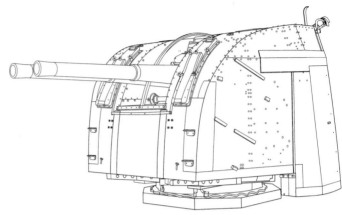

4 英寸 MK-XVI 雙聯高射炮立體線圖

4、英製維克斯 40 毫米高射炮

本型火炮是英國威克斯（Vickers）公司研發生產的高射速機關炮，因其發射時會發出"砰、砰"的聲響，又被昵稱為"乒乓炮"（Pom Pom Gun），分為單管、多管等多種型號。南京政府海軍在 1920 年代末為原有軍艦添裝防空火炮時進口過本型火炮，當時巡洋艦"海容"、"海籌"曾各安裝過 1 門單管型號。抗戰勝利後，英國向中國提供的援助艦"重慶"、"靈甫"等也裝備有本型火炮。

參數

口　　徑：40 毫米

有效射程：3960 米

初　　速：701 米 / 秒

射　　速：115 發 / 分鐘

仰俯角度：+80 度 /-10 度

維克斯 40 毫米高射炮立體線圖

5、荷蘭 H.I.H 艦炮

1930 年，中國海軍在江南造船所開工建造"逸仙"艦時，原計劃從德國進口克虜伯火炮作為武備，但當時德國仍受《凡爾賽條約》的制裁，被禁止出口軍火，中方於是改向具有德國軍工技術背景的荷蘭工業貿易公司（Hollandsche Industrieen Handelmaatschappij，縮寫 H.I.H）訂購火炮。

當時共訂造了 150 毫米和 75 毫米兩種型號，其中 150 毫米 H.I.H 炮倍徑 50，最大射程 24500 米，僅進

口 1 門充當"逸仙"的前主炮；75 毫米 H.I.H 炮是 H.I.H 公司生產的極為罕見的 40 倍型號，屬於高射炮，共訂造 6 門，其中 4 門安裝在"逸仙"艦上。

"逸仙"艦艦首安裝的 H.I.H 公司 150 毫米口徑艦炮

"逸仙"艦安裝的 H.I.H 75 毫米高射炮

6、上海兵工廠 57 毫米高射炮

　　清末中國重要的軍工生產機構江南機器製造總局在進入民國後進行了業務拆分，其造船業務設為海軍江南造船所，軍火業務則單設為上海兵工廠，主要生產陸軍用槍炮以及彈藥。1920 年代末，可能是出自海軍的需求，上海兵工廠自行研發生產了一批小口徑高射炮，即本型火炮，主要安裝於海軍新造的"寧"字炮艇充當主炮，其購造相對簡單，最大射擊仰角約為 60度。

"寧"字炮艇裝備的上海兵工廠造 57 毫米口徑高射炮

7、蘇羅通 S-5/106 型 20 毫米高射炮

　　本型火炮由瑞士蘇羅通（Solothurn）公司研發生產，可以選擇使用陸軍型的炮車、炮架或艦用炮架。南京政府成立後，海軍和陸軍均曾進口過這種火炮，海軍方面主要將蘇羅通火炮安裝到一些前清時期遺留的軍艦上，為其增強防空火力，例如"江元"、"楚同"、"通濟"等軍艦，都曾安裝過本型高射炮。

參數

口　　徑：20 毫米

最大射程：5600 米

最大射高：3600 米

初　　速：850 米 / 秒

射　　速：200-300 發 / 分鐘

仰俯角度：+85 度 /-15 度

練習艦"通濟"安裝的蘇羅通高射炮

四. 艦船動力和電子設備

1912 年至 1949 年這短短三十餘年時間裏，世界艦船技術發生了多次革命性的巨變，其中對現代海軍影響深遠的莫過於動力和電子設備的飛躍。處於這一時期的中國海軍，儘管囿於經費等問題，未能及時追上艦船技術發展的潮流，但是從民國南京政府成立以來，特別是抗日戰爭勝利後，隨着外援軍艦的密集到來，海軍新技術集中湧入中國，使得中國海軍在短時間裏就完成了歷史性的技術跨越。

抗戰時期在美國接受主機維護培訓的中國海軍軍官

1、艦船動力

民國成立之後的很長時間裏，中國海軍的艦船動力系統和清末海軍並無多少區別，仍然是以"往復式蒸汽機＋鍋爐"的模式為主流，新式的透平蒸汽機只存在於"應瑞"、"肇和"兩艘清末訂造的巡洋艦上。而且，由於中國海軍普遍缺乏對新式透平機的使用、維護經驗，所以到了 1930 年代向日本訂造新式巡洋艦"寧海"時，中方仍然選擇了老式的往復蒸汽機作為動力源。

中國海軍在艦船動力方面發生革命性的變化，源於廣東海軍和電雷學校向歐洲訂造摩托化魚雷艇時。當時，無論是英國的 CMB 魚雷艇，或是意大利的 MAS 和德國的 S 艇，都採取了新型的汽油發動機。汽油發動機屬於內燃機，就是燃料在發動機的內部燃燒，產生高壓高溫的燃氣，從而驅動發動機工作，產生動能。而此前的蒸汽機則屬於外燃機，即燃料是在主機機體之外的鍋爐內燃燒，將產生的高壓蒸汽輸入到蒸汽機內做功從而產生動能。內燃和外燃機器相比，其優勢顯而易見，因為不需要額外的鍋爐設施，在艦船內佔用的空間較小，而且操作維護都較簡便。

1930 年代的中國，面臨着日本侵華的巨大戰爭壓力，在這一時代背景下，中國海軍未能獲得充足的發展時間便陷入困境，由摩托化魚雷艇帶入中國的新式內燃主機並未能在海軍中發揮進一步的影響。而頗具諷刺意味的是，處於日本控制下的偽政權海軍艦艇，卻得以大量裝備內燃機，其中偽滿洲國江防艦隊的"定邊"、"順天"、"大同"等炮艦，由於自身體量小，普遍裝備了日本造柴油機作為主

美國通用動力公司生產的 GM16-278A 柴油機，美國援助給中國的"太康"、"太平"等護航驅逐艦即採用這種柴油機作為主機。

美國通用動力公司生產的 GM12-567 型柴油機，是美國援助的"永"字巡邏艦、LST 戰車登陸艦等的主機。

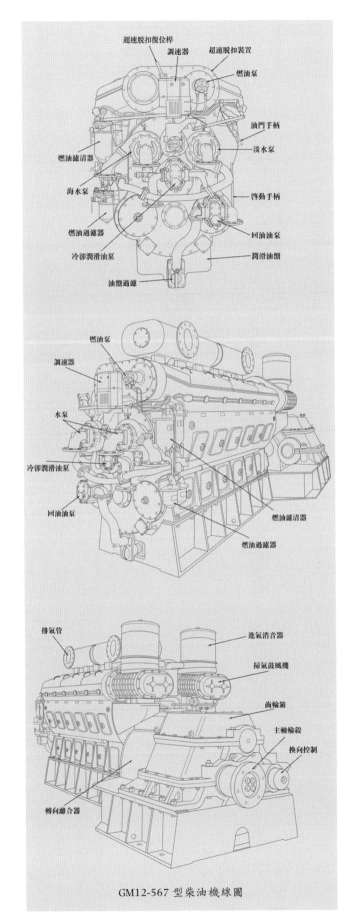

超速脫扣復位桿
調速器
超速脫扣裝置
燃油泵
油門手柄
淡水泵
燃油濾清器
海水泵
啟動手柄
回油油泵
燃油過濾器
冷卻潤滑油泵
潤滑油盤
油盤過濾

燃油泵
調速器
水泵
冷卻潤滑油泵
回油油泵
燃油濾清器
燃油過濾器

排氣管
進氣消音器
掃氣鼓風機
齒輪箱
主軸輪轂
換向控制
轉向離合器

GM12-567型柴油機線圖

機，而汪偽海軍新造的"江平"、"江一"等型炮艇，也都使用內燃機作為主機。

抗戰期間，中國海軍不甘沉淪，除了在長江上採用遊擊佈雷戰等活動和日本侵略軍相搏殺外，還從1942年開始向英國、美國派出多批參戰受訓軍官，系統學習英、美海軍的新技術和戰術知識，其中也包括當時在英、美海軍中漸成主流的內燃機的操作、維護。二戰末期，美、英決定向中國海軍援助艦艇時，中國海軍赴英美接艦官兵更是獲得了系統的操作訓練。抗戰勝利時，中國海軍舊有的艦艇幾乎損失殆盡，而新接收的日偽投降艦、賠償艦中已有大量採用內燃機為主機，特別是大規模的美國援助艦，幾乎全部是以內燃機為動力的。就此，中國海軍從人才以及裝備兩個方面完成了艦艇動力的更新換代。

此外，由於1949年建立的人民解放軍華東海軍所擁有的多為內燃機艦艇，也就使得人民解放軍的艦艇部隊從一開始即建立在新式主機的技術基礎上。鮮為人知的是，實際上更早之前的人民解放軍蘇中軍區海防縱隊對內燃機也有一定的認識和操作經驗。1949年4月解放軍發動渡江戰役之前，蘇中軍區海防縱隊曾使用繳獲的美式車用內燃機裝備了上百艘機動木排，成為解放軍在江陰一帶江面快速渡江的"秘密武器"。

2、電子設備

電子設備是19世紀末在軍艦上萌芽的新式裝備，進入20世紀後得到迅猛發展，成為和武器、主機並重的重要裝備。

最早應用到軍艦上的電子類裝備主要是通訊設備，即無線電裝置，就此解決了軍艦的遠距離通訊問題。1912年民國政府成立後，海軍部總長劉冠雄對海軍採用無線電一事極為重視，於1913年和德國西門子德律風根公司簽訂協議，進口德律風根公司2.0TK和1.0TK無線電台，安裝到當時全軍所有的巡洋艦、炮艦上，同時聘請西門子公司的技術人員來華開設無線電訓練課程，實施人員培訓，完成了中國軍艦向無線電時代的邁進。

當時，海軍艦艇所用的無線電發報機主要是火花板式，收報機主要是真空管式，由於發報機的工作原理所需，加裝無線電台的軍艦普遍都將桅桿加高，而且前後桅之間會牽連有籠狀或者排線狀的天線。此後，隨着電子技術的發展，火花板式發報機在 1940 年代逐漸淡出歷史舞台，軍艦收發報不再需要大型的空中天線，中國海軍在抗戰後接收的英、美援助軍艦上，就再難看到桅桿上牽拉着大型天線的景象。

除通訊設備外，中國海軍至抗戰時期為止，軍艦上再未出現過其他更複雜的電子設備，僅是在建造巡洋艦"寧海"、"平海"期間，艦上安裝的機械式火控計算裝置，讓中國海軍感受到了一點新式艦船裝備的複雜性。

第二次世界大戰中，以雷達（Radar）、聲納（Sonar）為代表的電子裝備在海戰中迅速崛起，發揮着日益重要的作用。二戰後，中國海軍接收的部分日本投降軍艦上裝備有日式的電子設備，主要包括圓環狀天線的方位測定儀，外形猶如兩個小喇叭一般的二號二型對海電波探信儀，外形如同金屬鐵架的一號三型對空電波探信儀等。但真正對中國海軍產生重要影響的是隨着美援軍艦而來的美式艦載電子裝備，即 MK51/52 測距雷達、SL 雷達、SA 雷達、HF/DF 高頻側向儀、QC 聲納等。美軍援華的護航驅逐艦、巡邏艦、掃雷艦、登陸艦等艦艇上，大都有此類裝備。

MK51/52 型測距雷達，是屬於艦載火控裝置的一部分。用於照射目標、求得距離，為火控計算機提供準確的參數。

SA 雷達，為對空偵搜雷達，用於偵察、捕捉空中目標的蹤跡，為軍艦提供防空預警。其雷達天線呈網狀，一般安裝於軍艦桅桿的最高處，美國援華的"太"字、"永"字軍艦大都裝備有這種雷達。

SL 雷達，屬於平面搜索雷達，用於偵察、搜索海面上的船艦目標，搜索距離為 13 海里。這種雷達通常安裝在桅桿高處，雷達天線罩呈"矮胖"的圓柱形狀。

HF/DF 側向儀，採用圓環形天線，用於截聽艦船發出的無線電波，並據此求出該艦船所在的方向，主要用於偵搜平面搜索雷達無法發現的潛艇等水下目標。

美製護航驅逐艦上安裝的 MK52 測距雷達

美製護航驅逐艦桅頂的雷達，桅桿頂端的是 SA 雷達，其下方白色的圓形天線罩內是 SL 雷達。

五 . 外觀與塗飾

塗裝的變遷

1912 年民國成立後，北京政府海軍艦艇的塗色最初延續清末海軍的做法，總體上較為沉悶，以現代眼光來看，則具有外觀隱蔽的功能。其艦艇的艦體、上層建築等一律塗刷成灰色，煙囪頂部則塗刷一段黑色，主甲板舷牆的內側也塗刷成灰色。同時期，直系海軍、奉系海軍、廣東海軍也多採用這種塗色。到了 1920 年代前後，北京政府軍艦逐漸出現塗裝調整，出現了一種艦體全白色，煙囪頂部黑色的新式塗裝，一度與灰色塗裝並行。

1927 年南京國民政府成立，新生的南京政府海軍在艦艇塗色上存在過一段過渡期，即混用北京政府海軍的全白色以及全灰色塗裝，而後南京政府海軍艦艇的塗色逐漸統一化，變成一種白色偏藍的藍灰塗裝。仍然是幹舷、上層建築刷成統一的顏色，不加區分，只是在煙囪頂部保留一段黑色。需要注意的是，南京政府海軍中的運輸艦卻不是這樣的塗色，而是採取了猶如商船般的黑色幹舷、白色

民國北京政府時期採用灰色塗裝的"海容"艦。可以留意，"海容"艦尾原有的銅質艦名牌已經不知去向，取而代之的是油漆的艦名。

民國北京政府時期採用白色塗裝的"聯鯨"艦

美術作品：停泊在青島海域的渤海艦隊"海圻"艦。這幅畫作可能是原"海圻"艦所有，後為山東榮成收藏家戴玉山收藏。畫面中可以直觀看到"海圻"當時的塗裝顏色，即北京政府時期的灰色。

上層建築、黃色煙囪的維多利亞式。

抗戰時，中國出現了偽滿洲國和汪偽海軍兩支偽政權的艦艇力量，由於都是在日本的扶植和控制下建設，偽滿、汪偽艦艇的塗色和日本海軍十分相似，主要使用日本海軍式的通體"鼠灰"色。

抗戰勝利後，中國海軍除自身所存餘的艦艇外，先後獲得了日偽投降艦、日本賠償艦、英國援助艦、美國援助艦等大量軍艦，這些軍艦來華時基本都保留着自身原先的塗色狀態，中國海軍短時間

內又未能制定出更改塗色的辦法，以至於此時中國的海軍呈現出艦艇外觀顏色紛亂不一的奇景。日偽投降艦多為鼠灰色塗裝；日本賠償艦中的海防艦等艦型多是主甲板線以上艦體黑色，主甲板線以下灰色的迷彩塗裝；美國援助艦則多為藍、灰二色塗裝。至1950年代後，國民黨海軍才真正着手調整，將所屬軍艦的塗色全部改用美國海軍式的藍、灰色塗裝，一些常駐大陸沿海島嶼的艦艇則使用不規則的迷彩塗色。

國軍檔案中所藏的"寧海"艦彩色側視圖，就是南京政府時期海軍的藍灰色塗裝。

身披日式塗裝的偽滿洲國江上軍炮艦"大同"號，照片攝於哈爾濱江面。

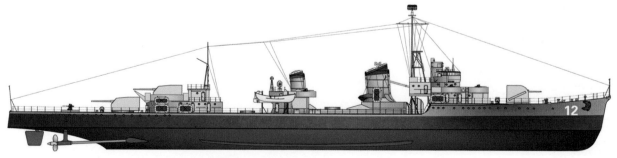

抗戰後中國軍艦所用的美式藍灰兩色塗裝示意

外部徽記

　　中國海軍在清末時期形成了在艦艇外部安裝龍紋章和艦名牌的裝飾做法，在世界海軍之林別具一格。1912年中華民國成立之後，艦艇上的龍紋標誌被視作是帝制皇權的象徵，拆除殆盡，中國海軍此後的新造艦艇基本不再安裝外部紋章，而僅僅只是保留艦名。作為異數，只有廣東海軍和偽滿洲國海軍的艦艇上仍然使用紋章裝飾。廣東海軍源自孫文在廣州建立的護法軍政府，因自認為是國民革命軍海軍的正宗，為顯示特殊性，廣東海軍一度在軍艦的艦首塗飾國民黨的青天白日黨徽，以此作為軍艦紋章。而偽滿洲國海軍則是完全學習日本海軍的制度，根據日本海軍在軍艦艦首裝飾菊紋章的制度，偽滿洲國的軍艦在艦首居中裝飾了設計相似的國徽紋章。

　　這一時期，中國軍艦在外部艦名標記的製作上，漸有簡陋無序的趨勢。清末的海軍大多採用木雕、銅雕等形式製作帶有立體字的艦名牌，顯得正規莊重，民國海軍除了部分軍艦仍然採用這種做法外，更多的軍艦則採取簡便省事的方式，直接將艦名油漆到艦體上，諸如"寧海"、"平海"這樣高等級的軍艦，竟也只是用油漆塗刷艦名而已。清末海軍的"海容"級巡洋艦原本有銅質艦名牌，民國時期拆除龍紋章時竟將其一併拆卸，然後草草地採用油漆艦名了事。較為特別的是，抗戰勝利後英國援助"重慶"、"靈甫"等軍艦時，英方不僅在軍艦的改裝圖紙上鄭重其事地畫出中文艦名牌的位置，還採取了銅鑄立體字的規範做法。

　　除去艦名外，舷號也是軍艦重要的標誌徽記，但中國海軍採用舷號的時間是比較晚的。抗戰勝利後，中國海軍接收美國援助的"太康"、"太平"等首批8艘軍艦時，這些軍艦艦首原先塗刷的美軍舷號並未立刻塗去，這一陰差陽錯成了中國軍艦上出現數字舷號的開始。此後在1950年6月1日，台灣地區海軍正式全面採用舷號制度，人民解放軍海軍則是到了1961年才開始統一使用舷號。

艦首塗飾國民黨黨徽圖案的廣東海軍"飛鷹"艦

偽滿軍艦"定邊"艦首裝飾的國徽紋章

"重慶"艦從人民解放軍海軍廢置後，其艦名牌被拆卸保存，現收藏於中國人民革命軍事博物館，屬於銅鑄艦名牌。

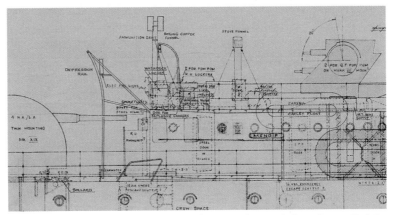

英國海軍在向中國移交"靈甫"艦之前進行了專門的改裝設計，設計圖中還鄭重其事地將該艦原先的英國海軍艦名刪去，添加上了"靈甫"二字艦名牌，圖為改裝設計圖的局部，可以看到新標上的"靈甫"艦名牌。

軍旗

1、北京政府海軍旗

　　1912 年民國北京政府成立後，很快制定了新的海軍軍旗制度。1912 年，經北京政府臨時參議會審定，以五色旗為中華民國國旗，以武昌首義使用的鐵血十八星旗為中華民國陸軍旗，國民黨青天白日黨旗為中華民國海軍旗。而後，因為青天白日旗與世界通行的海軍軍旗模式不甚相符，於是參酌列強的海軍旗，在青天白日旗基礎上調整設計，最終改成了青天白日黨旗圖案位於旗面左上角，旗面其餘部分為紅色的海軍旗（青天白日滿地紅），總體上和清末海軍旗以及英國海軍旗的設計理念相似。

　　在國旗、海軍軍旗的圖案基礎上，北京政府海軍軍旗體系隨後形成。在具體的使用中，不僅北京政府中央海軍採用這一軍旗系統，直系海軍、奉系東北海軍也均採用，甚至在 1928 年 "東北易幟"

後，東北海軍仍然堅持使用這一軍旗制度。

北京政府海軍旗制度要點：

（1）確定以五色國旗代艦首旗。確定海軍各種旗幟（除長旒外）採取橫豎尺幅比為 4：3 的特殊旗幅比例。

（2）確定青天白日滿地紅旗為海軍旗，懸掛在艦尾旗桿和後桅桿。

（3）以藍色旗面，上綴白色雙錨交叉圖案作為海軍總長旗，海軍總長乘艦時升用在前桅桿桅頂。海軍總長旗旗面的下方增加一道紅色鑲邊裝飾，則為海軍次長旗。

（4）以國民黨青天白日黨旗為海軍上將旗，旗面下方綴一道紅色鑲邊則為海軍中將旗，旗面上下各綴一道紅色鑲邊為海軍少將旗。

（5）將青天白日旗做成燕尾旗，為海軍代將旗。旗面下方加一道紅色鑲邊為海軍隊長旗。

（6）以藍色三角旗為當值旗。以窄條的青天白日滿地紅旗為海軍長旒旗。

北京政府海軍國旗、艦首旗

北京政府海軍旗

北京政府海軍總長旗

北京政府海軍次長旗

北京政府海軍上將旗

北京政府海軍中將旗

北京政府海軍少將旗

北京政府海軍代將旗

北京政府海軍隊長旗

北京政府海軍當值旗

北京政府海軍長旒

2、南京政府海軍旗

　　1927年4月南京政府成立，將"青天白日滿地紅"圖案的海軍軍旗定為國旗。此後經過修訂，於1930年正式定型了南京政府海軍的軍旗體系。

南京政府海軍旗制度要點：

（1）不再將國旗作為艦首旗，而是以國民黨黨旗，即青天白日旗作為艦首旗，以顯示"黨國"理念。旗幟的橫豎尺幅比例改為3：2。

（2）海軍旗仍然使用青天白日滿地紅旗。

（3）以四周鑲嵌金色邊的紅底旗幟，中間綴圓形青天白日國徽圖案，作為國民政府主席旗。以白色底，居中為青天白日國民黨黨旗圖案的旗幟作為行政長官旗。在國府主席或政府首腦乘艦時升掛。

（4）海軍部長旗和海軍次長旗與北京政府海軍軍旗制度中的設計一致。

（5）海軍上將旗為在國民黨黨旗圖案的上方加一道紅色鑲邊，中將旗則是在黨旗下方加一道紅色鑲邊，少將旗為上下各加一道紅色鑲邊。

（6）海軍代將旗、隊長旗和北京政府制度中的設計基本一致，都是帶有燕尾的國民黨黨旗圖案，惟海軍代將旗在燕尾邊增加紅色鑲邊。

（7）海軍長旒旗和北京政府海軍時期一致。

（8）海軍測量艦桅頂旗和北京政府海軍的當值旗類似，為藍底三角旗，在旗面中央增加圓形白底藍錨圖案。

南京政府海軍艦首旗

南京政府海軍旗

南京政府主席旗

南京政府行政長官旗

南京政府海軍部長旗

南京政府海軍部次長旗

南京政府海軍上將旗

南京政府海軍中將旗

南京政府海軍少將旗

南京政府海軍代將旗

南京政府海軍隊長旗

南京政府海軍測量艦艇桅頂旗

南京政府海軍長旒

3、偽滿洲國江防艦隊軍旗

　　偽滿洲國成立後，於 1932 年 4 月 25 日頒行了《滿洲國海軍旗式》，成為偽滿洲國江防艦隊／江上軍的軍旗規範。其要點如下：

（1）艦首旗、軍艦旗。偽滿洲國江防艦隊受日本海軍制度影響，以軍艦旗代指海軍旗，其旗幟選用的是偽滿洲國的國旗，即黃色底、旗幟左上角綴有紅、藍、白、黑條紋圖案，軍艦的艦首旗也採用這種旗幟，只是尺寸略小。旗幟的橫豎尺幅比例為 3：2。

（2）御旗。即偽滿洲國皇室的紋章旗，在溥儀乘艦時升掛。御旗的底色黃色，旗面中央是金色的蘭花章紋圖案。

（3）將旗。將旗是用以區分在艦將官階層的身份旗幟，偽滿江防艦隊的海軍旗設定了 4 種將旗，即大將、中將、少將、代將。其中大將、中將、少將旗的大致模式是在偽滿國旗的旗面上綴白色五角星，以五角星的數量區分將官階級。代將則是將偽滿國旗做成燕尾形式。

（4）長旒旗。長旒旗的縱橫比例為 1：40 至 1：90，即狹長旗幟。長旒旗靠近旗桿的部分，是偽滿國旗／軍艦旗圖案，其他部分則是單純的白色。

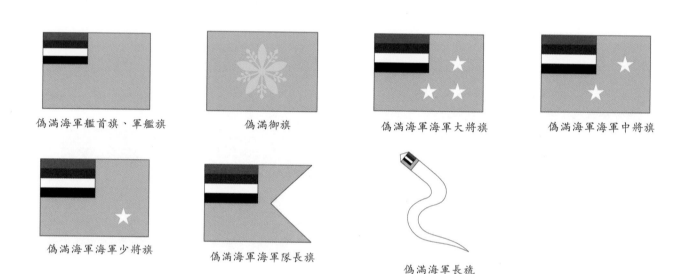

偽滿海軍艦首旗、軍艦旗　　　偽滿御旗　　　偽滿海軍海軍大將旗　　　偽滿海軍海軍中將旗

偽滿海軍海軍少將旗　　　偽滿海軍海軍隊長旗　　　偽滿海軍長旒

4、偽滿洲國海警部隊軍旗

　　海警部隊是偽滿洲國一支類似海軍的武裝力量，1933 年 8 月 26 日頒定軍旗制度，其內容和偽滿海軍相仿，但在設計上力爭從視覺上與海軍旗有明顯區別。其制度要點如下：

（1）艦首旗。偽滿海警艦船的艦首旗設計較為特別，為白色底，旗面上有兩道抽象的紅色山峰圖案，上面居中疊壓一柄黑色的海軍錨圖案。

（2）軍艦旗。偽滿海警的軍艦旗和偽滿江防艦隊一致，均採用偽滿洲國的國旗。

（3）將旗。偽滿海警的將旗系統分為民政部大臣旗、民政部警務司長旗、隊長旗、先任旗等。旗幟底色為白色，左上角是偽滿洲國的國旗，白色部分用不同數量的紅色海軍錨來表示將旗的不同等級。另以燕尾旗作為先任旗（類似民國的海軍隊長旗），在艦艇編隊航行時，掛於艦長軍銜等級最高的軍艦上。

（4）長旒旗。偽滿海警的長旒旗以江防艦隊長旒為基礎，在長旒旗白色的部分綴以海警的鐵錨、山峰圖案。

（5）漁業保護旗。類似於民國海軍的當值旗。

偽滿海警艦首旗

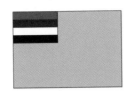

偽滿海警軍艦旗

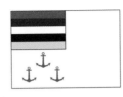

偽滿民政部大臣旗

偽滿民政部警務司長旗

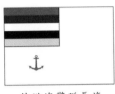

偽滿海警隊長旗

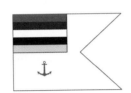

偽滿海警先任旗

偽滿海警漁業保護旗

偽滿海警長旒

5、汪偽政府海軍旗

　　汪偽政府在制度上處處模仿南京政府，以便混淆視聽，其海軍旗幟也是如此。區別較明顯的是，在日本侵略軍的控制下，汪偽海軍的艦首旗、海軍旗作了一定的更改。其中艦首旗和南京政府海軍一樣都是使用國民黨黨旗，但是在旗幟之上綴一面三角形的小紅旗，上書"國民黨"三字，以示區別。汪偽的海軍旗也是青天白日滿地紅旗，但上綴一面黃色三角旗，書"和平反共建國"六字。1942 年後，汪偽海軍旗設計作了徹底更改，不再使用黃色三角旗作為區別，而是在青天白日滿地紅旗上增加了一個醒目的白色十字圖案。

汪偽海軍艦首旗

汪偽海軍軍艦旗

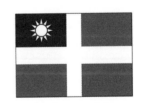

1942 年後的汪偽海軍軍艦旗

6、人民解放軍軍艦軍旗

　　中國共產黨歷史上領導的紅軍、八路軍、新四軍、人民解放軍等，並沒有正式的海軍部隊，也沒有海軍軍旗的設置。1949年2月25日，國民黨海軍軍艦"重慶"號起義後，起義官兵為向解放軍表明自己的身份，曾模仿蘇聯海軍的軍旗，設計、製作了一面獨特的白底紅星旗，臨時作為艦旗，是人民解放軍海軍歷史上出現過的最早的軍旗實例之一。當年9月19日，國民黨海軍軍艦"長治"號在長江口外起義，同樣是為了表示自己的身份，艦上起義官兵使用了一面紅旗作為臨時的艦旗。1949年10月1日中華人民共和國成立，五星紅旗隨即成為華東海軍的軍艦旗、艦首旗，成為人民軍隊歷史上第一面正式的海軍旗。

"重慶"艦起義時所用白底紅星旗

"長治"艦起義所用紅旗

華東軍區海軍所用中華人民共和國
國旗代海軍旗